SMT 单板互连可靠性与典型失效场景

贾忠中　张华　赵宗启　著

電子工業出版社
Publishing House of Electronics Industry
北京·**BEIJING**

内 容 简 介

本书是作者从事电子制造 40 年来有关单板可靠性方面的经验总结。书中讨论了单板常见的失效模式、典型失效场景以及如何设计与制造高可靠性产品的广泛问题，并通过大量篇幅重点讨论了焊点的断裂失效现象及裂纹特征。

全书内容共 4 个部分，第一部分为焊点失效机理与裂纹特征，详细介绍焊点的失效模式、失效机理、裂纹特征及失效分析方法；第二部分为高可靠性产品的焊点设计，主要内容包括封装选型、PCBA 的互连结构设计、组装热设计及焊点的寿命评估技术；第三部分为环境腐蚀与三防处理，重点介绍腐蚀失效与锡须问题，以及与之相关的清洗和三防工艺；第四部分为高可靠性产品的制造，重点介绍组装工艺控制要点与典型缺陷焊点。

本书可供从事电子制造、可靠性、失效分析工作的工程师学习与参考。

未经许可，不得以任何方式复制或抄袭本书之部分或全部内容。

版权所有，侵权必究。

图书在版编目(CIP)数据

SMT单板互连可靠性与典型失效场景 / 贾忠中, 张华,
赵宗启著. -- 北京 : 电子工业出版社, 2024. 8.
ISBN 978-7-121-48637-1

Ⅰ. TN305

中国国家版本馆CIP数据核字第2024665VP2号

责任编辑：雷洪勤　　特约编辑：武瑞敏
印　　刷：北京捷迅佳彩印刷有限公司
装　　订：北京捷迅佳彩印刷有限公司
出版发行：电子工业出版社
　　　　　北京市海淀区万寿路 173 信箱　邮编 100036
开　　本：787×1092 1/16　印张：18　字数：460.8 千字
版　　次：2024 年 8 月第 1 版
印　　次：2025 年 5 月第 3 次印刷
定　　价：168.00 元

凡所购买电子工业出版社图书有缺损问题，请向购买书店调换。若书店售缺，请与本社发行部联系，联系及邮购电话：（010）88254888，88258888。

质量投诉请发邮件至 zlts@phei.com.cn，盗版侵权举报请发邮件至 dbqq@phei.com.cn。

本书咨询联系方式：leihq@phei.com.cn。

前言
INTRODUCTION

　　笔者经常收到一些网友发来的关于电子制造工艺问题的邮件，问题主要集中在 3 个方面：①某某焊接不良，通过钢网开窗优化、温度曲线调试等各种处理但依然解决不了；②某某设计的工艺不知道行不行；③焊点开裂 / 断裂的原因是什么，是焊接问题还是使用问题？

　　前两类问题属于工艺问题，只要清楚工艺原理、了解工艺窗口和基础数据，一般都比较容易解决。但是，关于焊点开裂 / 断裂的问题，往往比较复杂，它既是一个工艺问题，也是一个可靠性问题，往往与焊点可靠性设计、制造都有关系，本质上是工艺可靠性的问题。在与网友的交流中，笔者深切地体会到，很多一线的工程师整天忙于在生产线上"救火"，不停地处理一些诸如桥连、移位、空洞等低级的重复性问题，却很少关注更重要的可靠性问题；基本上对焊点的可靠性没有太多的概念，既不清楚焊点开裂的基本类型，也不清楚如何识别与改善。因此，笔者萌生了写作本书的想法。

　　PCBA（Printed Circuit Board Assembly，印制电路板组件）的工艺可靠性问题包括：PCBA 的环境可靠性、焊点互连可靠性、PCB 互连可靠性、连接器互连可靠性。而焊点开裂 / 断裂就是焊点互连失效，就其起因而言，主要有 3 种：缺陷焊点、过载开裂（拉伸、跌落、弯曲、振动等）和疲劳失效（与时间有关的累积损伤）。

　　缺陷焊点：主要与制造质量有关，如片式元件的不对称焊点、BGA（球栅阵列封装）的枕头效应焊点、CBGA（陶瓷球栅阵列封装）的缩颈焊点、ENIG（化镍金）镀层形成的脆性界面焊点、插件的包锡焊点和垂直填充不足的焊点等，这些都是典型的缺陷焊点，抗应力或抗疲劳能力不足，早期失效的焊点大多数是这些"带病"的焊点。

　　过载开裂：除了汽车、飞机、火箭、工程机械等少数产品，大多数的产品一般不会工作在振动或冲击载荷下，因此大多数产品的过载开裂较少发生在使用环境下，而更多地发生在组装和运输过程中。组装应力在电子产品的装焊过程中无处不在，如手工插件、ICT 测试、安装螺钉、分板、单板周转等操作，都可能导致 PCB 的多次弯曲或过应力加载，在这种情况下，片式电容、BGA 等封装很容易因过载而失效（包括元器件本身及焊点）。

疲劳失效：是焊点可靠性研究的主要问题。电子产品在使用过程中，会因环境温度的变化、电源的开 / 关或功率的加载而处在温度交变的环境中。由于元器件与 PCB 的热膨胀失配，因此会使焊点受到交变载荷（通常为剪切应力）的作用，从而使焊点因累积的损伤（疲劳）而断裂，这是绝大部分焊点失效的主要原因，也是本书讨论的重点问题。

焊点可靠性取决于设计与使用环境条件。就疲劳失效而言，在设计上主要应关注元器件与 PCB 的热膨胀匹配性、焊点的应力集中问题。具体地就是选择合适的封装、合适的 PCB 基材 / 结构与合适的焊点连接（结构），其核心的目标就是，避免焊点承受超过屈服强度的交变载荷的作用。

关于焊点可靠性设计与试验，业界有一些规范。例如，IPC-D-279、IPC-SM-785、IPC-9701 等。这些规范对焊点的失效模式、失效机理、影响因素、可靠性设计、温度循环试验等有比较系统的讨论，为焊点的可靠性分析、可靠性设计、可靠性试验、寿命评估提供了最基本的指引。

可靠性工程方法最早源自军事工业，因此在军工行业最早形成了一套可靠性分析、可靠性设计、可靠性试验的做法。简单地讲，就是在设计阶段，采用故障树（FTA）、失效模式影响及危害性分析（FMEA）、仿真分析技术和可靠性试验技术寻找、强化薄弱环节，提升疲劳寿命与可靠性。在制造阶段，严格工艺控制，确保焊点完整性。组装完成后，采用环境应力筛选（ESS）剔除常规测试难以发现的潜在故障焊点等。这些传统的做法，实践证明是有效的。

焊点可靠性属于产品可靠性的最低层级，只要了解焊点的失效机理及影响因素，掌握焊点可靠性的设计方法，以及典型的失效场景（指互连结构），就可以在很大程度上改善焊点的可靠性。基于此，本书在材料建构上，用了很大的篇幅介绍焊点开裂 / 断裂的机理与典型特征、典型的缺陷焊点、典型的失效场景，一个很重要的目的就是希望读者阅读完本书后能够识别 PCBA 潜在风险焊点，这是焊点可靠性分析、可靠性设计的基础。

本书是一本有关单板可靠性技术的个人经验总结，讨论了 PCBA 常见的失效模式、典型失效场景以及如何设计与制造高可靠性产品的问题，并重点讨论了焊点的失效问题。全书内容共 4 个部分，第一部分为焊点失效机理与裂纹特征，详细介绍焊点的失效现象、失效机理、裂纹特征及失效分析方法；第二部分为高可靠性产品的焊点设计，主要内容包括封装选型、PCBA 的互连结构设计、组装热设计及焊点的寿命评估技术；第三部分为环境腐蚀与三防处理，重点介绍腐蚀失效与锡须问题，以及与之相关的清洗和三防工艺；第四部分为高可靠性产品的制造，重点介绍组装工艺控制要点与典型缺陷焊点。

本书由贾忠中执笔，参与写作的还有张华、赵宗启。

本书得以完成，要感谢中兴通讯制造工程研究院黄睿院长、智能制造技术开发部王峰部长的大力支持，为笔者在职期间创造了一个非常好的工作条件，这是本书能够完成的重要基础。还要感谢我的妻子，感谢她对我工作的理解与支持，感谢她为家庭的默默付出，使我有时间完成本书的写作。

还要感谢深圳市唯特偶新材料股份有限公司对本书出版的大力支持，使得本书能以全彩的形式呈现给读者。

读者的需要永远是笔者写作的第一动力，每当在公开的技术论坛、展会，听到"联系实际、接地气、实用"的赞誉；每当听到把笔者的书当作企业内训教材，笔者都会感到一些欣慰，为能够对中国电子制造业贡献一点微薄力量感到荣幸。借本书出版之机，对广大读者的厚爱与鼓励，致以崇高的敬意和感谢！

2024 年 1 月于深圳

目 录
CONTENTS

第一部分 焊点失效机理与裂纹特征

第二部分　高可靠性产品的焊点设计

第三部分　环境腐蚀与三防处理

第四部分 高可靠性产品的制造

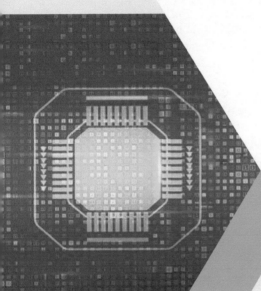

第一部分
焊点失效机理与裂纹特征

第1章

焊点的可靠性

随着元器件制造质量的提升，电子产品的可靠性在很大程度上取决于焊点的可靠性。本章将讨论焊点的失效概念、导致焊点失效的载荷条件以及各类载荷条件下的失效机理，以作为分析和解决焊点可靠性问题的理论基础。

电子产品的可靠性是指整个连接系统的可靠性，它包括 PCB 的互连可靠性、元器件封装内部的互连可靠性、焊点的连接可靠性，以及腐蚀、电迁移（Electromigration）、锡须等有关的可靠性，是一门汇集众多学科的复杂工程技术。其中，焊点的连接可靠性是关键。

1.1 焊点

焊点，英文为 Solder Joint/Solder Connection，在 IPC-T-50G 中的定义为：采用焊料连接两种或两种以上金属表面，起电气、机械和导热作用的冶金连接。通俗来说，就是元器件引脚或焊端与 PCB 焊盘连接的锡合金连接部分，所以也称为焊料连接。

电子元器件的封装有很多类别，不同的封装其焊端或引脚的结构不同，因而焊点的形态也不同，如图 1-1 所示。不同形态的焊点，因印制电路板组件（Print Circuit Board Assembly，PCBA）在温度变化时受到的应力轴数与大小不同，其疲劳开裂的起始点以及裂纹形貌特征也不同。裂纹形貌特征（指切片图反映的形貌）是分析焊点开裂原因的重要判据之一，将在后面两章中详细讨论。

（a）插装元件焊点

（b）片式元件焊点

（c）QFP 焊点

图 1-1 部分焊点的结构 / 形态

  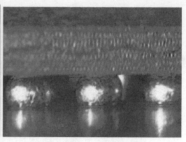

（d）PLCC 焊点 　　　　　　　（e）QFN 焊点 　　　　　　　（f）BGA 焊点

图 1-1　部分焊点的结构/形态（续）

1.1.1　焊点的微观组织结构及常见失效位置

从微观组织上看，焊点具有明显的三部分，即与 PCB 焊盘形成的界面金属间化合物（IMC）层、与元件引脚/焊端基材形成的界面 IMC 层和中间的焊料区域，如图 1-2 所示。由于这 3 个区域金相组织不同，因此也形成了机械性能不同的 3 个区域。在不同的负载条件下，焊点的开裂位置也呈现出一定的规律性，即由温度循环（热机械应力）导致的裂纹通常出现在焊料区强度比较弱或应力集中的位置，而由机械应力（如冲击、PCB 瞬时弯曲）导致的裂纹通常出现在界面 IMC 与基底材料的界面。

图 1-2　焊点的微观组织结构

由于界面 IMC 层的热膨胀系数与焊料的热膨胀系数有较大的差异，且界面 IMC 层比较硬脆，因此界面 IMC 层成为影响焊点可靠性最重要的区域。从统计数据来看，如果界面 IMC 层比较厚，会降低焊点的强度，减少具有延展性的焊料区域的体积，使得焊点比较容易发生开裂。因此，对于焊点可靠性而言，界面 IMC 层的厚度与形貌是最大的影响因素，也是制造工艺应重点关注的地方。

1.1.2　焊点的失效标准

焊点失效是指焊点不能工作的状态，一般是指焊点断裂的现象。焊点在电路中充当电气、热和机械的互连作用，一旦机械开裂甚至部分断裂，就会导致电路的功能失效。因此，焊点的可靠性在电子产品的可靠性中是非常关键的一个环节。

在焊点的可靠性试验中，通常不把焊点的断裂作为实际的失效标准，而是将电气失效——由于裂纹导致测量电阻的增加——作为失效的标准。之所以没有把焊点断裂作为焊点失效的标准，是因为完全断裂的焊点有时不会表现出电气开路，甚至不会出现非常明显的电阻增加。像 BGA（球栅阵列封装）、BTC（底部端子元器件）类封装，失效的焊点通常被尚未失效的焊点包围并拉压着，焊点的断口表面形成压力接触。在这种情况下，焊点的故障仅仅是在热或机械短暂（如小于 1μs）的扰动期间才会表现出电阻尖峰现象（电阻突然升高的现象）。焊点的主要失效机理是疲劳失效，在这种机理下，焊点受到的应力一般为剪切应力，断裂焊点的断裂表面彼此相互摩擦，表现有间歇接触的特点。因此，IPC 有关标准把电气连续性中断（菊花链电阻增加超过 1000Ω 且持续时间超过 1μs）的现象定义为电气失效，即焊点失效的标准。这种定义也是为了适应焊点可靠性试验时连续监测电气性能的做法（当然，前提是试验用的芯片是菊花链芯片）。

需要指出的是，在做焊点的加速温度循环（ATC）试验时，有时会因为买不到同类封装的菊花链芯片，而采用实际的芯片进行试验。在这种情况下，特别是 BTC 类封装、BGA 封装，就无法连续检测焊点的电性能表现，往往采用在预定循环次数下，如温度循环 300 次、500 次、800 次，通过外观分析或破坏性分析（如染色、切片）的方法来确定焊点的连接状态。这种定期分析方法通常以焊点的开裂作为失效标准，显然比测试电气性能的标准保守很多。在通常情况下，如果焊点刚开始出现裂纹，其有效的疲劳寿命仍然会有 50% 以上。

1.1.3 焊点的断裂类型

金属材料的断裂类型有多种分类方法。例如，按照金属材料断裂前所产生的宏观塑性变形的大小，可将断裂分为韧性断裂与脆性断裂；按照受力状态的不同，可将断裂分为静载断裂（如拉伸断裂、扭转断裂、剪切断裂等）、冲击断裂和疲劳断裂。

对于锡合金焊点，我们没有按照传统的金属材料断裂学中的分类方法，而是基于焊点失效的载荷条件与主要使用的切片分析方法，按照切片图上的裂纹特征，将焊点的断裂类型分为疲劳断裂（Fatigue Fracture）、脆性断裂（Brittle Fracture) 和韧性断裂（Ductile Fracture）。

1. 疲劳断裂

在温度循环载荷条件下，PCBA 上焊点受到的主要是交变的剪切应力作用，焊点的断裂与时间有关，其切片图上的裂纹基本上呈现非等粗的线性裂纹或闪电状的裂纹（带枝杈的裂纹），如图 1-3 所示。

2. 脆性断裂

如果 PCBA 受到机械冲击应力作用，如跌落、PCB 瞬间弯曲等，焊点瞬间承受的应力水平超过了本身的强度，就会发生脆性断裂。脆性断裂通常发生在界面 IMC 层的根部，但也会发生在脆性的组织中，其切片图上的裂纹基本上呈线性（等粗的）特点，按压时往往可以完全啮合，如图 1-4 所示。

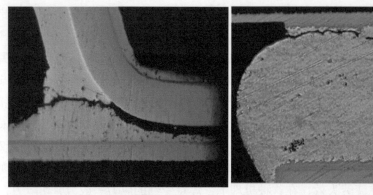

（a）QFP 引脚疲劳断裂裂纹　　　　　（b）BGA 焊点疲劳断裂裂纹

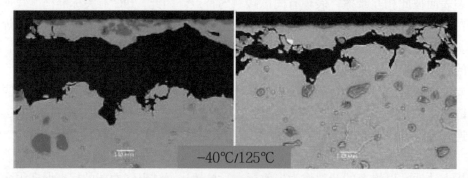

−40℃/125℃

（c）典型的疲劳断裂裂纹

图 1-3　疲劳断裂裂纹特征

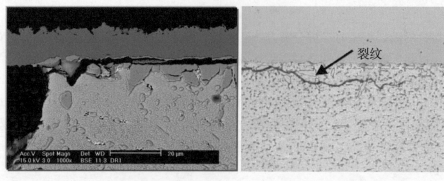

裂纹

（a）BGA 焊点从 IMC 层根部断裂　　　　　（b）BGA 焊点从焊料中开裂

图 1-4　脆性断裂裂纹特征

3. 韧性断裂

有些电子元器件的封装，如 BGA、QFN（四方扁平无引脚封装），具有中心支撑和热变形的特点，当环境温度变化时，焊点受力可能叠加拉应力的作用，还有焊点因元件的安装结构设计不当会受到持续拉应力的作用。这些叠加拉应力的焊点的开裂裂纹与纯剪切应力导致的疲劳裂纹有明显的差异，其切片图上的裂纹具有"微空洞串"的现象，如图 1-5 所示。

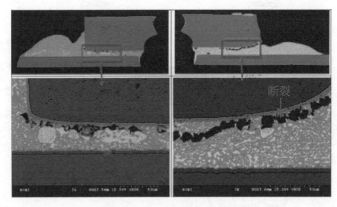

图 1-5　韧性断裂裂纹特征

1.2　导致焊点失效的载荷条件

在电子产品的寿命周期内，表面装贴焊点可能经受各种载荷条件，如果设计不当或制造不良，都可能导致焊点的过早失效。通常导致焊点失效的载荷有温度循环、振动、热冲击（快速温变）、机械冲击（高加速度）。

以上这些载荷条件在电子产品的寿命周期内可能单独存在，也可能同时存在。但是，对于大多数电子产品而言，遭受振动和热冲击的情形，基本上属于随机性的事件。而由于功率的加载、昼夜的循环、季节的变化而引起的温度变化却是普遍存在的载荷条件，因此在焊点可靠性分析工作中，如果没有其他外来原因，我们常常把焊点的失效归因于温度循环导致的热疲劳失效。

1.3　焊点失效机理

焊点失效机理随载荷条件的不同而不同，以下按照引起焊点失效的载荷条件分别予以介绍。

1.3.1　温度循环引发的焊点失效机理

PCBA 在温度循环载荷条件下，由于元器件封装与印制电路板的热膨胀不匹配，因此焊点会受到交变应力的作用。在长期交变载荷的作用下，焊点会出现开裂／断裂现象。人们把这种由温度循环或交变载荷导致的、与时间有关的焊点失效现象称为疲劳失效。

温度循环中主要的损伤机理是焊点的蠕变／应力释放－疲劳的累积增强。图 1-6 是黏塑性应变能程式化的图示表达，该应力应变图中的循环磁滞回线区域表示一个疲劳循环。黏塑性应变能引起的疲劳损伤，是由一个个疲劳循环积累而形成的。当从零应力、零应变状态加载时，焊点首先会经历弹性应变，随后如果继续加载，超出了焊料的屈服强度，就会发生塑性应变。需要指出的是，对焊料来说，既没有真正的弹性应变，也没有真正意义上的屈服强度，弹性应变－屈服线被简化为非线性应力应变反应，它高度依赖于温度、加载频率、焊料组成以及晶粒结构。

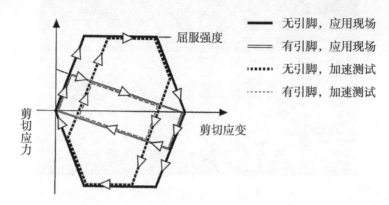

图 1-6　黏塑性应变能程式化的图示表达

在塑性变形之后是与温度和应力水平相关的焊点应力松弛／蠕变响应。如果有足够的时间（在较高的温度下可能是几分钟，在较低的温度下可能是几天），焊点所在系统中的应力基本上完全松弛，从而导致焊点产生最大的塑性应变。超过这个停留时间将不会引起更多的疲劳损伤，但是在较高的温度下，有害的晶粒生长将会继续。

随着疲劳损伤的累积，焊点的晶粒结构变粗。在消耗焊点 25%～50% 疲劳寿命（N_f）之后，晶粒交界处会形成微孔洞。这些孔洞增长形成微裂纹，进一步累积疲劳损伤，形成较大的裂缝，这就是温度循环引发的焊点失效机理。

排除诸如润湿不良、不恰当的工艺等外部因素，上述的疲劳过程包含两种基本的失效机理或现象——疲劳和蠕变。

1. 疲劳

疲劳是焊点受到交变载荷作用时渐进发生的局部结构损伤（原子以及更大量级）现象，如图 1-7 所示。

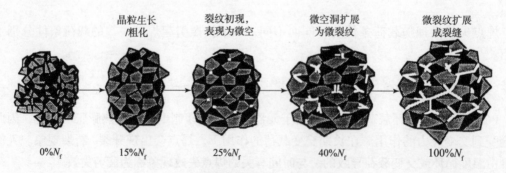

消耗的疲劳寿命占比

图 1-7　焊点结构的累积疲劳损伤示意图

一般疲劳过程可以分为 3 个阶段：初始裂纹形成（看上去更像孔洞）、裂纹扩展和断裂。当应力超过一定的阈值时，初始的微裂纹开始形成，这种局部的损伤使得我们能够把疲劳与蠕变现象区分开来。随着循环应力的持续作用，裂纹会逐渐扩展并最终达到临界尺寸，之后焊点会发生瞬时断裂。

在原子层面，焊点疲劳机理起始于位错运动，会形成很短的裂纹滑移带。在微观结构上，扫描电镜（Scanning Electron Microscope，SEM）检查观测到的结果通常为晶粒粗化（再结晶的结果）。晶粒尺寸对于疲劳性能很重要，通常晶粒越小越好，然而当有其他缺陷（如表面缺陷）存在时，该缺陷将起主导作用，远比晶粒尺寸对疲劳性能的影响大。

对比 Sn-Ag-Cu（SAC）无铅焊点和锡铅焊点，从决定其各自位错系统、微结构以及金相的冶金学上来说，有明显的本质差异，而这反过来又决定了相应各种工作环境下的疲劳行为和退化机理，进而决定了疲劳寿命。

需要注意的是，在实际应用中，作用在焊点上的应力通常是随机的，而非在 ATC 测试中采用的有规律的定期温度循环。由循环测试数据推断出，在实际随机应力下的疲劳寿命，仍然是一个挑战。基于内在的金相结构，与锡/铅共晶系统相比，这种挑战在 SAC 无铅系统中变得更大。实际上，疲劳现象涉及偶然性、随机性和概率，这也是为什么一个简单的 ATC 测试几乎不能确定结论的原因。在无铅时代，焊点的非均匀性、封装的多样性，都对传统的寿命与应变模型提出了挑战。我们很难用一种模型来对焊点的寿命进行评估，这些还需要经验的积累与研究。例如，在通常工作温度低于 80℃ 的条件下，QFN 的 250 次温度循环寿命不一定比 BGA 的 1000 次温度循环寿命表征的实际寿命更短，这是因为通常的 ATC 试验条件（温度范围为 –40~125℃）对 QFN 封装来讲叠加了额外的拉应力，焊点的失效机理发生了变化，试验寿命表征的实际寿命不能比照 BGA 来计算。因此，ATC 的试验条件对不同封装疲劳试验寿命的估计可能不同，需要针对具体的封装修订加速系数或开发新的模型。

2. 蠕变

在室温下，在做金属材料拉伸试验时，长期保持屈服极限以下的应力，试件不会产生塑性变形，也就是说，应力－应变关系不会因载荷作用时间的长短而发生变化；但是，在较高的温度下，特别是当温度达到材料熔点的 1/3~1/2 时，即使应力在屈服极限以下，试件也会发生塑性变形，时间越长，变形量越大，直至断裂。这种发生在高温区域下的缓慢的塑性变形就是蠕变（Creep）。

金属材料的蠕变过程常用应变与时间之间的关系曲线来描述，这样的曲线被称为蠕变曲线，如图 1-8 所示。

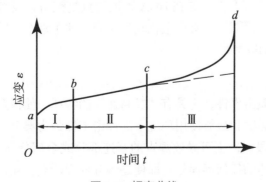

图 1-8　蠕变曲线

从图 1-8 中可以看到，蠕变过程基本上可以分为 3 个阶段。

第 I 阶段：蠕变速率（$\Delta\varepsilon/\Delta t$）随时间而呈下降趋势。

第 II 阶段：蠕变速率不变，即（$\Delta\varepsilon/\Delta t$）是常数，这一段是直线。

第 III 阶段：蠕变速率随时间而上升，随后试样断裂。

因为温度较高时原子的活动能力提高，使得产生塑性变形的位错滑移更为容易，所以在较高温下低于屈服极限的应力就足以使材料产生塑性变形。

不同材料产生蠕变的临界温度不同。由于温度对蠕变行为有很大的影响，因此可以利用归一化温度 η（Homologous Temperature，有的文献翻译为同系温度、同源温度）来表征。归一化温度 η 定义为材料服役环境绝对温度 T_c 与其熔点绝对温度 T_m 的比值，即 $\eta=T_c/T_m$。所谓高温蠕变，即归一化温度 η 超过 0.5 的蠕变。高温下承载一定重量的材料，即使应力很小，也会慢慢发生变形，本质上就是会发生晶体的剪切滑移。

对于软钎焊焊料来讲，其熔化温度为 180~230℃，即使在室温时也已经达到再结晶温度（条件：$T > 0.5T_m$），此时已经受到原子扩散的影响。

蠕变伴随应力释放，引起塑性变形，这是其导致焊点失效的核心机理。

3. 蠕变和疲劳的交互作用

现实电子产品中的焊点，通常会暴露在同时导致疲劳和蠕变的状况下，并且它们会有交互作用。简言之，这种环境可被视为循环热负载下的蠕变或高温下的疲劳。蠕变和疲劳之间交互的本质使焊点退化行为和潜在的失效机理复杂化。

因此，焊点固有的退化并最终导致的失效，基本上不可能是单独的蠕变或疲劳失效，而是疲劳和蠕变交互作用的结果。并且蠕变和疲劳的机理预计是以一种竞争的、交替的或互相促进的方式起作用的，这取决于外部气候和内部电路的运行环境两者的情况。在经常采用的加速温度循环试验中，蠕变和疲劳过程也会交互作用。从工程角度来看，可以认为退化现象要么是蠕变恶化的疲劳，要么是疲劳加速的蠕变。

1.3.2 机械应力引发的焊点失效机理

机械应力是指焊点对于机械扰动的响应。这些扰动包括：可能会发生于运输、安装或现场使用时的冲击事件；可能会发生在制造过程中（ICT 测试、功能测试、安装等）或现场使用中的瞬时弯曲；以及循环弯曲，如在 BGA 附近的重复键击，或者由风扇或在系统中（或其附近）的电动机引起的振动。所有以上扰动源（或其他）都会影响焊点的机械完整性，在产品设计和使用时必须加以考虑。

1. 冲击

冲击通常指跌落或撞击事件，它具有"极高速"的特征，使得互连材料没有足够的时间对施力做出响应。尽管运输和最终使用环境下的冲击事件最为典型，但是冲击可能发生在产品寿命周期中的任何阶段。冲击可导致焊点的互连部分或全部分离（图 1-9），这种分离可发生在构成焊点完全互连的任何界面处。即便是部分界面断裂，在产品整个寿命周期中，最终也会引起焊点电气失效。通常较脆的材料和界面特别容易因冲击而失效。

图 1-9 焊点全部分离案例

2. 瞬时弯曲

瞬时弯曲通常指在较短时间（如1~3s）内发生的PCB弯曲事件，它具有低的应变次数（典型为1~10次弯曲事件）和相对较慢的应变速率。这种弯曲事件可由制造过程引发，如在线测试（ICT）、连接器插入操作、将印制电路板组件固定到机箱时的拧螺钉操作等。瞬时弯曲也会发生在元件维修、运输以及终端使用过程中。如同冲击一样，瞬时弯曲会引起焊点的部分开裂或完全的断裂，这取决于"瞬时"的时间与弯曲次数。即使部分的开裂最终也会在多次的瞬时弯曲或温度循环负载条件下发展成完全的断裂。

某一产品失效单板的安装状态图如图 1-10（a）所示。此产品发货给客户后，有一定比例的失效，分析发现其上一块一角悬空安装于单板上的BGA出现了多个焊点开裂的现象，如图 1-10（b）所示。这是一个典型的由运输过程中的振动导致PCB瞬时弯曲的案例，但根本的原因是单板的安装方式不当——一角悬空安装。通常情况下，PCBA是不允许悬空安装的，特别是尺寸比较大、比较重的PCBA，这样的安装结构不耐振动。

（a）一角悬空安装　　　　　　（b）BGA 染色渗透图像

图 1-10 悬空安装单板组件运输过程中导致的 BGA 焊点开裂

3. 循环弯曲

循环弯曲是由许多应变事件引起的，这些事件次数可达数千次甚至更多。它通常由重复性的低应力动作引发，如键盘动作、运输和连接器（如笔记本接口）插入或拔出。随着时间的推移，疲劳失效就会出现。

对于瞬时弯曲与循环弯曲，虽然从应变级别与次数上对其做了界定，但是有时很难分清。在实际的案例分析中，可以把它们归为"PCB 弯曲变形"一类事件看待。

4. 振动

振动是指物体围绕平衡位置进行的周期性运动。这类运动在许多环境中都会遇到，包括汽车、航空航天和军事领域。因此，在这些环境中使用的电子外壳或结构也受到振动。振动通过机箱或外壳的主要结构传到印制电路板上。单板及其边缘支架之间的相对运动导致单板的扭曲 / 变形。在振动载荷下，表面安装焊点中的应力主要是由印制电路板的弓曲和扭曲引起的。

一般来说，因振动而引起的应力等级或循环应力振幅相对较小，这与高频率移动相关。负载的快速变化不允许应力释放，它引起的是焊点的弹性应变。此外，焊料的弹性模量随着载荷的频率或应变率的增加呈上升趋势，这对弹性应变有利。

然而，在某些条件下，在焊点中可以诱导非常高的应力。如果外部驱动力的频率接近电路板的固有频率，就会发生较大的电路板挠曲。因此，在特定的位置焊点会产生很大的应力。固有频率就是系统在自由条件下振动的频率。当外部驱动频率接近该频率时，会发生共振。通常，电子设备在代表应用的频率范围内进行测试，以确保设计里不会产生设计以外的共振频率。

虽然大部分的应力都是弹性应力，但焊点的失效是由局部较高的塑性行为引起的。小应力集中或焊点表面或交界处的缺陷会引起局部塑性应变。在某些情况下，焊点里单个晶粒的晶向是定向的，因此使用的最大剪切应力应超过在易滑晶面引起滑落的标准应力。在交变载荷条件下，会产生挤出峰和挤压（入侵）槽，最终形成滑带微裂，如图 1-11 所示。

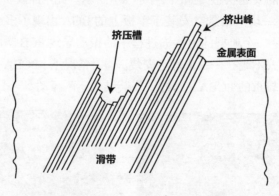

图 1-11　由滑移引起的疲劳断裂——挤压槽、挤出峰示意图

振动产生的裂纹一般为穿晶裂纹，这与在蠕变主导的热疲劳中裂纹沿晶开裂不同。裂纹以条痕的形式稳定增长，直到焊点再也无法承受施加的载荷。振动导致的焊点失效，一般发生在大量的循环 / 周期之后（10^4 次或更多），因此被称为高周期疲劳。

1.3.3　热冲击引发的焊点失效机理

热冲击通常指温度变化非常迅速（大约 30℃/min 或更快）的事件。当 PCBA 急速进入

一个新的热环境中时，由于其表面与内部的巨大温度梯度，会引发表面安装组件的扭曲变形
（图 1-12），从而使焊点受到拉伸和剪切应力的作用，此时拉伸应力在稳态膨胀失配中占主
导地位，因此如果 PCBA 热膨胀失配，在受到热冲击时，焊点将会失效。

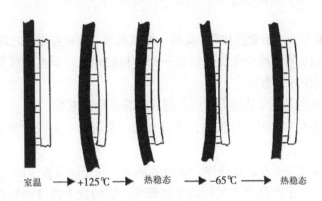

室温 ——→ +125℃ ——→ 热稳态 ——→ -65℃ ——→ 热稳态

图 1-12　PCBA 在热冲击作用下由热梯度导致的热机械变形

热冲击条件可能来自以下几个方面。

（1）外部环境急速变化，如太空中设备由光照处转到背光处。

（2）功率状态发生突然的巨大的变化。

（3）各种制作 / 修复过程，如波峰焊、选择焊、烙铁焊接、返工和返修等。

在设计可靠性实验时，并不是总考虑到热冲击和热循环的区别，但是由于加载机理的不
同，热冲击与热循环有根本的不同。热冲击往往导致焊点应力的多轴态，且受拉伸过应力和
拉伸疲劳的支配，而热循环通过剪切疲劳和应力释放的相互作用导致失效。

热冲击在双箱测试设备中进行，而热循环则在单箱测试设备中进行。双箱设备的温度转
换速率可超过 50℃/min，而大多数单箱设备的温度转换率不会达到 30℃/min，这正是热冲击
所必需的最低转换率。这两种类型测试的结果是不相关的，即使通过一些设计措施也不能在
这两种情况下都延长寿命。因此，用于评估表面贴装焊点可靠性的热冲击测试仅在热冲击确
实是产品所遇到的现场条件时才是合适的。

1.3.4　蠕变引发的焊点失效机理

蠕变断裂是指在一种状态下，焊点受到一个固定的负载作用，这个负载使得焊点产生了
一个初始形变，随着时间的增加，焊点里的焊料发生蠕变，这导致在对样品负载保持不变的
情况下形变增加，当焊料再也不能承受这个加载时所发生的断裂。

当焊点发生蠕变断裂时，依据加载的初始负载或变形可判断出失效的时间。当元器件被
焊接到电路板上时，电路板将处于与焊点相同的条件下，并产生弯曲，而对每个焊点产生恒
定的应变。如果电路板的弯曲形状保持不变，焊点可能发生蠕变断裂。对断裂表面的分析最
有可能呈现一般的韧性断裂裂纹特征。

1.4 关于焊点的可靠性

1.4.1 焊点的可靠性取决于 PCBA 的互连结构设计

焊点本质上是一个"冶金连接"，就单个焊点而言，没有可靠性之说。只要焊点润湿良好、形态符合 IPC-A-610 的可接受条件，就是一个合格的焊点。焊点的可靠性只有置于互连结构（如 PCBA）中讨论才有意义。

焊点的可靠性问题主要是缺陷焊点、超载断裂和疲劳断裂。

缺陷焊点：是由工艺因素导致的，通过全面、系统的工艺设计和工艺控制，往往可以得到有效管控。

超载断裂：多数发生在装焊操作、运输等环节，属于随机发生的过应力损伤问题。

疲劳断裂：是电子产品焊点失效的主要模式，它的发生源自周期性温度变化时元器件与 PCB 的热膨胀失配，失配程度取决于 PCBA 的互连结构设计。

图 1-13 所示为一个元器件的安装互连结构示意图。从图中可以看到，元器件的封装结构、材料、尺寸，与 PCB 的结构和材料共同决定了元器件与 PCB 的热膨胀失配程度，这些因素是由设计决定的。而制造工艺只是完成元器件与 PCB 的焊接，它不能决定焊点的可靠性，但是不当的工艺会产生有缺陷的焊点，成为早期失效的焊点。因此，焊点的可靠性取决于 PCBA 的互连结构设计，而制造只是焊点可靠性的保证。

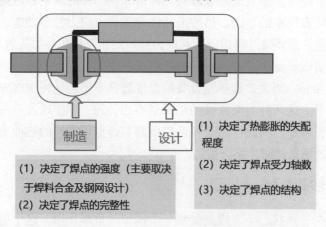

图 1-13 元器件的安装互连结构

1.4.2 焊点的可靠性工作

焊点的可靠性不同于产品的可靠性。产品的可靠性工作主要涉及可靠性建模、可靠性分配、可靠性预计、可靠性分析、可靠性设计、可靠性试验等一系列工程活动。而焊点的可靠性工作属于电子产品可靠性的最低层级，对于焊点的可靠性问题，业界已经进行了比较广泛的研究，并形成了一套行之有效的做法和设计准则，核心工作是可靠性设计与可靠性试验。对于焊点的可靠性，通常都是围绕以下基本问题开展的。

（1）识别 PCBA 上容易发生焊点失效的封装。可以通过如温度循环试验、检查单等方法识别。

（2）评估焊点的寿命。可以采用仿真分析或温度循环加速试验进行评估。

（3）典型的焊点失效场景研究及焊点可靠性设计准则的开发。

（4）缺陷焊点产生原因分析及有效控制方法的试验研究。

1.4.3　焊点失效原因的分析

焊点的失效分析包括失效模式分析与失效机理/原因分析。失效模式分析比较简单，采用常规的一些分析手段，如染色、切片等，很容易判定。但是，对具体失效原因的分析，往往不是一件轻松的事情，需要耗费大量的精力梳理产品寿命周期内的每个过程信息，然后根据这些信息提出可能的失效原因并进行试验确认。这个"提出假设、试验验证"的过程并不是一蹴而就的，而是需要反复多次，直到失效现象与推测因素强相关起来。很多的分析往往不是一两天就可以完成的，之所以如此，主要是因为每次试验验证都需要很长时间（如试验样板的准备就需要1个月的时间，包括设计、制作和焊接）。此外，焊点失效原因分析仍然是一项依靠经验的工作，碰到新的失效场景就会遇到很大的困难，需要对涉及的各种可能因素的关联性进行一一确认，甚至不得不进行机理研究。总体来讲，焊点失效机理/原因分析是一项费时又费力的复杂工作。

我们举一个例子予以说明。

案例1：某单板上的BGA使用两年后失效

对失效单板进行分析，发现某BGA的AJ2、AJ3焊点虚焊。

沿图1-14所示的A、AJ两排进行切片，结果为：A排A27、A28焊点脆性断裂，其余良好；AJ排焊点中，AJ1半裂，AJ2~AJ4典型脆断，AJ5~AJ18焊点良好，AJ19~AJ28为熔断，AJ29良好。其典型裂纹形貌如图1-15所示。

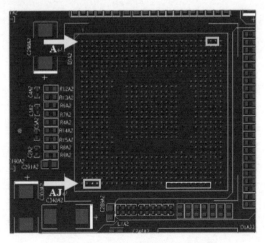

图1-14　切片位置及焊点开裂位置

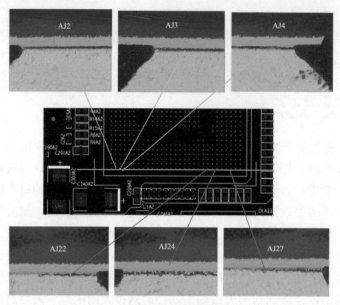

图 1-15　焊点开裂典型裂纹形貌

　　从图 1-15 中可以看到，AJ1、AJ29 两个角部焊点完好，而从超载失效角度看，若是机械应力引发的话，BGA 的角部焊点应首先开裂。因此，首先应该明确的是这个 BGA 的失效不是机械应力引发的，中间开裂的分布情况不符合机械应力开裂的一般特点。AJ2~AJ4 焊点的裂纹具有典型的应力开裂特征，裂纹从 IMC 层根部断开。而 AJ22~AJ26 焊点的裂纹具有典型的熔断特征，焊点都是从 BGA 侧界面 IMC 层与焊料界面之间熔断的。同一排失效的焊点，裂纹特征不同，说明失效机理是复杂的。类似这样的案例分析起来就非常困难，除了需要掌握焊点失效的知识，还必须对电路有一定的认识。本案例机理和原因的分析留给读者，希望通过本案例的分析，读者能够体会到焊点可靠性工作的复杂性与挑战性。

第2章

温度循环导致的焊点失效

焊点的失效主要是温度循环引起的疲劳－蠕变失效，以下简称疲劳失效。本章将简要介绍疲劳失效的典型场景与裂纹特征，以便更好地理解设计要求并进行原因分析。

2.1 疲劳失效的典型场景

元器件通过焊料连接到 PCB 上，焊点会受到元器件封装与 PCB 热膨胀失配的影响，也会受到不同连接材料热膨胀失配的影响。前者通常定义为整体热膨胀失配，后者定义为局部热膨胀失配。此外，还有一种热膨胀失配，就是焊料内不同金相组织的热膨胀失配，通常定义为内部热膨胀失配。这些热膨胀失配的类别其实就是焊点疲劳失效的典型场景，它们都可能导致焊点的疲劳失效，而整体热膨胀失配则是大多数焊点疲劳失效的主要机理。需要指出的是，这里使用"热膨胀失配"一词，主要是电子产品工作时温度都会升高，因此采用"热膨胀失配"一词。但应该理解，我们讨论的是温度循环，有升温，也有降温，降温时的收缩失配与升温时的膨胀失配一样，都会对焊点形成应力作用，只是方向相反而已。因此，在提到"热膨胀失配"一词时，应理解为它是膨胀失配与收缩失配的一个简化描述，其含义包括收缩失配这种情况。

2.1.1 整体热膨胀失配

整体热膨胀失配起因于电子元器件或连接器与 PCB 热膨胀失配，如图 2-1 所示。由于材料的 CTE（热膨胀系数）以及有源器件内热能耗散造成的热梯度的差异，产生了这些热膨胀差别。

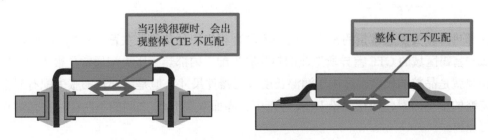

图 2-1 整体热膨胀失配

图 2-2 是 CSP 芯片焊接在 FR-4 基板上因温度循环而导致焊点失效的一个案例。失效原因是 CSP 芯片的 CTE 与 FR-4 基板的 CTE 相差较大，存在严重的整体膨胀失配情况，组件遭受温度循环时焊点不断受到周期性剪切应力的作用而疲劳失效。之所以焊点会受到剪切应力的作用，是元器件安装到 PCB 上所形成的互连结构导致的。元器件和 PCB 的刚度远大于

焊点，热膨胀失配时，元器件与 PCB 的刚性约束使得绝大部分应力都作用到较软的焊点连接层。

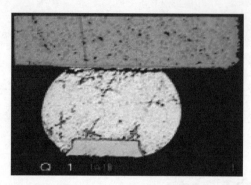

图 2-2　由于硅芯片与 PCB 的 CTE 不匹配引起焊点失效

2.1.2　局部热膨胀失配

当陶瓷封装类器件安装在陶瓷板上时（注意，这是高可靠产品非常典型的一种应用场景），主要的不匹配表现为局部热膨胀失配。局部热膨胀失配是由焊料和元器件基材或与其焊接的 PCB 的热膨胀不一致导致的，如图 2-3 所示。这些热膨胀的不一致起因于热量传递时焊料和基材的热膨胀系数（CTE）的差异。局部热膨胀失配通常小于整体热膨胀失配，这是因为最大润湿区尺寸要小得多，只有几百微米。

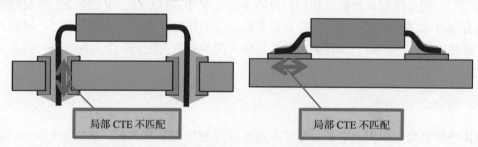

图 2-3　局部热膨胀失配主要类型

2.1.3　内部热膨胀失配

内部热膨胀失配通常指的是焊点内的不同金相组织的热膨胀失配，如锡 / 铅焊料内部富铅区域和富锡区域的 CTE 差异所造成的热膨胀失配。内部热膨胀失配通常是很小的，因为其作用距离就是晶粒的尺度，远小于润湿长度或元器件尺寸，但是内部热膨胀失配有时会成为不能忽略的影响因素，如在无铅 BGA 焊点中，界面双层 IMC 之间的不匹配往往是焊点失效的主要原因。

2.2　疲劳失效的裂纹演进过程与特征

焊点的疲劳失效主要是由温度变化引起的（整体热膨胀失配引起的）。整体热膨胀失配使焊点受到剪切应力的作用，裂纹总是发生在焊点高度方向强度最薄弱或应力集中的地方（典型的场景是靠近阻焊定义的焊盘处）。还需要注意，特别是 BTC 类封装，由于中心部位的支撑作用以及大尺寸效应，封装本身的变形会对边特别是四角部位的焊点叠加拉应力，引起蠕变，这会严重地缩减焊点的疲劳寿命，也会影响焊点开裂裂纹的形貌。

2.2.1 片式元件焊点疲劳失效典型裂纹特征

片式元件焊点在温度变化时受到的是剪切应力。通常情况下，焊点的开裂从弯月面开始，沿着片式元件安装底部焊端扩展，直到完全断开，如图 2-4 所示。如果焊点外伸尺寸比较小，有时也会从底部向外扩展，这属于特例。

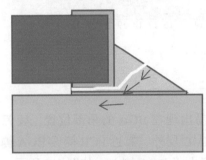

（a）裂纹位置示意图　　　　　　　　　　（b）实际裂纹切片图

图 2-4　片式元件焊点疲劳开裂裂纹

片式元件焊点的开裂，一般两端都可能出现裂纹。如果一端明显少锡或有明显的空洞、裂纹等缺陷，那么往往会发生单侧焊点的开裂。空洞对片式元件焊点而言是需要管控的项目。

2.2.2 翼形引脚焊点疲劳失效典型裂纹特征

翼形引脚也称为 L 形引脚，其焊点的疲劳寿命因引脚的缓冲作用往往比较长。标准的铜引脚塑封 QFP 通常在 –45~125℃ 条件下的温度循环试验寿命超过 1000 次。焊点温度循环寿命取决于封装尺寸、引脚材质和引脚尺寸。

翼形引脚 QFP 的裂纹特征与扩展方向如图 2-5 所示。裂纹在引脚的根部萌生，并沿着引脚与焊点的界面扩展、延伸至焊点与焊盘的界面，直至焊点完全断裂。

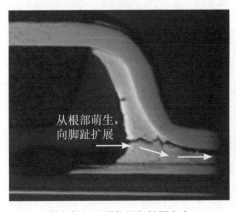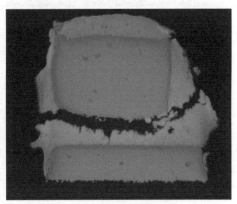

（a）（纵向切）开裂位置与扩展方向　　　　（b）（横向切）开裂位置

图 2-5　翼形引脚 QFP 的裂纹特征与扩展方向

通过红墨水染色分析可以看到，QFP 在高低温度循环试验后的失效模式存在一个共性，即靠近封装体角部的引脚比边中间部分更容易发生焊点 100% 的断裂，如图 2-6 中柱形最高的部分引脚。这很好理解，距离零应力中心越远，焊点受到的应变幅度越大，因而总是先期失效。这也说明封装尺寸越大，焊点的温度循环寿命越短。

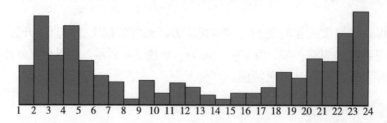

图 2-6　QFP 一边 24 个焊点开裂程度与位置

2.2.3　BGA 焊点疲劳失效典型裂纹特征

BGA 焊点的疲劳失效位置类似 QFP，最容易出现在 BGA 的角部位置。疲劳裂纹一般较少会出现在 IMC 层，大多数情况下总是沿着 IMC 层外、靠近 PCB 侧或 BGA 侧开裂（这是裂纹最常出现的位置，因为 PCB 侧焊点的强度大于 BGA 侧），如图 2-7 所示，因为这是 BGA 焊球最薄弱的区域。如果 PCB 侧焊盘出现 1/3 部分的阻焊定义情况（焊盘连线比较宽），则裂纹往往从阻焊处发展，如图 2-8（a）所示。在这种情况下，裂纹可能穿越 IMC 层，如图 2-8（b）所示。

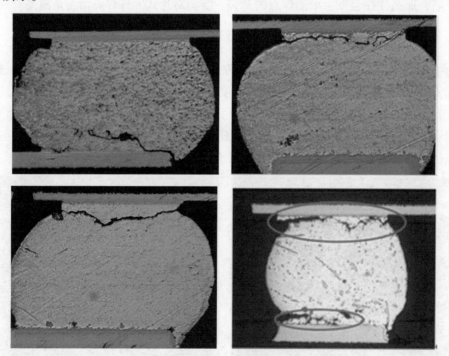

图 2-7　BGA 焊点的温度循环开裂裂纹位置与特征

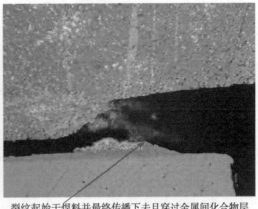

裂纹起始于焊料并最终传播下去且穿过金属间化合物层

（a）阻焊处成为裂纹起始点　　　　　　（b）裂纹穿越 IMC 层

图 2-8　局部阻焊定义焊盘往往成为应力集中点

2.2.4　QFN 焊点疲劳失效典型裂纹特征

　　QFN 是 BTC 类封装的代表，虽然尺寸不大（IPC-7095C 中所列的最大尺寸为 12mm×12mm，实际上，我们经常用到的大多数的封装尺寸 ≤ 7mm×7mm），但是其温度循环试验寿命比较短，–45~125℃ 条件的温度循环试验寿命不超过 500 次。之所以如此，主要是因为 QFN 的封装结构。在温度变化时，焊点往往受到多轴应力的作用，这也导致 QFN 焊点的疲劳裂纹具有特殊的形貌——往往从 IMC 与焊料的界面断开，与热熔、振动等形成的裂纹类似；裂纹沿元件焊端开裂；裂纹往往从底部焊端中心部位开始发展（这点非常独特，在其他封装上很难看到），如图 2-9 所示。

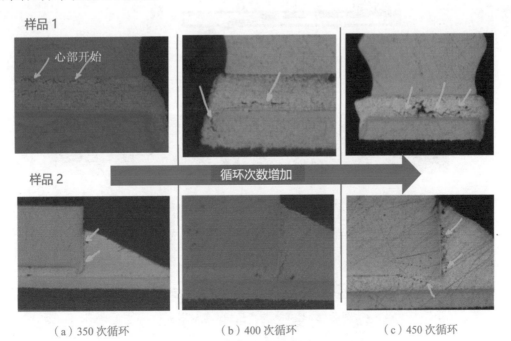

样品 1

心部开始

循环次数增加

样品 2

（a）350 次循环　　　　　　（b）400 次循环　　　　　　（c）450 次循环

图 2-9　QFN 焊点的疲劳裂纹发展与形貌特征

2.2.5 CBGA 焊点疲劳失效典型裂纹特征

陶瓷封装与塑料封装最大的不同是，除了 CTE 失配严重，还有一个不同是陶瓷封装的刚性要比塑料封装高，也比 PCB 高。在温度变化时，不仅会导致剪切应变，还会导致 PCB 的不平整。因而 PCB 的状态有 3 种类型，如图 2-10 所示。

（1）PCB 平整，焊点受单纯的剪切应变。

（2）PCB 负向弯曲（安装状态下四角 / 边翘起，一般称为负向弯曲，也称为笑脸弯曲）。

（3）PCB 正向弯曲（安装状态下中心弓起，一般称为正向弯曲，也称为哭脸弯曲）。

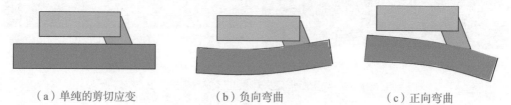

（a）单纯的剪切应变　　　　（b）负向弯曲　　　　（c）正向弯曲

图 2-10　陶瓷芯片载体与 FR-4 基板之间的 CTE 不匹配时的 PCB 状态

这种弯曲特性会导致 CBGA（陶瓷球栅阵列封装）焊点焊接及温度循环后的扭曲，如图 2-11 和图 2-12 所示。笔者把这种因 PCB 的变形而导致的焊点扭曲称为 S 变形，它反映了热膨胀失配的严重程度，但这种变形主要还是由温度循环形成的。在一般情况下，这种焊点的疲劳开裂也具有一定的规律，具体实例如图 2-13 所示。

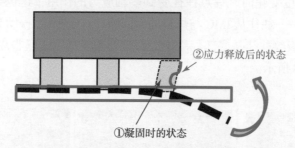

②应力释放后的状态

①凝固时的状态

图 2-11　CBGA 焊点扭曲的原理

图 2-12　CBGA 焊点扭曲现象（案例）

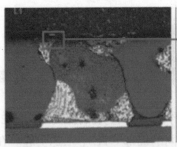
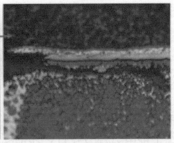

（a）文献一：-55~100℃ 温度循环试验第 237 次温度循环之后的 CBGA 失效焊点切片

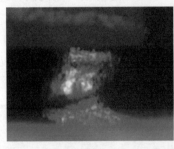

（b）文献二：-65~150℃ 温度循环试验第 500 次温度循环之后的 CBGA 失效焊点切片

图 2-13   文献中的 CBGA 焊点失效图片

2.2.6   CCGA 焊点疲劳失效典型裂纹特征

为了解决陶瓷封装贴装在有机印制电路板并能适应各自热膨胀系数不同的需求，柱状焊料会被用作连接端子，如图 2-14（a）所示。这种封装称为陶瓷柱栅阵列封装（CCGA）。CCGA 端子的设计是 CBGA 的延伸，CCGA 使用成分是 Pb90Sn10 的铸柱焊料，而不是高熔点的锡球，目的是获得更高的焊缝高度以及更柔软的互连，这种设计使得连接的可靠性显著增加。在最终电子产品中禁止含铅的应用场合，这种高铅合金也已经被无铅合金所取代。

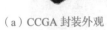
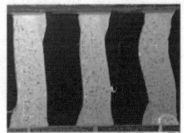

（a）CCGA 封装外观   （b）CCGA 温度循环初期表现

图 2-14   CCGA 封装外观及其温度循环初期表现

CCGA 焊点的柱状结构在整体 CTE 不匹配时，分散到层（设想把锡柱分割成许多薄层，每层的应变均匀分布）的应变通常比较小，因此 CCGA 焊点的疲劳寿命要比 CBGA 焊点高很多。由于柱状结构的特点，温度循环的初期往往表现为热变形，如图 2-14（b）所示，最终失效仍然是焊点的开裂。必须指出的是，CCGA 的疲劳寿命一定比 CBGA 高，较低的情况只发生在焊点不合格的情况下，即焊缝填充高度不足。CCGA 的工艺核心就是必须确保足够的焊膏量。

2.2.7　通孔插装焊点疲劳失效典型裂纹特征

通孔插装焊点简称插装焊点，其裂纹特征主要与焊点的形貌有关，包括 100% 透锡和部分透锡的情况。

插装焊点的疲劳失效，由于其引线的缓冲作用，除了铁镍合金（如 Fe42Ni58、可伐合金）的粗引脚封装，基本都由引脚与焊料、孔铜之间的局部 CTE 不匹配引起。在这种情况下，如果垂直填充达 100% 并形成弯月面，焊点开裂一般是从弯月面开始向内，并沿插孔孔壁或引脚与焊料的界面向内发展，如图 2-15（a）所示；如果垂直填充不足 100%，焊点开裂一般从焊料与引脚、孔壁的界面开始，并沿各自的界面向内扩展，如图 2-15（b）所示。这些裂纹从焊点外面看，大多数呈现不规则的环状裂纹特征（有一个发育过程，起初可能是环状的部分），如图 2-15（c）所示。

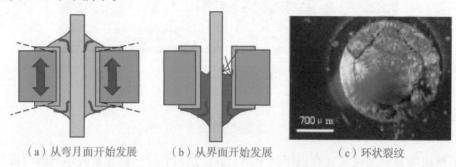

（a）从弯月面开始发展　　　（b）从界面开始发展　　　（c）环状裂纹

图 2-15　局部 CTE 不匹配情况下插装焊点的疲劳裂纹起始位置与扩展方向

在实际的产品中，插装焊点的疲劳寿命要比贴片元件焊点高得多，它不会成为产品失效的引爆点，也较少会因为局部 CTE 不匹配而发生失效。如果发生早期失效，往往是整体的 CTE 不匹配、润湿不良或冷焊等造成的。整体 CTE 不匹配通常发生在元件引脚较粗硬的情况下。在这种情况下，焊点开裂的位置就不是上述看到的环状裂纹，而是单侧的开裂，如图 2-16 所示。

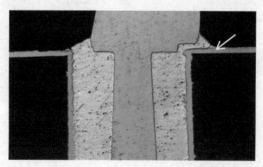

图 2-16　整体 CTE 不匹配情况下插装焊点的疲劳裂纹特征

2.2.8　焊接工艺对裂纹特征的影响

图 2-17 展示的是 Sn57.6Bi0.4Ag42 合金焊接 SAC305 锡球 BGA 所形成的焊点，在经历了 200 次、500 次和 1000 次热循环后的横截面显微分析。在 200 次循环时，就可以观察到细

小的裂纹。在 500 次和 1000 次循环的试样中，可以观察到焊点上逐渐扩大的裂缝。这个裂缝位置在均匀成分焊点中很少见，它出现在靠近 Sn-Bi 焊料的界面 IMC 层中，如图 2-18 所示。ALPHA 公司把这种断裂也归为脆性断裂。之所以如此，主要是因为随着温度循环次数的增加，Sn57.6Bi0.4Ag42 合金的剪切强度劣化很快，成为焊点最弱的地方。ALPHA 公司把它列为脆性断裂，可能是从断裂位置考虑的，但它仍然具有疲劳裂纹的特征——不可啮合性。与传统的脆断机理不同，这是一个累积的损伤过程，并非瞬时的开裂 / 断裂。

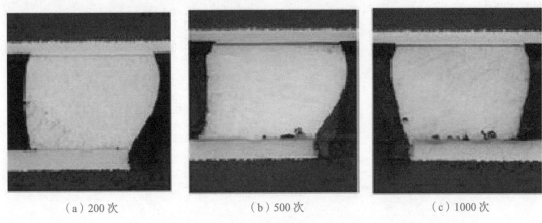

（a）200 次 　　　　　（b）500 次 　　　　　（c）1000 次

图 2-17　Sn57.6Bi0.4Ag42 合金焊接 SAC305 锡球 BGA 所形成焊点的疲劳裂纹特征

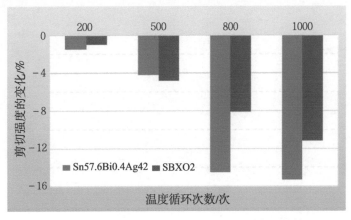

图 2-18　温度循环次数对 Sn57.6Bi0.4Ag42 合金剪切强度的影响

2.3　小结

我们介绍疲劳失效的场景及失效焊点的裂纹特征，主要目的是帮助读者了解并掌握疲劳失效的机理与特征。

（1）疲劳裂纹的产生与时间有关，都是经过一段时间的使用才发生的。在制造、运输过程中发生的焊点断裂通常不属于疲劳断裂，而属于超载应力作用下的断裂。

（2）疲劳裂纹大多数情况下具有不可啮合性，即裂纹上下侧在压合时不能完全地啮合。这是因为疲劳裂纹的产生机理是"蠕变 / 应力释放 – 增强疲劳"的累积损伤，疲劳过程伴随着再结晶的过程，金属原子在自由能降低的驱动下进行了新的排列。温度循环的幅度越大，裂纹"走样"越大，也越难以啮合。

（3）疲劳裂纹较少出现在界面金属间化合物（IMC）层，绝大多数情况下出现在靠近焊点界面IMC层的位置，或者焊点强度最薄弱的位置，或者应力集中的地方。这取决于焊点的形貌以及是否存在制造缺陷，如空洞、表面裂纹等。

以上三点是我们认定疲劳裂纹的主要依据，也是区分其与应力裂纹的依据。应力裂纹将在第3章中介绍。

第3章

机械应力导致的焊点失效

电子产品在制造、运输、安装或使用现场都会受到各种机械应力的作用，包括冲击、瞬时弯曲、循环弯曲和振动。其中，冲击、循环弯曲、振动往往不可预测，但组装过程中的应力是可以避免的，本章将重点介绍由组装应力导致的焊点失效典型场景与裂纹特征，以及应力敏感元器件的组装失效场景。

3.1 机械应力失效的典型场景

3.1.1 冲击

冲击对 PCBA 焊点的损伤主要集中在应力敏感封装上，如片式元件和 BGA。它可能导致 BGA 焊点部分或全部分离，这种分离可能发生在构成 BGA 焊点的任何界面处，包括焊盘与基材的界面，甚至焊盘下的基材内。即便是部分界面断裂，在产品整个寿命中，最终也会引起 BGA 电气失效。

较脆的焊点（如 Sn-Bi 合金）或脆性的界面特别容易发生由冲击而引起的失效。如果 BGA 靠近 PCB 的界面为不连续的块状 IMC、双层 IMC、缺陷性界面（如存在黑盘、可肯达尔空洞等缺陷），如果受到冲击力，出现的最典型的失效形式就是 BGA 从 PCB 上脱落。

案例 2：BGA 脱落

1. 背景

对于某一机顶盒产品，有部分用户反馈有的机顶盒无法开机。经分析发现，其单板上的一颗 BGA 脱落，脱落的 BGA 及对应的焊盘如图 3-1 所示。

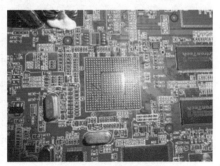

（a）脱落的带有散热器的 BGA　　　　　（b）脱落 BGA 的焊盘

图 3-1　脱落的 BGA 及对应的焊盘

2. 分析

BGA 完全从 PCB 上脱落是一种比较少见但具有典型性的失效模式。如果发生，通常是在运输过程中从高处跌落导致的。这种失效还通常有特定的设计场景，即 BGA 上往往黏结有散热器，比较重。

从本案例脱落的 BGA 来看，大部分焊点从 BGA 侧 IMC 根部脆性断开，个别焊点从 PCB 焊盘下基材处断开，如图 3-2 和图 3-3 所示。这两者都属于典型的冲击力作用下的断裂特征，而且 BGA 上黏结有散热器，场景也符合，因此可以判定为冲击力作用下的断裂。

图 3-2　BGA 脱落界面位置

图 3-3　开裂位置与裂纹界面形貌

进一步放大 BGA 侧断裂裂纹的形貌，可以看到 IMC 呈粗大的不连续形貌（图 3-4），它会劣化焊点抗剪切应力的能力。

这种 IMC 的形貌主要与再流焊接的温度曲线有关，一般是因为再流时间过长，通常超过了 150s。不连续的 IMC 在遇到很大的剪切应力作用时会因不连续而逐个被断开，所以良好焊点的界面 IMC 应是较薄的连续层。

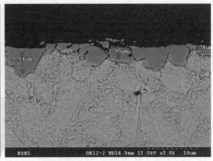

图 3-4　BGA 侧断裂裂纹的形貌

3.1.2　瞬时弯曲

瞬时弯曲事件在装焊过程中司空见惯，如手工插件、安装螺钉、安装子板、ICT 测试、单手拿板等。如同冲击一样，失效典型地发生在互连界面中，通常会导致焊点的部分开裂或完全断裂，其中的部分开裂最终也会演变为完全断裂。

必须清楚一点，凡是 PCB 经受过弯曲，焊点就可能被损坏。

案例 3：插件操作导致 BGA 焊点开裂

如图 3-5 所示，单板 D50 位号上的 BGA 测试时发现有 20% 的失效。此板生产多个批次，失效率一直偏高（超过 0.1%）。

图 3-5　失效单板顶面元件的布局及失效 BGA 的位置

组装过程中出现 20% 以上的失效率，一定属于系统性的问题。对此，首先应进行染色与切片分析。

1. 染色分析

一共分析两个失效样品，根据失效焊点的位置与特征把它们标识在焊点位置矩阵方格图上（全开裂焊点采用红色标识，半开裂焊点采用黄色标识），如图 3-6 所示。从图 3-6 中可以看到，两个失效样品开裂的焊点具有一致的分布特征——多个焊点区域性分布，这符合应力开裂焊点的位置分布特性。

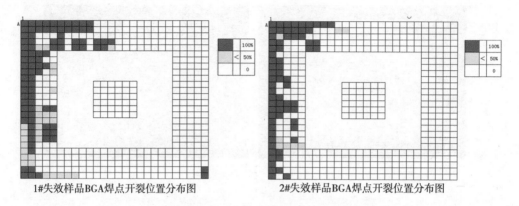

| | | 1#失效样品BGA焊点开裂位置分布图 | | 2#失效样品BGA焊点开裂位置分布图 |

图 3-6   1# 失效样品和 2# 失效样品 BGA 焊点开裂位置分布图

2. 切片分析

（1）焊点断裂位置位于焊点界面（图 3-7），为典型的脆性断裂。通常脆性断裂都是过应力导致的，例如 PCB 的过度弯曲变形。

（2）部分断裂点变形严重（图 3-7），表明焊点断裂后经过多次挤压。

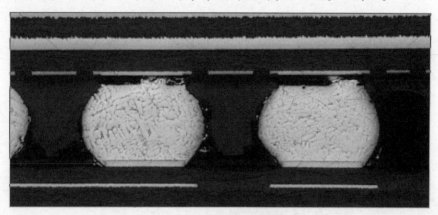

图 3-7   失效焊点切片图

根据以上分析，进行组装过程中应力源的排查。按照单板的组装流程，对每个工序进行排查，通过验证，确认此板 BGA 焊点开裂的应力源为手工插件。

失效 BGA 附近有 3 个需要人工插入的小型变压器，由于引脚中心距不标准，难以顺利地插入。此工位作业在插件线上完成，插件前，单板上没有安装面板与连接器，单板以长边传送，短边悬空，这样用力插入时，PCB 会发生弯曲。多次的插入导致 PCB 多次的弯曲，这是导致 BGA 焊点开裂的原因。失效焊点的位置分布与插入时 PCB 弯曲导致的应力分布完全一致，如图 3-8 所示。

这个案例具有典型性。在单板的装焊过程中，人工插件、内电路测试（ICT）、装螺钉等都可能导致 PCB 的多次瞬时弯曲，从而会对应力敏感元器件（焊点）造成损伤。这些操作导致的 PCB 弯曲变形属于典型的瞬时弯曲。

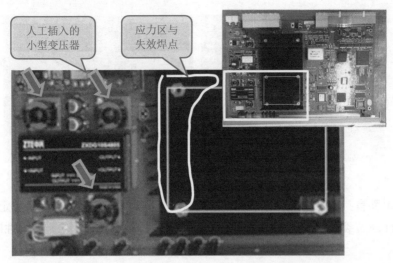

图 3-8　3 次插入操作导致 BGA 焊点开裂或断裂

3.1.3　循环弯曲

循环弯曲相比瞬时弯曲，应力的级别比较低，但次数多，更多的是一种拉应力作用下的疲劳失效，裂纹大多数呈现为韧性断裂的特征。

3.1.4　振动

振动的特点是持续小幅度位移，同时频率相对较高（相比于上述其他机械应力）。当 BGA 靠近振动子系统，如电机、风扇或硬盘驱动器时，振动会对它产生冲击。如果互连系统所承受的应力达到界面断裂点的程度时，可能导致焊点开裂而失效。

3.2　机械应力失效的裂纹特征

机械应力导致的焊点开裂裂纹，不同于疲劳开裂，最具代表性的裂纹特征基本上是可啮合的——把开裂的焊点压合，上下裂纹往往能够基本啮合。不管是脆性断裂、韧性断裂，还是坑裂，开裂的焊点在压合时都能够啮合，这可以作为判定 80% 以上属于机械应力导致的焊点开裂的一个初步判据。疲劳开裂的裂纹，之所以啮合不了，是因为裂纹不是一时形成的，而是经受长时间的、周期性的应力作用，开裂伴随着再结晶现象的发生，不单纯是强硬地拉扯开的。

机械应力导致的焊点开裂，主要有脆性断裂、韧性断裂和坑裂。它们与机械应力的类型有一定相关性，其裂纹特征如下。

（1）脆性断裂裂纹的特征如图 3-9 所示。脆性断裂是机械应力作用下焊点最常见的断裂形貌，具有以下鲜明的特征。

①焊点从 IMC 根部断裂。

②断裂面呈沙质面（在高倍电镜 200 倍放大倍数下，看到的是台阶式断裂面）。

③可以啮合。

沙质断面

图 3-9　脆性断裂裂纹的特征

对于 BGA 而言，大部分脆性断裂发生在 BGA 侧，这是 BGA 侧焊盘阻焊定义的原因。

（2）韧性断裂裂纹的特征如图 3-10 所示，往往发生在缩颈焊点上。韧性断裂的裂纹特征如下。

①裂纹发生在焊料中，而不是在焊点的界面处。

②断裂面呈撕裂形貌。

③可以啮合。

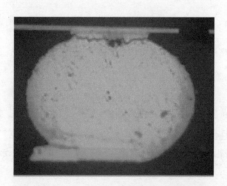

图 3-10　韧性断裂裂纹的特征

（3）坑裂是指裂纹从焊盘下 PCB 基材树脂层开裂的现象，如图 3-11 所示。坑裂现象具有非常显著的特异性，通常只能在超应力或跌落场景下看到，可以将其作为跌落或冲击应力引诱的证据。

图 3-11　坑裂裂纹的特征

（4）振动导致的焊点开裂裂纹多为穿晶的条痕裂纹。图 3-12 所示的沿晶界条纹状裂纹也比较多见，裂纹沿着界面 IMC 与焊料的界面断开，这也是振动导致焊点开裂的典型特征。

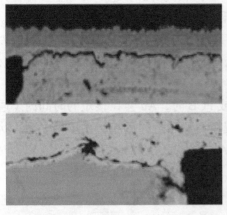

图 3-12　振动裂纹的特征

（5）Sn-Bi 合金焊接 SAC305 焊球 BGA，跌落试验导致的裂纹往往发生在界面 IMC 焊料侧，如图 3-13 所示。这主要是因为 Sn-Bi 合金相比界面 IMC 更脆（界面 IMC 绝大多数属于连续层，而 Sn-Bi 合金为 10μm 以上的粗大 Bi 晶粒，这种结构的材料非常脆）。

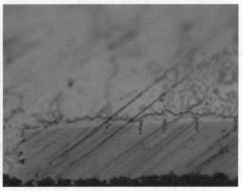

图 3-13　Sn-Bi 混装工艺下跌落试验导致的裂纹特征

3.3　脆性焊点的类型

发生脆性断裂的焊点，往往具有脆性。具有脆性的焊点，大致可归结为三大类：金脆效应的焊点、ENIG 表面处理工艺产生的脆性界面的焊点，以及再流焊接工艺条件产生的脆性界面的焊点，如不连续的 IMC 层焊点。

ENIG（化镍金）处理的表面所形成的焊点的界面 IMC 层普遍具有脆性，其失效机理有多种，如可肯达尔空洞、黑盘、金脆、Ni 氧化、IMC 大规模剥离、连续双层 IMC 等。

IMC 的形貌对界面机械性能也有很大的影响，如果界面生成不连续的块状 IMC、聚集在连续层附近的大颗粒 IMC、连续的双层 IMC 结构等，也会导致焊点的界面 IMC 明显脆化。

3.3.1 金（Au）脆效应的焊点

Au 脆效应通常指 Sn-Pb 焊料中 Au 浓度比较高时具有脆性的现象（Au 主要源自元器件较厚的镀 Au 层）。实际上，Au 脆效应有两种情形：焊料 Au 脆效应和界面 Au 脆效应。

（1）焊料 Au 脆效应。在 20 世纪 60 年代，有人指出当 Sn-Pb 焊料中 Au 浓度超过 3%（质量分数）时，其延展性大幅下降，脆性明显增加，通常所讲的 Au 脆主要指这种 Au 脆效应 /现象。

在使用 Sn 合金焊料焊接镀金的元器件引脚或 PCB 时，Au 会在很短的时间内（通常只有几微秒）迅速溶解到焊料中，形成针状（呈现在切片图上的形貌，在焊料中为片状）的 $AuSn_4$ 金属间化合物，如图 3-14 所示。当焊料中 Au 的浓度达到 3%（质量分数）以上时，焊点往往表现脆性，如果焊点受到较大的机械应力，焊点就可能发生脆性断裂。

（a）Au 含量为 5% 时   （b）Au 含量为 10% 时

图 3-14　Sn-Pb 焊点中的 $AuSn_4$ 金属间化合物的微观组织

在高可靠性要求的产品生产中，有一道预处理工序是"去金"，主要目的是防止焊点出现 Au 脆效应。

（2）界面 Au 脆效应。在 Sn-Pb 焊料中，即使 Au 的浓度远低于 3%（质量分数），但是一旦超过 0.1%（质量分数），也可能引发另一种 Au 脆效应——界面 Au 脆效应，即焊料中的 $AuSn_4$ 经过高温老化后迁回迁移到原 ENIG 界面并形成连续的带状 $(Ni,Au)_3Sn_4$ 层，与 Ni_3Sn_4 构成脆性的双层 IMC 层，如图 3-15（a）所示。这种 Au 脆效应还没有被广泛地认识，但是它实际上比焊料 Au 脆效应更普遍。

这种焊点在机械测试（如三点弯曲、冲击、振动）时会在 $(Ni,Au)_3Sn_4$ 与 Ni_3Sn_4 界面间发生脆性断裂，如图 3-15（b）所示，这与正常的焊点脆性断裂位置（Ni_3Sn_4 根部）或焊料脆断不同，人们把这种断裂称为界面 Au 脆效应，它是 Au 脆的另一种表现形式。因此，管控 Au 的浓度不超过 3%（质量分数）是不够的，对于工作在高温条件下的 PCBA，如果采用没有去金的元器件，就存在这种界面出现 Au 脆效应的风险。

不管是 ENIG 还是电镍金，都存在 Au 脆效应。

这个连续的 $(Ni,Au)_3Sn_4$ 层越厚，脆性就越大，在受到机械冲击的情况下，也越容易发生界面脆性断裂。

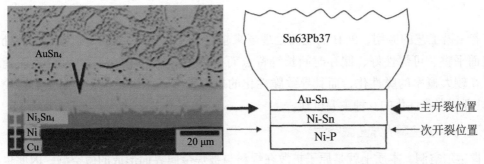

（a）（Ni,Au)$_3$Sn$_4$ 堆积层　　　　　　（b）BGA 三点弯曲焊点开裂位置

图 3-15　界面 Au 脆效应的 IMC 结构及开裂位置

图 3-16 所示为不同 Au 含量焊点经 160℃、0~550h 老化后，剪切强度与老化时间之间的关系图。其中焊点的 Au 浓度分别为 0.07%（质量分数）、0.13%（质量分数）、0.31%（质量分数）。图中有以下两点值得关注。

① 随着热处理（老化）时间的增加，焊点的剪切强度随之劣化，这是因为随着热处理时间的增加，累积在界面的 (Au,Ni)$_3$Sn$_4$ 总量增加。

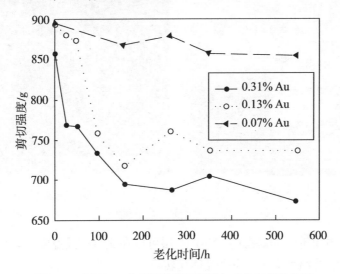

图 3-16　不同 Au 含量焊点剪切强度与老化时间的关系

② 随着 Au 含量的增加，在同一热处理时间下，焊点的剪切强度也随之下降。这是因为随着焊点 Au 含量的增加，在同一时间下，回到界面的 (Au,Ni)$_3$Sn$_4$ 质量也会增加。总之，焊点界面 (Au,Ni)$_3$Sn$_4$ 的量越多，焊点的剪切强度就越小。

不论是电镍金还是化学镍金焊点，老化后在三点弯曲试验中都能看到脆性断裂界面，但是再流焊接后，只能在化学镍金焊点中看到脆性断裂界面。老化条件下发生 Au 脆，不需要达到焊料中 Au 含量大于等于 3%（质量分数）的条件，仅 0.1% 即可。

对于无铅焊料是否存在界面 Au 脆现象，目前的研究表明，至少 SAC305 焊点不会出现界面 Au 脆现象。其主要依据是 SAC305 焊料中的 AuSn$_4$ 在高温老化时基本不会向界面迁移，这可能与焊料中的 Cu 有关（有研究报道，如果 Ni 层比较薄，界面处有 Cu 存在，即使高温老化很长时间，也不会在 Ni$_3$Sn$_4$ 层上看到连续的 AuSn$_4$ 层，只有很少的 AuSn$_4$ 颗粒分布）。

3.3.2　ENIG 镀层形成的焊点

随着无铅工艺的应用，PCB 的表面处理越来越多元化，其中 ENIG（化镍金）的处理因焊盘表面平整、可焊性好、储存时间长等特点而得到最广泛应用。使用 ENIG 表面处理的焊点存在较大概率的脆性化，而且导致脆性化的机理较多，原因复杂。下面重点讨论导致 ENIG 处理焊点脆性化的几种主要机理。

1. 可肯达尔空洞 / 界面微空洞

可肯达尔空洞，本质上就是原子扩散在焊料与被焊金属界面形成的微空洞，因此也称为界面微空洞。

ENIG 镀层的 PCB 焊盘与锡铅焊料焊接时，Au 会迅速溶解到焊料中，与 Sn 形成 $AuSn_4$，而焊料中的 Sn 与 Ni 形成 Ni_3Sn_4 界面金属间化合物。由于 Ni 层中含有 P，因此在形成 Ni_3Sn_4 层时，也形成了伴生的富 P 层。由于 Ni 向焊料层扩散，在 IMC 与"Ni-P+ 层"界面间形成了界面微空洞，被称为可肯达尔空洞，如图 3-17 所示。这里"Ni-P+ 层"指富 P 的 Ni 层。

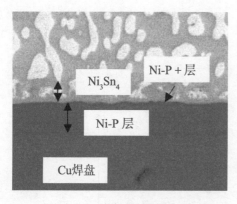
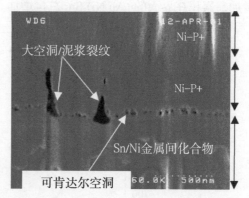

（a）ENIG 与锡焊料的反应界面　　　　　（b）可肯达尔空洞

图 3-17　可肯达尔空洞

由于 Ni 向焊料中扩散，非晶态的"Ni-P+"层可以在比自结晶温度（≥ 300℃）低的温度下（如再流焊接 210℃ 的温度下），发生晶体化转换。

此外，也观察到泥浆裂纹的出现，但比较浅，在通常的焊接条件下不会延伸到 Ni-P 层。富 P 层的增厚，意味着更多的可肯达尔空洞的形成，而更多可肯达尔空洞的形成，意味着焊缝强度的下降。因此，控制富 P 层的增长非常重要。

2. Ni 氧化

Ni 氧化很大程度上是因为 Au 层太薄且储存时间过长，导致 Ni 表面氧化或产生拒焊现象。再流焊接时，Ni 层因氧化不能润湿焊料并形成很好的结合，也就是没有 IMC 的形成，在界面上只能看到 Au 溶解到焊料中形成的团状 IMC（图 3-18），这是 Au-Sn 合金。

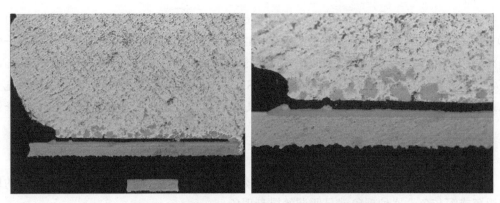

图 3-18　Ni 氧化导致的团状 IMC 及焊点脆断现象

案例 4：Ni 氧化导致焊点界面脆化

某摄像头组件，如图 3-19（a）所示，交付用户后，发现有一定比率的失效，经查为其上 QFN 焊点失效，如图 3-19（b）所示。失效焊点切片图如图 3-20 所示。

（a）摄像头组件

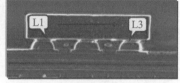

（b）失效 QFN 切片图

图 3-19　摄像头组件及失效 QFN 切片图

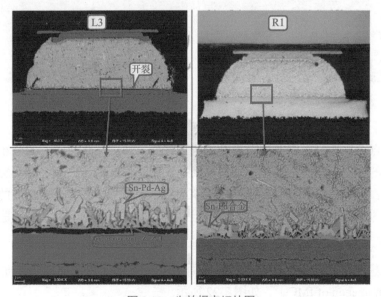

图 3-20　失效焊点切片图

从失效的焊点来看，断裂裂纹位于 PCB 侧的 IMC 根部，属于典型的脆性断裂。从图 3-19（b）中可以看到，PCB 侧焊点宽度远大于 QFN 侧，断裂理应发生在焊点宽度相对窄的一侧，为什么会从 PCB 侧断裂而不是 QFN 侧呢？通过对断口 IMC 的分析，会看到 IMC 中 Ni 的含量异常，只有 4.68%（质量分数），远低于 Ni_3Sn_4 中 Ni 的比例。这说明 Ni 的扩散很不充分，也就是 Ni 被氧化了，与熔融的焊料没有形成良好的结合，这就是导致焊点从 PCB 侧开裂的原因。

3. 黑盘

人们发现，当 PCB 使用 ENIG 镀层时，偶尔会出现不润湿或反润湿现象，不润湿的地方呈现黑色或深灰色，这种现象就是所谓的黑盘现象。

黑盘现象有时表现为润湿不良，有时外观良好但焊点强度很弱。后者对焊点的可靠性构成严重隐患，因为目前没有办法通过检查识别出来，而在使用中遇到稍大的应力，焊点就会断开，导致产品故障。因此，在一些可靠性要求高的产品，如航空设备和生命维持系统中，去金（Au）工艺其实不单纯是为了消除金（Au）脆，实际上也是一个发现黑盘的有效措施。

黑盘属于电镀工艺导致的缺陷，镀 Au 药水与 Ni 层的激烈反应，导致 Ni 层深度的晶界腐蚀（俗称泥浆裂纹）。黑盘现象典型的特征主要有以下 3 个。

（1）剥离 Au 层后，Ni 层表面呈现"泥浆裂纹"现象，如图 3-21（a）所示。

（2）如果切片，可以看到 Ni 层深度腐蚀，似针刺一样的腐蚀沟槽，如图 3-21（b）所示。

（3）异常高的富 P（磷）层（P 含量大于等于 15%），如图 3-21（b）所示。

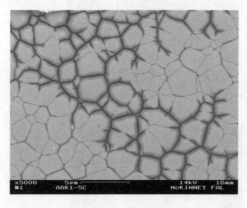

（a）Ni 层表面上的"泥浆裂纹"　　　　　　（b）富 P 层与针刺现象

图 3-21　ENIG 镀层黑盘现象典型的特征

黑盘对焊点可靠性的影响取决于黑盘的严重程度，如"泥浆裂纹"的分布面积（或称为密度）、针刺的深度。在通常情况下，"泥浆裂纹"处难以焊接，非"泥浆裂纹"处是可以焊接的。因此，只要 70% 以上面积不是"泥浆裂纹"，就可能获得外观良好的焊点，但焊点的强度有严重的劣化（如果较正常低 15% 以上，就是很大的问题了），这就是黑盘的危害。

4. IMC 大规模剥离现象

IMC 大规模剥离现象是指钎料 / 基板界面上金属间化合物大规模从界面上分离的现象（Spalling Phenomenon of IMC），如图 3-22 所示。

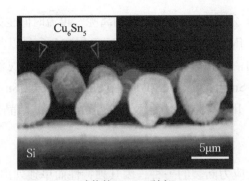

球状的 Cu_6Sn_5 剥离

图 3-22　IMC 大规模剥离现象

发生大规模剥离必须满足两个条件：第一，参与界面反应的元素中至少有一种元素的含量在钎料中是有限的；第二，界面反应对该元素的浓度十分敏感。随着金属间化合物的不断形成和增长，该元素在钎料中的浓度不断降低，使得界面上原始的金属间化合物变成非平衡相，从而引发大规模的剥离。

关于 Sn-Cu/Ni 和 Sn-Ag-Cu/Ni 界面金属间化合物大规模剥离现象，都与钎料中 Cu 的含量有关。如图 3-23 所示，Cu 在钎料中的浓度变化能够改变界面上的平衡相。对 Sn-Cu/Ni 的研究表明，在 235℃、焊接时间为 20min 的条件下，Sn99.4Cu0.6/Ni 界面上未出现大规模的剥离现象。此时，界面反应产物 $(Cu,Ni)_6Sn_5$ 与 Sn99.4Cu0.6 钎料处于平衡状态；去除 Sn99.4Cu0.6 钎料后，用 Sn99.7Cu0.3 替换它继续与保留的 $(Cu,Ni)_6Sn_5$/Ni 反应时，界面会出现大规模剥离现象，且 $(Cu,Ni)_3Sn_4$ 出现在 $(Cu,Ni)_6Sn_5$ 和 Ni 之间。此时，原始的 $(Cu,Ni)_6Sn_5$ 和 Sn99.7Cu0.3 处于非平衡的状态。在钎料中，Cu 含量降低导致 $(Cu,Ni)_6Sn_5$ 大规模剥离。通过增加钎料中 Cu 的含量，或者增加 Cu 基板的厚度以提供足够的 Cu 原子，均能有效地避免大规模剥离现象。

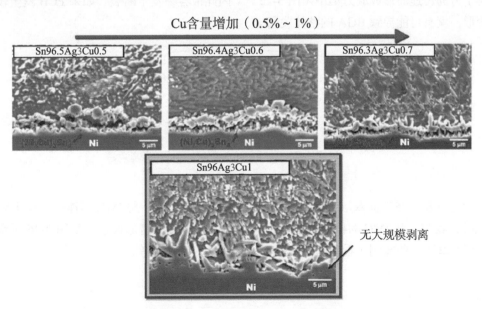

图 3-23　Cu 的含量对 IMC 剥离的影响

SAC305 在什么情况下会发生 IMC 大规模剥离呢？再流时间也是一个关键因素。

此外，也有研究表明，IMC 剥离的概率随着 Ni-P 层中 P 含量以及再流时间的增加而增加；IMC 的形态对剥离有影响，针状的比贝壳状的更容易发生剥离现象；IMC 的剥离与 Ni_3P 的结晶有非常紧密的关系。Sn 与结晶的 Ni_3P 发生反应，形成 Ni-Sn-P 层。IMC 的剥离发生在 Ni_3Sn_4 与 Ni-Sn-P 层之间，IMC 剥离后，未反应的非结晶 Ni_3P 结晶化反应加速。

3.3.3 不连续的块状 IMC 焊点

块状 IMC 型断裂属于应力断裂的一种，因其独特性而单独列出。其典型特征为断裂焊点具有相对非连续性的块状 IMC，如图 3-24 所示。

 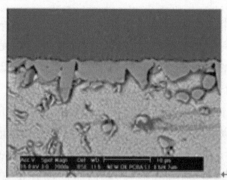

图 3-24　块状 IMC

块状 IMC 的形成，主要与再流焊接液态以上时间（Time Above Liquids，TAL）有关。经验表明，如果再流焊接液态以上时间超过 150s，就可能形成块状 IMC。多个块状 IMC 焊点失效案例表明，块状 IMC 焊点的剪切强度要比正常焊点低 20% 以上，由于其相对的不连续性阻碍了力的传递而形成应力集中（图 3-25），因此很容易发生断裂。如果 PCB 发生较大的弯曲变形，就有可能导致 BGA 的整体脱落。

图 3-25　块状 IMC 脆断的机理

笔者也发现，在界面双层 IMC 结构中，如果靠近焊料的一层 IMC 不连续且呈大颗粒密集堆积时，其与块状 IMC 的机械性能类似，也不耐摔。这类情形很多，如图 3-26 所示。这些认识都是基于一些案例所看到的现象，不一定准确，仅供参考。

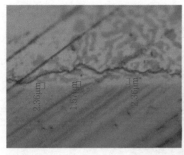  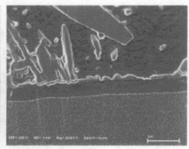

（a）Sn-Bi 合金焊接 SAC305 锡球的 BGA　　　（b）厚金镀层的焊点　　　（c）Ni-Pd-Au 焊点

图 3-26　双层 IMC 结构

3.4　典型应力敏感元件及应力失效

3.4.1　应力敏感封装

组装失效的焊点绝大多数是由装配环节应力导致的。组装阶段容易因应力超标而失效的封装有以下几个。

（1）片式电容，特别是尺寸超过 1206 封装代号的片式电容。

（2）晶振。

（3）QFN，特别是单边、双边焊端的异形大尺寸 QFN。

（4）球栅阵列封装（BGA）。

这些封装，基本都可归类于应力敏感封装，它们对组装过程中的热应力、机械应力很敏感。

3.4.2　片式电容

片式电容由多层陶瓷材料烧结而成，如图 3-27 所示。它非常脆，对应力非常敏感。在组装过程中，凡是导致 PCB 弯曲的操作或快速的温变，都可能导致片式电容开裂。最常见的操作就是拼板的分板作业和烙铁焊接。由于片式电容的应力开裂往往也伴随着焊点的开裂，因此这里把它列为焊点开裂的类别进行讨论。

1. 分板作业

分板作业是电子组装作业中最容易引起片式电容开裂的一个操作，特别是手工分板和机切分板。

手工分板会导致 PCB 弯曲，机切分板会引发 PCB 的局部变形，这些作业很容易导致片式电容应力超标。图 3-28 是

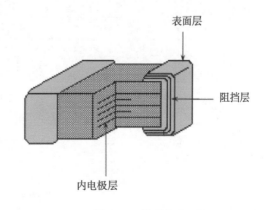

图 3-27　片式电容

机切分板应变分析云图。从图中可以看到，应力范围基本靠近 V 槽方向分布，即应力比较大的范围或方向基本与 V 槽约呈 45°。这说明对于机切分板工艺而言，元件相对 V 槽的布局方向与承受的应力大小无关，可以垂直布局，也可以平行布局。

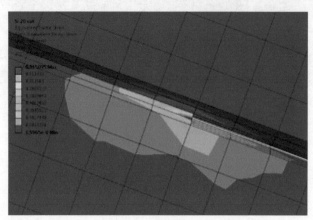

图 3-28　机切分板应变分析云图

图 3-29~ 图 3-31 是一组试验数据，图中尺寸指距 V 槽中心的距离，试验用板厚为 2.0mm。从中我们可以得到以下 3 点结论。

（1）分板应力从大到小依次为：手工分板 > 机切分板 >> 铣切分板。

（2）手工分板，应变区域大小取决于板厚。如果板比较薄，往往在距分离边很远的地方仍然会有很大的应变存在，也可能导致片式电容应力开裂。这也是 V 槽拼板不适合薄板的原因。

（3）机切分板，应变区域比较小，一般局限在靠近分离边 10mm 以内的地方。

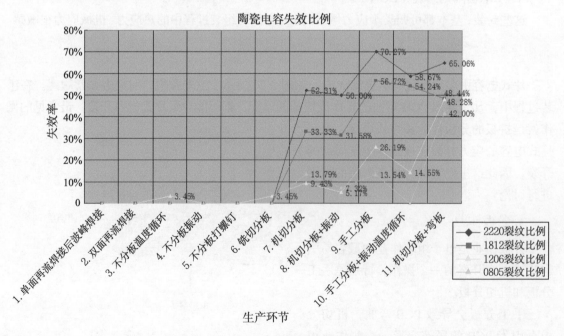

图 3-29　不同分板方法导致的片式电容失效率

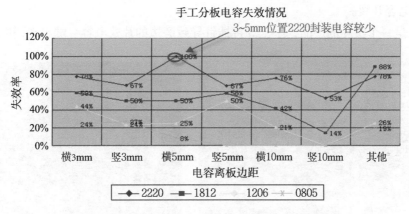

图 3-30　手工分板时布局距离对片式电容失效率的影响

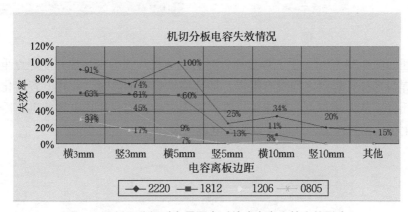

图 3-31　机切分板时布局距离对片式电容失效率的影响

　　片式电容分板应力导致的片式电容失效具有典型的特征。如果片式电容比较厚、焊缝高度比较小，就会从 PCB 侧斜 45°方向断裂，如图 3-32（a）中的 A 裂纹。如果片式电容比较薄，焊锡包裹到焊端顶部，就会从本体纵向断开，如图 3-32（a）中的 B 裂纹。图 3-32（b）所示为 A 裂纹失效片式电容切片图。

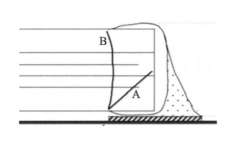

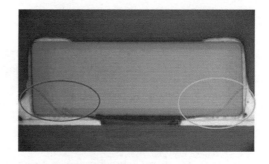

（a）机械应力裂纹位置　　　　　　　（b）A 裂纹失效片式电容切片图

图 3-32　片式电容分板应力导致的断裂特征

2. 烙铁焊接

　　烙铁焊接属于典型的热冲击型焊接工艺。片式电容的陶瓷体恰恰是良性的导热体，烙铁焊接时会把它加热，焊接完成后冷却过程中陶瓷体会因片式电容的收缩而产生很大的拉应力，最终会导致电容开裂。

图 3-33 是一个实际的产品，手工焊接插针导致旁边的片式电容一端出现裂纹。

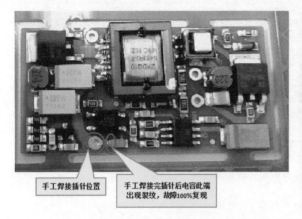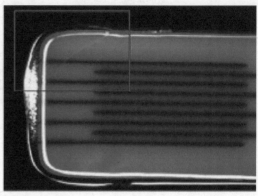

图 3-33　热应力导致的片式电容失效现象

失效机理如图 3-34 所示。手工焊接插针时会迅速将片式电容加热并使焊点重新熔化。由于片式电容焊盘与插针焊盘之间没有阻焊，插针烙铁焊接加热时，片式电容熔化的焊料会流向温度高的插针，从而使焊点焊料流失。焊点凝固之后，随着片式电容的迅速冷却，片式电容封装体产生很大的拉应力，从而导致片式电容拉裂。

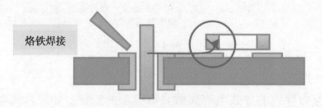

图 3-34　失效机理

波峰焊接也属于局部热冲击焊接，也会对片式电容造成同样机理的断裂失效，如图 3-35 所示。

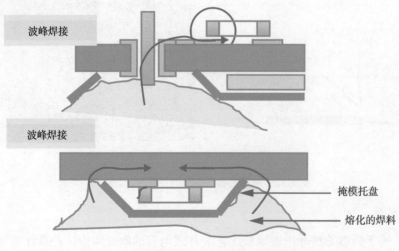

图 3-35　波峰焊接导致片式电容热开裂的机理

3. 热应力

波峰焊接、再流焊接、功率加载等，都可能导致片式电容上层与底层分层式开裂，如图 3-36 所示。这种失效多见于尺寸比较大的片式电容。

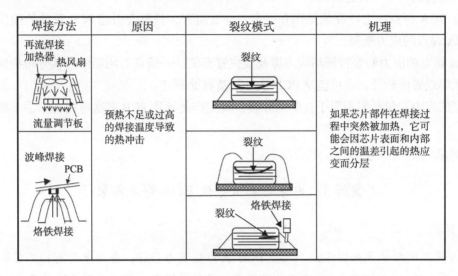

图 3-36　热应力导致片式电容的失效模式

片式电容出现"打火"现象，通常与片式电容电极层错位有关，错位的前提是片式电容本体开裂。焊点断开，只会引起开路，不会导致打火。

为什么热应力会引起片式电容与电极平行的裂纹呢？这通常都是因为片式电容有一定的体积，比较大、比较高，在接触波峰焊接锡波时，或者快速升温的热风和加载功率后因散热条件不同而导致的片式电容上下温差比较大时，就可能因为应力而分层或局部分层／开裂，如图 3-37 所示。加载功率导致片式电容快速升温时很容易发生此类失效。

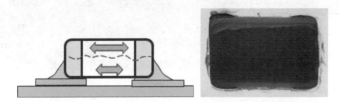

图 3-37　热应力下片式电容分层／开裂机理推测

4. 电应力

如果片式电容受到电应力，将导致内部树枝状开裂爆炸，如图 3-38 所示。

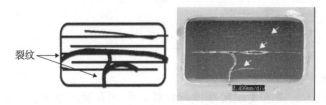

图 3-38　片式电容电应力裂纹特征

3.4.3 球栅阵列封装

球栅阵列封装（BGA）尺寸比较大，角部焊点往往会因 PCB 的变形而受到很大的应力，失效率在组装的环节一直比较高。

引发 BGA 焊点应力断裂的操作有很多。一般而言，只要会引起 PCB 弯曲的操作都可能导致 BGA 焊点的应力断裂。

BGA 焊点的应力断裂特征与应力源及其位置有关，一般具有明显的区域分布特征，断裂位置多从焊点界面断开，也可能从 PCB 次外层基材处断开。

典型的应力源包括但不限于：手工分板；装配作业导致 PCB 多次弯曲；单手拿板；手工插件。

1. 内电路测试导致 BGA 焊点断裂

案例 5：内电路测试导致 BGA 焊点断裂

1）背景

BGA 焊点断裂位置如图 3-39 所示，PCB 表面处理为 OSP，先后采用有铅工艺和无铅工艺焊接。图示的 BGA 均有 0.3% 左右的虚焊率，且位置固定，都位于图示的位置。

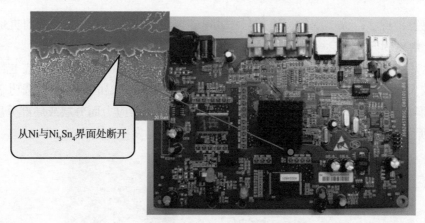

从 Ni 与 Ni_3Sn_4 界面处断开

图 3-39 BGA 焊点断裂位置

2）原因分析

（1）工艺条件分析。

焊接条件如下：

- 峰值温度：238~240℃；
- 220℃ 以上时间：58~60.7s；
- 总过炉时间：300s；
- 再流焊升温速率：2.5℃/s。

从焊接温度曲线看，没有发现问题，而且从正常焊点切片图看，焊点的形态也非常好。断裂焊点出现的部位也不是我们常见的 BGA 四角部位，而是一个比较靠近固定边的中间位置，如图 3-40 所示。

（2）装焊过程分析。

BGA 焊点断裂，要有两个条件：一个是焊点强度弱；另一个是有应力。排查装焊过程，有可能产生应力的环节是内电路测试。

根据所用测试夹具，将测试的单板分别进行缺陷统计，发现所有出问题的单板均来自同一测试夹具。进一步分析，确认造成 BGA 焊点断裂的原因是测试夹具中临近断裂焊点的压针的存在，如图 3-41 所示，将此压针去掉，问题得以解决。

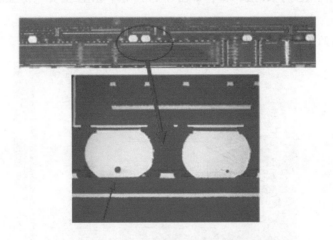

图 3-40　BGA 断裂焊点的切片图

图 3-41　测试夹具

3）说明

在单板装焊中，装螺钉、测试、周转等环节都可能产生较大的应力，从而对附近的 BGA 焊点构成威胁。

事实上，许多 BGA 焊点的断裂并不是在焊接过程中产生的，而是在装配、周转和运输过程中产生的，这些过程的"操作"非常难再现与确认，往往给原因的查明带来困难。但是，在大部分情况下，我们都可以根据失效单板的发生阶段与操作动作推断出可能引起的原因。

2. 压接导致的 BGA 焊点应力断裂

案例 6：压接导致 BGA 焊点断裂

1）背景

某单板尺寸比较大，采用了分段设计方案。用户开机加电，发现有一定比例的失效。经过分析，定位为位号 77 的 BGA 焊点断裂，断裂焊点靠近压接连接器的角部，如图 3-42 所示，裂缝位置位于 IMC 与 Ni 层界面，如图 3-43 所示。IMC 呈贝壳形且非常粗大，宽度超过10μm。

此 BGA 采用的是铜盘上直接植球工艺，而不是普遍的电镍金工艺。

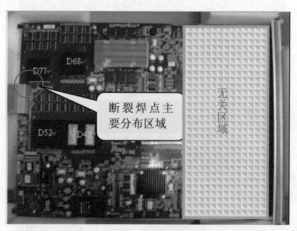

图 3-42　失效焊点的位置

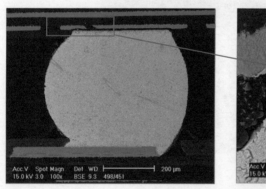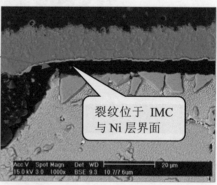

图 3-43　失效焊点切片图

2）原因分析

一共做了 4 项分析。

（1）染色分析：了解失效焊点的位置分布。分析发现大部分断裂焊点分布在 BGA 靠近压接连接器的一个角部，如图 3-44 所示，而且断裂点非常多。

（2）切片分析：了解来料 BGA 与失效焊点的 IMC 形态。失效 BGA 断裂焊点的裂纹位于靠近 BGA 载板的 IMC 层根部，即 IMC 与 Ni 层界面，符合应力脆性断裂的特征。此外，还发现一点异常，就是焊点IMC呈"块状化"，而且异常厚，如图3-45所示，说明再流焊接时间过长。

（3）焊点剪切力测试。对BGA进行过炉模拟焊接，然后对剪切力进行测试，发现结果比同样尺寸的其他公司BGA的剪切力小，剪切力分析如图3-46所示。

（4）对组装与运输过程可能产生应力的"操作环节"进行排查。发现诸多问题，压接过程、车间周转、运输过程存在很多可能产生应力的环节。

图 3-44　染色分析　　　　　图 3-45　切片分析

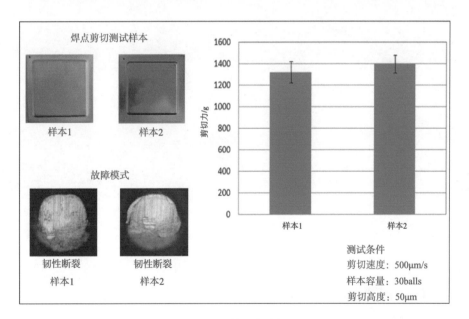

图 3-46　剪切力分析

综上所述，根据失效BGA断裂焊点的分布以及裂缝位置，可以确定此BGA断裂为应力断裂。此BGA断裂除应力超载外，IMC超厚也是一个异常因素，它降低了焊点的强度，使得焊点更不耐应力作用。

3）改进措施与效果

（1）提高抗破坏能力。由于运输过程不可控，因此采用的是对BGA进行加固的方法，如图3-47所示，以提高抗应力破坏的能力。

（2）减少装配过程中应力的产生。采用全托盘工装、半自动压接机进行压接连接器的压接，如图 3-48 所示。

（3）降低焊接峰值温度，并缩短液态焊料存留时间，避免 IMC 块状化。

图 3-47　对 BGA 进行加固

图 3-48　半自动压接

第4章

焊点失效分析方法

本章简要介绍一些常用的焊点失效分析方法的工作原理、用途及应用，希望读者清楚这些检测或分析技术的原理和用途，并能理解专业机构提供的分析报告。

4.1 失效分析及方法

4.1.1 失效分析

失效分析是指通过判断产品的失效模式、查找产品的失效机理和原因，提出预防再失效的对策的技术活动和管理过程。

失效分析的主要内容包括明确分析对象、确定失效模式、研究失效机理、判断失效原因以及提出预防措施。

4.1.2 失效分析思路

失效分析通常包括失效模式的分析和机理/原因的分析。要完成后者的分析，必须遵从"三现"原则，即要根据"现场、现物、现象"进行分析。我们通常拿样品到专业的失效分析机构所做的分析，大部分属于失效模式的分析。形成原因的分析往往比较复杂，需要结合现场工艺过程或使用情况进行分析，提出可能的原因并进行试验验证。

PCBA失效分析的一般思路如图4-1所示。根据收集到的信息与经验，提出可能的失效模式，选择对应的分析方法，查找证据，推测原因。

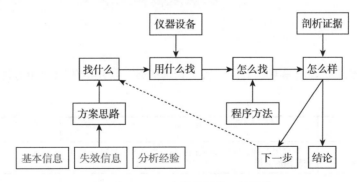

图4-1　PCBA失效分析的一般思路

4.1.3 失效分析基本流程与方法

焊点的失效分析，应优先使用无损的分析方法，如果有必要，再使用破坏性的分析方法进行分析。失效分析的流程与方法如图4-2所示。

失效分析应注意以下几点。

（1）预先清楚每个分析项目的目的、可能发生的情况。

（2）不引入新机理，或者可界定所引入的新机理。

（3）不遗漏信息。

（4）养成做记录的习惯。

（5）以失效表征为基础，以失效特征与机理的因果关系为依据，以逻辑性为主线，不牵强，不生硬。

（6）对于不能自圆其说的疑点，要深入研究，因为这往往是失效的本质。

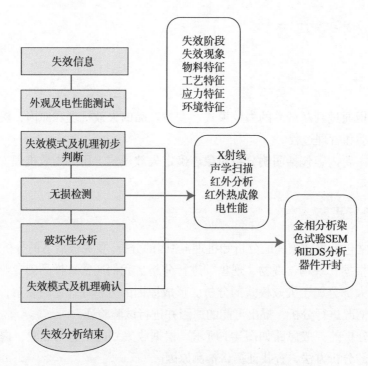

图 4-2　失效分析的流程与方法

4.1.4　焊点失效分析的常用方法

焊点的失效模式主要就是互连开路，属于物理失效。常用的失效分析方法如表 4-1 所示。

表 4-1　常用的失效分析方法

分析技术	用　途	特　点
X 射线检测	主要用于 BGA 焊点缺陷的检测，也可用于 PCB 线路互连缺陷的分析	无损分析
超声扫描显微镜	主要用于器件内部分层检测	无损分析
切片	主要用于焊点、PCB 切面结构的分析	破坏性分析
扫描电子显微镜	主要用于显微观察与微区成分（元素）分析	显微观察

续表

分析技术	用　　途	特　　点
染色渗透	主要用于 BGA 失效焊点分布的分析	破坏性分析
内窥镜	主要用于 BGA 最外排焊点的形貌观察	无损分析

4.2　X 射线检测

　　X 射线检测可以用于焊点内部缺陷检测、通孔内部缺陷检测、BGA/CSP 缺陷焊点定位、PCB 缺陷定位（短路、开路）、器件内部结构分析（键合失效）。

　　X 射线也用于 BGA 焊接质量及缺陷焊点的检测。一般的 X 射线检测系统都能探测到 BGA 焊点的桥接、枕头效应（Head in Pillow 或 Head on Pillow，简称 HiP 或 HoP）、空洞、焊料不足和焊料过多等缺陷，也能检测到焊球缺失、偏移以及封装爆米花等工艺缺陷。除了缺陷探测，X 射线还能提供焊料体积和焊点形状的趋势分析，它也是发现 BGA 焊点空洞唯一的非破坏性方法，但是它检测不出裂缝。

　　图 4-3 所示为 X 射线检测设备的工作原理示意图。某些设备的射线管在试样下方或与试样成某个夹角。X 射线检测已成为对焊点评估和分析的公认工具，并用作再流焊工艺的监控。掌握下面的知识可以更好地使用 X 射线检验技术。

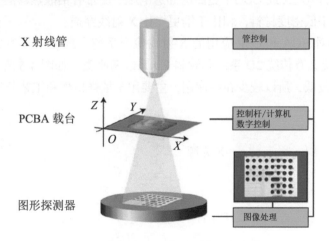

图 4-3　X 射线检测设备的工作原理示意图

　　（1）X 射线图像采集原理。

　　（2）X 射线图像分析（基于再流焊工艺原理）。

　　使用 X 射线需要注意对易受损害材料或元器件的过度曝光。图 4-4 展示了 BGA 焊球缺失和焊点空洞 X 射线图像的特征。

 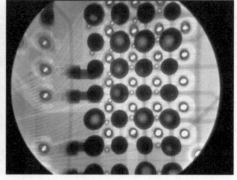

（a）焊球缺失 （b）焊点空洞

图 4-4 BGA 焊球缺失和焊点空洞 X 射线图像的特征

4.2.1 X 射线图像的采集原理

BGA 焊点 X 射线检测采用的是实时 X 射线系统。该系统使用了一个 X 射线源，以及一个将不可见的 X 射线图像转化为视频播放信号的 X 射线探测器，它可以提供样品的即时成像结果。

可用的 X 射线源电压范围很宽，对于 BGA 的检测并没有具体的电压规定。所需的电压取决于所使用的特定 X 射线系统的灵敏度和待测 BGA 的结构与性能。例如，对带有铜散热器的 BGA，需要比 P-BGA 或 CBGA 更高的穿透电压。而带有铝散热器的 BGA，不需要较高的电压，因为铝属于低密度材料，相比于铜更能让 X 射线穿透。

现今市场上针对 BGA 和 CSP 应用的 X 射线检查系统大致可以分为 2D 系统和 3D 系统两大类，而 2D 系统又有传统 2D 系统和倾斜 2D 系统两小类，如图 4-5 所示。由于 X 射线系统比较昂贵且效率较低，所以较少在线使用，主要用于抽样检测和工艺分析。

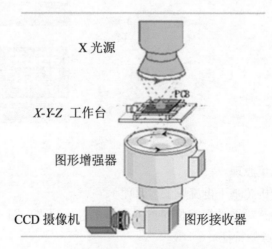

（a）传统 2D/X 射线系统

图 4-5 X 射线系统

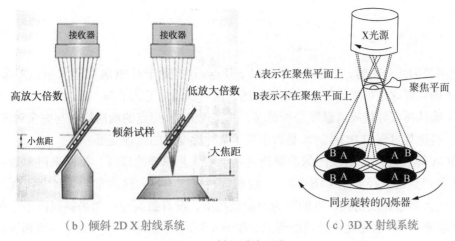

（b）倾斜 2D X 射线系统　　　　　　　（c）3D X 射线系统

图 4-5　X 射线系统（续）

2D X 射线系统，也称为透射式 X 射线检测系统。其检测原理是将 X 射线穿透被测样品并投射到放在 X 源另一面的 X 射线检测器上。利用焊点金属密度的差异对 X 射线的不同衰减，形成不同灰度的影像来判断焊点缺陷的系统。其不足之处是同时显示 PCBA 两面的所有焊点，对于在同一位置两面都有焊点的情况，这些焊锡形成的阴影会重叠起来，分不清是哪个面。如果有缺陷，也分不清是哪个层的问题，无法满足精确定位的要求。

倾斜 2D X 射线系统是通过倾斜样品来观察第三维的方法，以获取更多的信息。它通过功率、解析度和倾斜角的合理组合，几乎可以展现凸点或柱状焊点的所有特征和可能缺陷。图 4-6 所示图像是一幅典型的倾斜 2D X 射线图像，我们可以据此判断焊点是否开焊。

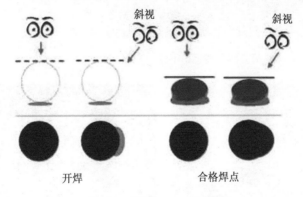

开焊　　　　　　　　　　合格焊点

图 4-6　倾斜 2D–X 射线图像

3D X 射线系统，也称为断层剖面 X 射线检测系统，它利用一系列的二维影像重建影像信息以产生某一切面的影像。它可以对 PCB 两面所有元器件的焊点进行精确的对比分析，从而判断出有缺陷的焊点。

最著名的 3D X 射线系统就是 HP 5DX，其工作原理如图 4-5（c）所示。在工作时，由位于设备上端的一个 X 射线管斜着射出 X 光线，并以 760 转 / 秒的速度高速旋转，同时在下面有一个以同样速度旋转的 X 光接收器。X 光在光源与接收器平台之间的某一位置上聚集，出现一个聚集平面，聚集平面上的物体或图像会在接收器平台上形成一个清晰的图像，不在聚集平面上的物体或图像则在接收器平台上被消除。通过它可以把焊接球分层，产生断层照相的效果。

4.2.2　X 射线图像的分析

在使用 X 射线分析时，首先需要了解以下几点，这有助于对 BGA 焊点 X 射线图像的解析。

（1）确认焊球是可塌陷的还是非塌陷的，这可以通过工艺了解。

（2）确认再流焊接峰值温度是否足够，并实现 BGA 焊点的两次塌落与完全对准。

（3）再流焊过程中 BGA 封装是否出现了某种程度上的物理变形。

对 BGA 焊点进行 X 射线图像的解析是基于对工艺原理的理解。举例来讲，如果个别焊点比大多数焊点的直径要小（图 4-7），说明焊料体积不足，这通常与焊膏漏印有关；如果个别焊点比大多数焊点稍大，可能因为焊盘被污染，没有被润湿；如果斜视图形有两个明显的椭圆形堆叠，则一般是枕头效应的焊点，如图 4-8 所示；如果焊点中有灰度特别浅的圆形，就是空洞。

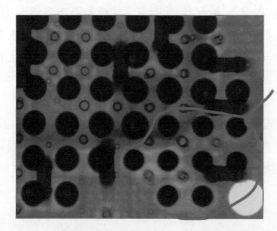

焊点偏小

图 4-7　焊膏漏印或转移率很低（少锡）时的 X 射线图形特征

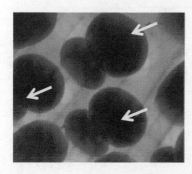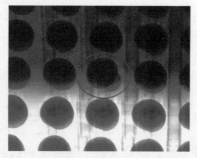

图 4-8　典型的枕头效应焊点 X 射线图形特征

X 射线透视检测通常应用在下列情况。

1. BGA、CSP 焊接工艺质量分析

面阵列器件，如 BGA、μBGA（CSP）在再流焊接时，由于封装体的重力和表面张力的共同作用，通常会经历两个阶段的塌落过程。第一阶段发生在焊球接近和通过其熔点温度时，焊球经受一次垂直跌落，直径开始增大。由于热量不够，此时焊球的表面粗糙、无光

泽。当温度继续升高，焊球达到最高温度时，产生第二阶段的塌落。此时，焊球变得更加扁平，直径达到最大，焊球表面呈现平滑和光亮的结构。

如果封装或 PCB 发生变形，那么焊球塌落时受压的焊点直径会比较大，而不受压的焊点直径则比较小。典型的案例就是 BGA 受潮，焊接时发生"爆米花"现象，这使 BGA 封装中间的焊点直径往往比边缘处的焊点直径大一些。

总之，不同的工艺条件会形成不同的焊点形态，而不同的焊点形态其 X 射线图像也不同，据此我们可以对 BGA、CSP 的焊接质量进行分析与评判。

合格的 BGA、CSP 焊点 X 射线影像图应该是焊点为正圆形、边界清晰、尺寸大小近似、灰度相同。

2. BGA、CSP 缺陷焊点定位

BGA 焊接的典型缺陷焊点包括桥连、枕头效应、焊球丢失、空洞、无润湿开焊和焊点边缘模糊，这些都可以通过 X 射线系统进行检测。下面列举的几幅 X 射线图像是 BGA、CSP 典型的几种缺陷影像图。图 4-9（a）是一张倾斜拍摄的 BGA X 射线照片，其中正常焊点的影像为圆柱形，开焊焊点的影像为圆形（方框所标示的焊点）；图 4-9（b）是一张 BGA 焊点桥连影像图；图 4-9（c）是一张焊球缺点的影像图；图 4-9（d）是一张空洞焊点影像图。

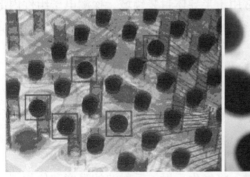
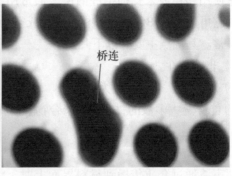

（a）开焊焊点影像图　　　　　　　　　　（b）焊点桥连影像图

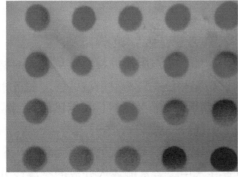
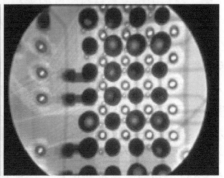

（c）焊球缺失影像图　　　　　　　　　　（d）空洞焊点影像图

图 4-9　BGA、CSP 典型缺陷 X 射线图像

利用倾斜 X 射线可以检测出 BGA 焊点的空洞、桥连、移位、焊料不足、焊料球、枕头效应（球窝缺陷）等，而 3D X 射线系统除了虚焊不能检测，几乎能有效地检测 BGA 其他所有缺陷。通过 3D X 射线系统重组的切片图还可以检测焊点的下列物理量。

（1）焊点的中心位置，以此判断 BGA 在焊盘上的移位情况。

（2）焊点的直径，它反映了 BGA 焊点的焊料量与标准焊料量相比的相对量，可以反映焊点的共面情况。

（3）通过与焊点中心轴同轴的数个圆环各自的焊料厚度及其变化率，可判定焊点中焊料的分布情况和润湿情况。

（4）焊点相对于已知圆度的圆形形状误差，可判断焊点焊料分布的均匀性。

（5）焊点内部缺陷检查。

焊点内部缺陷可以根据焊点影像图的灰度进行评判。图像越深，焊料越厚，图像越浅，焊料越薄。

4.3 超声扫描显微镜

4.3.1 超声扫描显微镜概述

超声扫描显微镜（SAM），也称声学扫描断层成像（SAT），是一种非破坏性失效分析工具。它使用超声波来扫描组件内层，通常用于半导体封装领域，探测电子组件内部的分层或空洞。它可以定位 BGA 封装中的分层或空洞，也可以定位 BGA 与基板相连之后底部填充的类似异常。其优点主要有以下几点。

（1）非破坏性。

（2）对分层、空洞等极为敏感。

（3）能穿透大多数的材料，如聚合物、金属、陶瓷、合成物、黏结剂、焊料、环氧树脂等。

4.3.2 超声扫描显微镜的工作原理

当超声波通过介质传播到材料界面上时，将发生反射。反射波的强度和位相与界面两侧材料的声阻（材料中声速与材料密度的乘积）有关，遵从以下公式。

$$R=I(Z_2-Z_1)/(Z_2+Z_1)$$

式中，I 为入射波强度；R 为发射波强度；Z_2、Z_1 分别为两种材料的声阻。

两种材料的声阻越大，反射峰越强；反之，越弱。从声阻小的材料到声阻大的材料，反射波与入射波位相相同；反之，反射波与入射波位相相反。若将反射波的强度和位相信息做成伪色图，即可以得到反映界面完整性的图像，超声扫描显微镜就是根据该原理制成的。图4-10 所示为 Sonoscan 公司的 C-SAM 声扫显微镜系统。

由于高频超声波在空气中无法传播，当超声波进入介质和空气的界面时将发生全反射。因此，在 SAM 分析时，被探测的样品需要放置在水中。若水能渗入开放的空洞或分层，则无法用此方式探测。

超声扫描显微镜对分层、空洞等具有极高的灵敏性，可以探测到 0.1μm 以下的分层现象。

随着计算机信息采集和信息处理技术的迅速发展，超声扫描显微镜已经发展到了一个很高的水平。超声扫描显微镜一般可以在多种模式下工作，比较常用的模式有反射模式、透射模式、虚拟剖面模式以及多层横截面扫描和三维结构重构模式，在电子组装领域最常用的是前两种模式。

图 4-10　Sonoscan 公司的 C-SAM 声扫显微镜系统

1. 反射模式

反射模式也称为 C-Mode，是一种针对器件特定水平面的扫描模式，特定平面的图像清晰，其工作原理如图 4-11 所示。

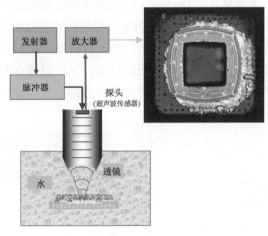

图 4-11　反射模式的工作原理

2. 透射模式

透射模式也称为 T-Mode，用于探测试样的整个厚度。超声波穿过整个元件的厚度，其图像是整个厚度图像的叠加，只能反映厚度方向有没有分层缺陷，不能断定缺陷位于厚度方向的哪个位置。由于超声波不能穿过空气，因此缺陷在元件水平方向上定位准确，图像没有反射模式清晰，其工作原理如图 4-12 所示。

3. 虚拟剖面模式

虚拟剖面，即利用超声波产生器件的虚拟剖面，以分析缺陷在垂直方向的分布或位置。多层横截面扫描和三维结构重构，即将器件在垂直方向切成几个甚至几十个横切面，同时利用图像分析软件对每个层面的结果进行分析后重构出器件的三维信息，便于分析每层的信息和对缺陷出现的位置进行精确定位。

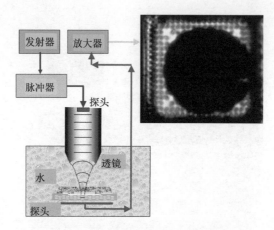

图 4-12　透射模式的工作原理

4.3.3　分析步骤

在失效分析中，工程师通常会首先用单脉冲的超声产生波形，来获知器件封装中的不同深度的各种特征。由于回波信号从封装中的不同深度返回，它们到达换能器的时间会有细微的差别。利用波形信息，工程师可以建立电子门阀对这种类型的回波进行选择性接收，如接受超声波脉冲发出后 0.5 ～ 0.8μs 内的回波。如果工程师在管芯表面寻找分层，则可以调整在分界面回波的门阀。门阀设定后，超声换能器扫描元件区域。在扫描时，换能器在发出超声脉冲和接收回波信号间每秒切换数千次。在元器件上，每个扫描点都有回波信号返回。在电子门阀范围内出现的最大振幅的回波信号被转化成各点的像素，这样就得到一个水平面的分析图形，如图 4-13 所示。

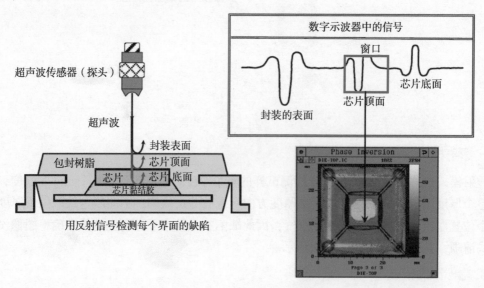

图 4-13　扫描超声图像

每个规格超声波传感器（也称为探头）的焦面尺寸是由传感器的频率、焦距和镜头半径决定的。传感器的频率越高，焦面尺寸越小，图像的分辨率也越高。在进行失效分析时，应根据分析的对象和要求，选择合适的超声波传感器，可参考图 4-14 进行选择。

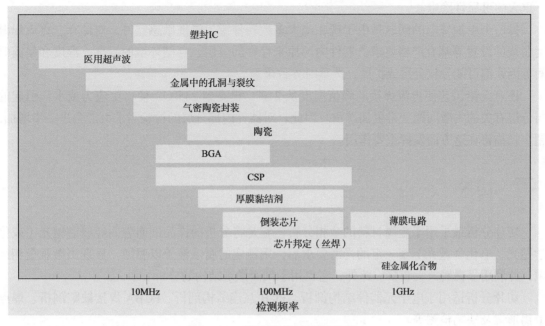

图 4-14　超声波传感器的选择

4.3.4　超声扫描显微镜和 X 射线的对比

超声扫描显微镜和 X 射线是一对互补的分析工具，常常会在同一实验室内看到，但是它们有不同的特点。X 射线依据 X 射线能量的衰减大小进行工作，超声扫描显微镜依靠材料的改变进行工作。实践表明，超声扫描显微镜对探测空气间隙的缺陷（如空洞、分层和开裂）极度敏感，被广泛应用于片式陶瓷电容器、COB、管芯的连接、CSP、倒装芯片、堆叠芯片、TAB、Hybrid、MCM、SIP、柔性电路、PCB 等元器件和材料的缺陷分析。超声扫描显微镜与 X 射线的工作原理对比如图 4-15 所示。

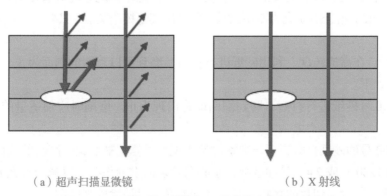

（a）超声扫描显微镜　　　　　　　　（b）X 射线

图 4-15　超声扫描显微镜与 X 射线的工作原理对比

现代电子系统所使用的绝大多数器件为塑料封装器件，随着器件的封装密度不断提高，器件内部的应力失配问题日趋严重。特别是当器件内部本身存在分层时，在再流焊过程中由于温度的影响，应力失配可能导致分层扩展或器件爆裂，从而产生器件失效或给最终产品留下重大的可靠性隐患。

另一个更加普遍的问题是由于现在绝大多数器件皆为湿度敏感器件，对储存、再流焊温度曲线的设置等都有严格要求。器件内部原来存在的分层、存储环境的温度、湿度和暴露时间等因素都可能导致分层或扩展，严重时导致爆裂。

还有无铅工艺使再流焊接的峰值温度从 210℃ 提高到 245℃，使得由应力或水汽引起的与分层有关的失效问题变得更加严重。因此，对器件内部分层的检验需求可能会进一步增加，超声扫描将在这方面发挥重要作用。

4.4 切片

切片分析最早用于金属材料的金相分析，它是将分析的样品剖面表面经研磨抛光（或化学抛光、电化学抛光）至一定的光滑要求后，用特定的腐蚀液予以腐蚀，显现出微观金相组织，并利用显微镜放大观察。此外，它也用于剖面微观结构的分析。

切片分析适用于电子元器件结构剖析、PCB 互连结构剖析、PCBA 焊接缺陷剖析、焊点上锡形态及缺陷检测等。

4.4.1 切片样品的制备

切片样品的制备是切片分析成功的关键，剖面的选择、剖面的研磨抛光是切片分析的关键。

1. 切片样品的制备步骤

切片样品的制备步骤如下。

（1）取样：使用专用的钻石锯进行取样，或用剪床剪掉无用板材，以取得切样。在取样时，注意不要太靠近分析的对象，以免切割过程对分析对象造成破坏。

（2）封胶：封胶的目的是夹紧试样以减少变形，防止被观察的对象在削磨过程中被拖拉延伸而失真。一般采用透明亚克力专用封胶，也可用其他树脂类胶，只要透明度良好、硬度大、气泡少即可。

（3）磨片：在高速转盘上利用砂纸进行打磨，磨到可以观测的剖面为止。磨削所用的砂纸番号与顺序如下。

①先用 150 号砂纸进行打磨，磨到剖面即将出现为止。磨削时应加适量的水，以降温和润滑。

②改用 600 号的砂纸打磨到预设观察对象出现，并修正被磨歪、磨斜的表面。

③最后用 1200 号或 2400 号细砂纸，小心消除切面上的伤痕，以减少抛光的时间。

（4）抛光：要看清切片的真相，必须仔细抛光，以消除砂纸的刮痕。

（5）微蚀：如果要观察焊点的金相组织和界面情况，需要对抛光面进行微蚀，以分出各结晶组织。

（6）判读：一般使用显微镜进行观察（放大倍数为 25~100 倍）。

2. 切片制备的设备

切片制备需要用到切割机、真空包埋机、研磨抛光机、金相显微镜等设备仪器，如图 4-16 所示。

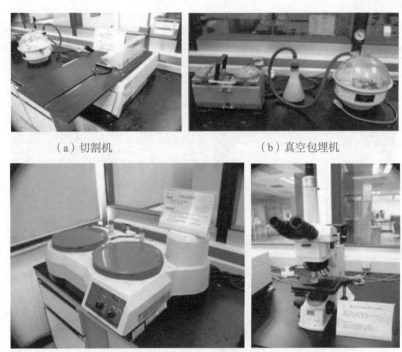

（a）切割机　　　　　　　　　　　（b）真空包埋机

（c）研磨抛光机　　　　　　　　　（d）金相显微镜

图 4-16　切片制备的设备

3. 剖面的选择

切片制备的关键是选择剖面的位置。如果剖面位置的选择不当，很可能漏掉有价值的信息，甚至得出错误的结果。图 4-17 是一个波峰焊焊点吹孔的两张不同剖面切片图像。图 4-17（a）所示为沿孔的轴线切片的金相图，图 4-17（b）所示为垂直于孔轴线切片的金相图。通过这两幅图，很容易断定吹孔发生的原因和位置。如果剖面选择不当，就有可能看不到金属化孔有破洞的现象，也很难断定吹孔是由于孔电镀质量有问题所造成的。

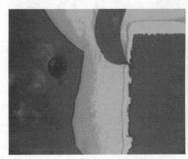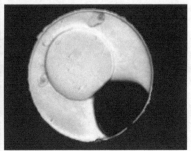

（a）与孔轴平行　　　　　　　　　（b）与孔轴垂直

图 4-17　波峰焊接焊点吹孔的切片图像

4.4.2 切片分析应用

切片图像的分析，可以直观地看到失效模式或切面的结构。

1. 焊点失效分析

图 4-18 所示为一组 BGA 焊点切片光学显微照片。从图 4-18 中可以看到焊点的微观细节。当进行失效分析，特别是原因分析时，需要结合焊接的工艺过程进行判定。

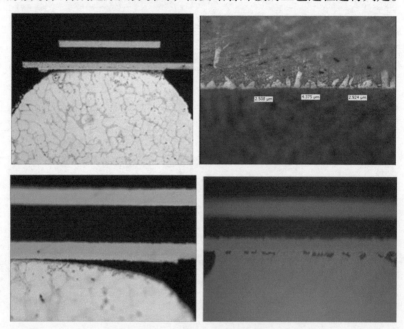

图 4-18　BGA 焊点切片光学显微照片

2. PCB 互连结构及失效分析

切片在 PCB 制造及失效分析中应用广泛。通过剖面的图像可以对 PCB 的互连结构、导体层厚、孔形、孔壁镀铜厚度、塞孔效果进行分析与检测，也可观察分层、孔壁断裂等失效现象，这是一种非常可靠的分析方法。

图 4-19 所示为 PCB 过孔与 POFV 孔的切片图。

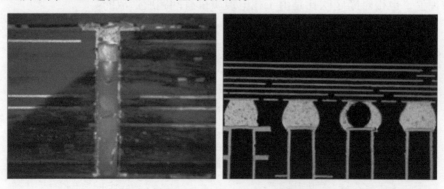

（a）半塞过孔藏锡珠切片图　　　　　（b）POFV 孔及 BGA 焊点空洞切片图

图 4-19　PCB 过孔与 POFV 孔的切片图

4.5 扫描电子显微镜

4.5.1 扫描电子显微镜概述

扫描电子显微镜（Scanning Electron Microscope，SEM），简称扫描电镜，是用较细的聚焦电子束轰击样品表面，通过电子与样品相互作用产生的二次电子、背散射电子等对样品表面或断口形貌进行观察和分析的仪器。现在，SEM 通常与能谱仪（EDS）组合使用，可以进行成分分析，已成为显微结构分析的主要仪器，被广泛用于材料、冶金、矿物、生物学等领域。图 4-20 所示为某品牌扫描电子显微镜的外观图。

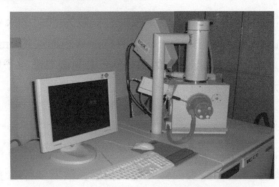

图 4-20　某品牌扫描电子显微镜的外观图

当一束细的聚焦电子束轰击试样表面时，入射电子束与试样的原子核和核外电子将产生弹性或非弹性散射作用，并激发出反映试样形貌、结构和组成的各种信息，包括二次电子、背散射电子、X 射线、俄歇电子、吸收电子、透射电子、阴极荧光等，如图 4-21 所示。

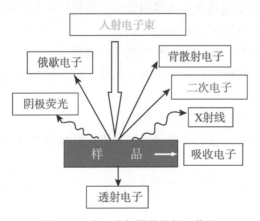

图 4-21　电子束与固体的相互作用

（1）二次电子。二次电子是指在入射电子束作用下被轰击出来并离开样品表面的核外层电子。二次电子的能量较低，一般都不超过 50eV，大多数二次电子只带有几个电子伏的能量。

二次电子一般都是在表层 5~10nm 深度范围内发射出来的，它对样品的表面形貌十分敏感，因此能非常有效地显示样品的表面形貌。

它的产额与原子序数 Z 没有明显关系，不能进行成分分析。

（2）背散射电子。背散射电子是固体样品中原子核"反射"回来的一部分入射电子，分为弹性散射电子和非弹性散射电子。背散射电子的产生深度为 100nm~1μm。

背散射电子的产额随原子序数 Z 的增加而增加，$I \propto Z^{2/3 \sim 3/4}$。因此，利用背散射电子作为成像信号不仅能分析形貌特征，还可以作为原子序数程度进行定性成分分析。

（3）X 射线。样品原子的内层电子被入射电子激发，原子就会处于能量较高的激发状态，此时外层电子将向内层跃迁，以填补内层电子的空缺，从而使具有特征能量的 X 射线释放出来。X 射线从样品的 0.5~5μm 发出。波长 λ 满足莫塞莱定律。

（4）俄歇电子。如果在原子内层电子能级跃迁过程中释放出来的能量并不是以 X 射线的形式发射出去的，而是用这部分能量把空位层内的另一个电子发射出去的，这个被电离出来的电子则称为俄歇电子。

俄歇电子能量具有特征值（壳层），能量很低，一般为 50~1500eV。

俄歇电子的平均自由程很小（约 1nm）。只有在距离表面层约 1nm 范围内（几个原子层厚度）逸出的俄歇电子才具备特征能量，俄歇电子产生的概率随原子序数的增加而减少，因此特别适合作为表层轻元素成分分析手段。

4.5.2 扫描电子显微镜的工作原理

电子枪发射电子束，经过电压加速、磁透镜系统汇聚后，形成直径约为 5nm 的电子束。电子束在偏转线圈的作用下，在样品表面做光栅状扫描，激发多种电子信号。

探测器收集信号电子，经过放大和转换，在显示系统上成像（扫描电子像）。二次电子的图像信号"动态"地形成三维图像。

4.5.3 扫描电子显微镜的优点

（1）高的分辨率。由于超高真空技术的发展，场发射电子枪的应用得到普及，现代先进的扫描电子显微镜的分辨率已经达到 1nm。

（2）有较高的放大倍数，20~200 000 倍内连续可调。

（3）有很大的景深，视野大，成像富有立体感，可直接观察各种试样凹凸不平表面的细微结构。

（4）试样制备简单，可以直接观察大块样品。

（5）配有 X 射线能谱仪装置，这样可以同时进行显微组织形貌的观察和微区成分分析。

4.5.4 样品的制备

1. 样品台

样品台是放置分析样品的平台，它能进行三维空间的移动，还能倾斜（0°~90°）和转动（360°），精度高，振动小。某品牌扫描电子显微镜的样品室照片如图 4-22 所示。

样品大小应符合样品室的空间要求。

图 4-22 某品牌扫描电子显微镜的样品室照片

2. 样品的制备

扫描电子显微镜的最大优点是样品的制备方法简单，对金属和陶瓷等块状样品，只需将它们切割成大小合适的尺寸，用导电胶将其粘接在电子显微镜的样品座上即可直接进行观察。

对于非导电样品如塑料、矿物等，在电子束作用下会产生电荷堆积，影响入射电子束斑和样品发射的二次电子运动轨迹，使图像质量下降。因此，这类试样在观察前要对喷镀导电层进行处理，通常采用二次电子发射系数较高的金银或碳膜作导电层，膜厚控制在 20nm 左右。

镀碳用于分析对象的成分。镀金或银用于分析对象的形貌。金（或者银）膜比碳膜更加均匀，因此其形貌不失真。

样品台可放置的最大样品取决于设备。

样品台可移动、可转动，样品台还可以带有多种附件功能，如加热、冷却或拉伸等。

检测是样品室要保持真空状态，以保证电子光学系统正常工作，防止样品受到污染。真空度一般要求为 $10^{-5} \sim 10^{-4}$ Pa。

4.5.5 应用

1. 显微观察

扫描电子显微镜的成像为电子像，图形明亮反映的是反射信号的电子强度，它不是光学显微镜下看到的真实颜色。它只有黑白之分，专业的术语称为衬度。

所谓衬度，是指在荧光屏上或照相底板上，眼睛能够观察到的光强度或感光度的差别。透射电镜的衬度来源于样品对入射电子束的散射。衬度有以下两种基本类型。

（1）质厚衬度。非晶（复型）样品电子显微镜图像衬度是由于样品不同微区存在原子序数或厚度的差异而形成的，即质厚衬度。

（2）衍射衬度。对于晶体薄膜样品而言，厚度大致均匀，原子序数也无差别，因此不可能利于质厚衬度来获得图形反差，这样，晶体薄膜样品的成像主要利用衍射衬度的成像。

由样品各处衍射束强度的差异形成的衬度称为衍射衬度。

扫描电子显微镜成像衬度来源有以下 3 个方面。

①试样本身性质：表面凹凸不平、成分差别、电压差异、表面电荷分布。

②信号本身性质：二次电子、背散射电子、吸收电子。

③对信号的人工处理。

扫描电子显微镜有较高的放大倍数和很大的景深，成像富有立体感，可直接观察各种试样凹凸不平表面的细微结构，如图 4-23 所示。

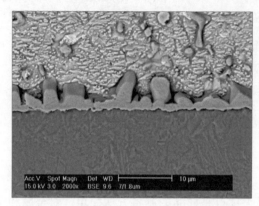

图 4-23 焊点界面 IMC 电子显微镜图像

2. EDS 成分分析

EDS，即 Energy Dispersive Spectrometer（能谱仪），现在已经是扫描电子显微镜（SEM）的标配之一，主要用来分析试样的元素成分和含量，也就是常说的定性和半定量分析。

（1）能谱仪能够分析原子序数大于 5 的元素，波谱仪可以分析原子序数从 4~92 内的所有元素。

（2）EDS 的分析方式有点分析、线分析和面分析。

（3）EDS 做微区分析时所激发的体积为 $10\mu m^3$ 左右。

（4）EDS 常与 SEM 结合使用，可对目标部位进行点、线、面形貌扫描和成分分析。

（5）EDS 的定量分析精度较低（检测限一般大于 0.2%）。

EDS 能谱图的 y 轴为 X 射线的强度值，与元素含量有关，单位为 cps（每秒计数量）；x 轴是 X 射线的能量，峰的位置代表相应的元素，如图 4-24 所示。

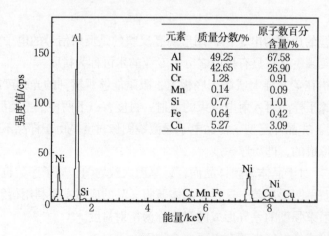

图 4-24 EDS 能谱图

由 EDS 分析产生的数据包含了样品中所有不同元素对应的峰值的光谱。从图 4-24 中可以看到，每个元素都有独特能量的特征峰。

定性分析相对比较容易，可以一次性收集全部元素的特征 X 射线的能谱图。一次全谱定性分析，几秒钟到几分钟即可完成。

定量分析相对困难。一般对结果进行归一化处理，即把所分析出的元素相加和为 100%（相对定量分析）。如果有未检出的元素或特征峰被掩盖的元素，很难发现其错误。

图 4-25 是一个微区成分的分析示例，分析结果以能谱图形式表达出来。

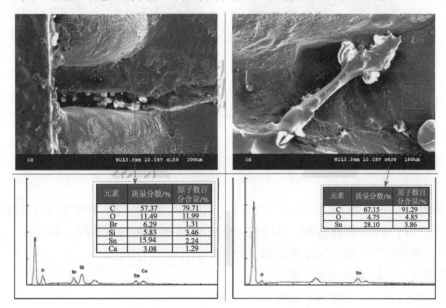

图 4-25　微区成分的分析示例

4.6　染色渗透

通过将样品置于染色液中，让染色液渗透到有裂纹或孔洞的地方。垂直剥离已经焊上的元器件，其引线脚与焊盘将从有裂纹或孔洞等薄弱界面分离，元器件分离后，被染红的焊点界面将指示该处在强行剥离前存在缺陷，即焊点不良部位被检测到。图 4-26 所示为一样品的染色照片。

染色渗透分析用于检测失效焊点的分布及裂纹存在的界面。

染色渗透分析的步骤如下。

（1）取样（整体或局部）。

（2）溶剂清洗（去除残留物）。

（3）染色（染色液＋低压）。

（4）干燥（保持染色区域）。

（5）垂直分离器件与 PCB。

（6）检查与记录（显微镜）。

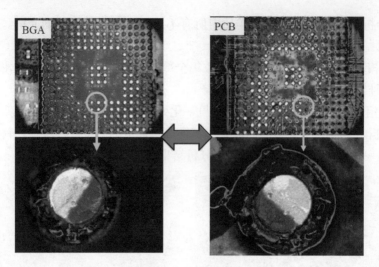

图 4-26　样品的染色照片

4.7 光学检测

内窥镜检查是一种光学检测方法，可对狭小限制区域内的细小物件进行外观观察。这项技术适用并应用于 BGA 焊点检测，可检测和分析 BGA 焊点的外观状况。例如：

- 焊点总体质量——理想润湿的证据；
- 焊点形状——理想再流的证据；
- 焊点表面纹理——光滑与不规则；
- 焊点总体外观——助焊剂残留等；
- 焊点缺陷——焊料短路、开路和冷焊；
- 焊球缺失。

内窥镜检查最适用于 BGA 外排焊点的检测，如图 4-27 所示。这项技术的局限性是无法以同等级的质量和清晰度检测内排焊球。有时也用它检测内排焊球，但是无法如外排焊点一样看清楚细节。通常不可能看到第二排或第三排焊球上的焊膏，这好比无法从外部看见森林中央的树一样。

图 4-27　BGA 外排焊点的检测

这项技术的另一个显著特征是镜头设计。高度先进的镜头可以聚焦且通过镜子或棱镜将图像转动 90°。高分辨率 CCD 相机或监视器可用于捕捉和显示图像。放大倍数取决于工作距离，范围可从 50 倍变化至 200 倍。

照明是很重要的因素。如果光源没有恰当地照亮被检测的焊点，图像质量就差。前置灯光可帮助检测焊点的正面，而背光源则可用来探测焊料短路和其他堵塞情况。背光也可用于显示焊点的外形轮廓，从而方便观测焊点的整体形状。

4.8 傅里叶变换红外光谱仪

1. 原理与直接用途

傅里叶变换红外光谱仪利用不同有机物对红外光谱的不同吸收特性，分析有机物的成分。在电子组装领域主要用途是：对 PCB 表面有机污染物进行成分分析；对有机材料一致性进行检验分析。

图 4-28 所示为傅里叶变换红外光谱仪（FT-IR）。

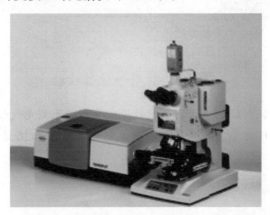

图 4-28　傅里叶变换红外光谱仪（FT-IR）

2. 傅里叶变换红外光谱仪分析案例

案例 7：PCBA 白色污染物成分的分析

从生产制造过程分析，PCBA 组件的表面残留物有可能来自 PCB 裸板制造，也可能来自组装过程。在绝大部分情况下，我们看到的残留物，特别是白色残留物，通常为焊剂残留物吸潮后看到的现象。有时为了确认残留物，会用傅里叶变换红外光谱仪进行分析。如图 4-29 所示为 PCB 表面污染物的分析结果。

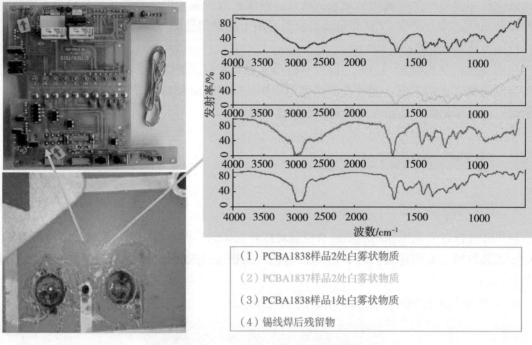

（1）PCBA1838样品2处白雾状物质

（2）PCBA1837样品2处白雾状物质

（3）PCBA1838样品1处白雾状物质

（4）锡线焊后残留物

图 4-29　PCB 表面污染物的分析结果

案例 8：材料一致性检验

　　在 PCB 的制造中，板材树脂批次的一致性很重要，关系到电气性能与工艺性能，通常采用傅里叶变换红外光谱仪对介质材料进行一致性的检测。图 4-30 是一应用案例，是对 PCB 芯板树脂一致性的分析。

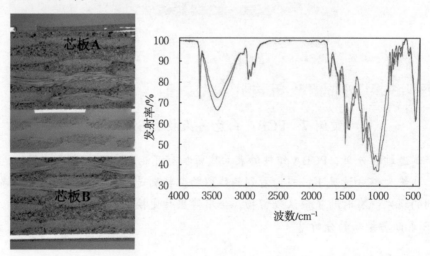

图 4-30　PCB 芯板树脂一致性分析

第 5 章

失效原因的基本判定

　　笔者经常收到读者的一些来信，其中询问最多的问题是关于焊点断裂责任的判定。一般而言，PCBA 代工企业交付客户的产品都会经过严格测试，但是有时客户反馈有个别焊点开裂的现象。客户说是虚焊，代工厂则说是用户组装问题，双方各执一词难以达成共识。之所以这样，往往是因为双方工程师对焊点的失效机理与特征不是很清楚。鉴于此，本章简单介绍一下由物料质量、焊接工艺和组装操作等不同原因导致的焊点开裂典型特征，以便代工企业与客户之间能够对焊点开裂的责任进行客观公允的讨论。

5.1　焊接问题与组装问题的判定

5.1.1　焊接合格的标准

　　要分清哪些问题是焊接导致的，哪些问题是组装导致的，首先需要了解焊接合格的标准。焊接合格的标准主要有以下两点。

1. 润湿良好

　　可接受的焊接应当在焊料与被焊接面熔合处呈现出明显的润湿和附着性，润湿角应小于90°且没有退润湿现象。

　　焊接连接的润湿角（焊料与元器件可焊端以及焊料与 PCB 的焊盘间）不应当超过90°，如图 5-1（a）和图 5-1（b）所示。但也有例外的情况，如当焊料轮廓延伸到可焊端边缘或阻焊剂时，润湿角可以超过90°，如图 5-1（c）和图 5-1（d）所示。图 5-2 所示为 IPC-A-610 中列举的润湿不良现象。良好的润湿是合格焊点的最基本要求。

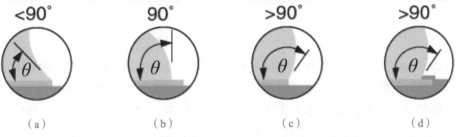

<90°	90°	>90°	>90°
（a）	（b）	（c）	（d）

图 5-1　润湿角

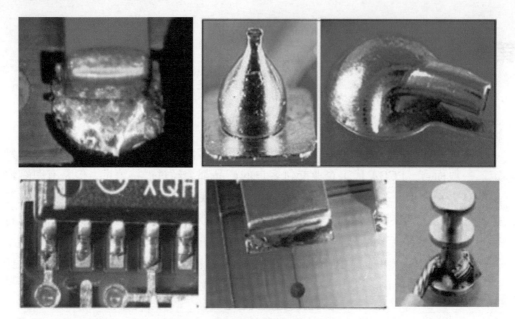

图 5-2　润湿不良现象（举例）

2. 连接界面形成 IMC 层

焊料与被焊基底金属（元器件引脚、焊端和 PCB 焊盘的基底金属）表面形成一定厚度连续的金属间化合物（IMC）层，如图 5-3 所示。

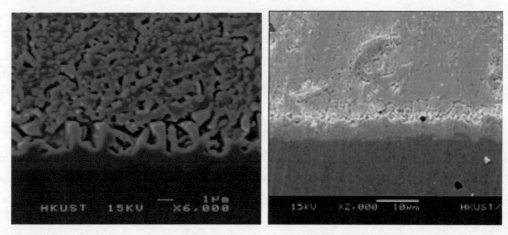

（a）Sn-Pb 焊料与 ENIG 焊盘形成的 IMC 层　　　（b）SAC 焊料与 ENIG 焊盘形成的 IMC 层

图 5-3　截面 IMC 层的形貌

对于 IMC 层的厚度，业界并无相应的标准，笔者的看法是：在形成连续 IMC 层的前提下，越薄越好，只要在 1000 倍的放大倍率下可见即可。至于允许的最大厚度，通常可以将一般工艺条件下观察到的常见厚度作为工艺警示的标准，如有铅再流焊接，IMC 层的厚度应 ≤ 2.5μm；无铅再流焊接，IMC 层的厚度应 ≤ 6μm（图 5-3）。对于无铅焊接工艺，如果设置的峰值温度比较高、时间比较长，IMC 层有时会达 8~10μm。在这种情况下，只要有连续层也是可以接受的，它对焊点可靠性的影响主要是抗击机械应力方面稍有劣化，IMC 层厚度对焊点可靠性的影响如图 5-4 所示。但通常不会影响焊点的疲劳寿命，如果产品不用于振动的环境下工作是可以接受的。对于波峰焊，由于与焊料的接触时间很短，无论是有铅焊接还是无铅焊接，通常都 ≤ 1μm。

良好润湿与形成连续的 IMC 是焊点可接受的两个条件，任何一个条件不满足都可以判定为焊接不良。

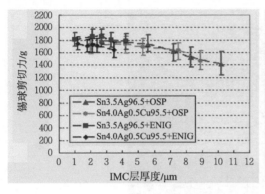

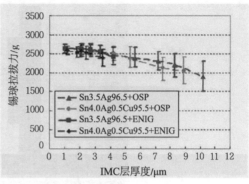

（a）BGA 焊球剪切力与 IMC 层厚度的关系　　（b）BGA 焊球拉拔力与 IMC 层厚度的关系

图 5-4　IMC 层厚度对焊点可靠性的影响

5.1.2　组装应力引诱或导致的焊点失效

PCBA 贴装完成后，大多数板还要继续进行插件，以及安装连接器、散热器等的作业。在这些操作中，经常会发生焊点失效的情况，它们大多是由两种原因导致的。

1. 组装应力引诱的失效

失效发生在典型的缺陷焊点上，当属焊接问题。必须清楚一点，有些缺陷焊点，如虚焊、枕头效应（球窝缺陷）、熔断焊点（缩锡断裂、热撕裂）等，在大多数情况下，使用传统的电测方法较难发现。这些缺陷焊点连接脆弱，在振动、高温、数个温度循环条件下会被诱发而失效。如图 5-5 所示的缺陷焊点引发的单板失效肯定属于焊接的问题。

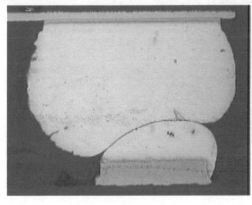

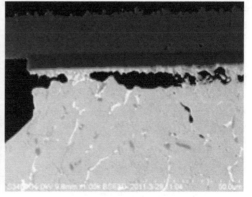

（a）枕头效应焊点　　　　　　　　　　（b）缩锡焊点（一种熔断现象）

图 5-5　典型的难以检测的缺陷焊点

2. 运输 / 组装应力导致的失效

对于应力开裂，一般都是整机组装操作不当导致的。运输过程、分板作业、螺装作业都可能导致焊点的机械应力断裂。

应力断裂焊点具有以下明显的特点。

（1）具有群发特性，如 BGA，应力断裂焊点一定是出现多个断裂并集中发生在一个小的区域，很少会有单个焊点开裂的情况，如图 5-6 所示。

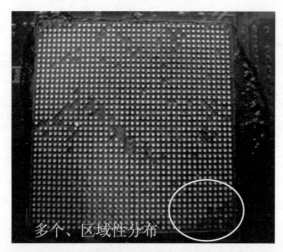

多个、区域性分布

图 5-6　BGA 焊点应力断裂染色分析图

（2）机械应力导致的焊点断裂，其裂纹通常出现在应力比较大或应力集中的地方，裂纹一般可以啮合，如图 5-7（a）所示；应力导致的裂纹往往出现在 IMC 的根部，断裂面呈鲜亮的沙质表面形貌，如图 5-7（b）所示。

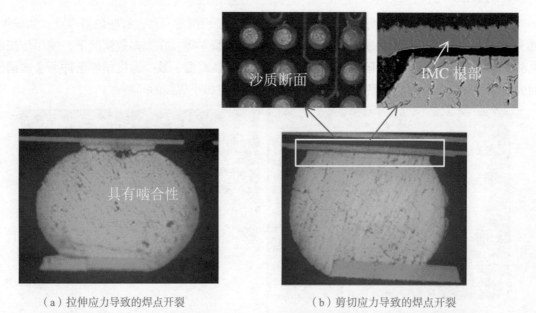

沙质断面　　　　IMC 根部

具有啮合性

（a）拉伸应力导致的焊点开裂　　　　　　　（b）剪切应力导致的焊点开裂

图 5-7　应力断裂裂纹的典型形貌

（3）坑裂属于典型的应力导致的焊点开裂，如 BGA 等封装，只要有一个坑裂焊点出现，就可以判定属于应力导致的问题（往往为冲击应力所致，如跌落）。图 5-8 所示为一典型的坑裂焊点切片图，裂纹发生在焊盘下的介质树脂层。

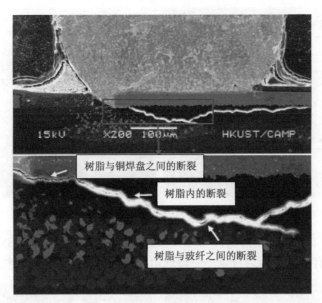

图 5-8　典型的坑裂焊点切片图

5.2　焊点开裂裂纹特征图谱

　　焊点失效机理或原因的分析必须遵从"三现"原则，即现物、现象和现场。对于焊点失效来讲，断裂焊点的发生概率、分布、裂纹特征一定程度上反映了焊点开裂的原因或机理。不同原因或机理导致的焊点开裂裂纹具有不同的特征，如应力断裂与疲劳断裂的裂纹，它们之间存在明显的不同。了解不同机理导致的焊点开裂裂纹特征，对于快速判定焊点的开裂原因至关重要。下面介绍的裂纹图谱全部为笔者本人收集到的典型图片，分析仅作为参考。

5.2.1　典型热 / 机疲劳断裂焊点切片图

　　下面介绍的典型图片都是疲劳开裂裂纹，包括热疲劳、恒温的机械疲劳。

　　（1）循环剪切应力导致的焊点疲劳开裂现象如图 5-9 所示，其裂纹具有典型的枝状形貌，温变幅度越大，裂纹间隙也越大，并且分支也越多。

 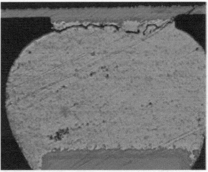

图 5-9　单一剪切应力或剪切应力为主的疲劳开裂现象

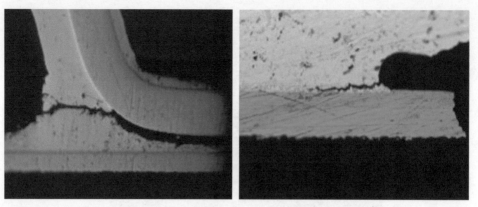

图 5-9 单一剪切应力或剪切应力为主的疲劳开裂现象（续）

（2）叠加拉应力（包括单向和拉压循环的叠加拉应力情况）导致的焊点开裂现象，如图 5-10 所示。裂纹具有韧窝型断裂特点——珍珠串裂纹或微空洞聚集型裂纹。

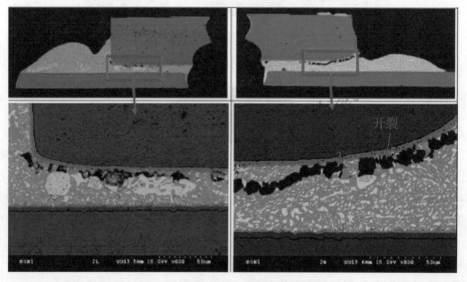

图 5-10 叠加拉应力的疲劳开裂现象

（3）QFN 疲劳开裂裂纹形貌如图 5-11 所示。它具有拉压交替应力循环特点，疲劳裂纹沿 QFN 焊端断开，很多情况下从 QFN 焊端 IMC 与焊料的界面断开，裂纹往往挤压在一起。

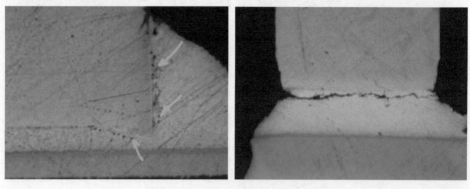

图 5-11 QFN 疲劳开裂裂纹形貌

（4）悬臂安装 PCBA 因振动而引发的 BGA 焊点开裂裂纹非常典型，呈紧密接触的线状裂纹，如图 5-12 所示。这有点像 QFN 的疲劳裂纹，裂纹往往挤压在一起，即使有间隙，间隙也比较小。

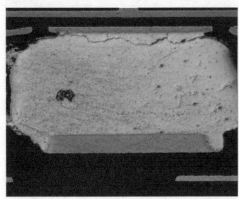

图 5-12　悬臂安装 PCBA 因振动引发的 BGA 焊点开裂裂纹形貌

（5）振动试验导致的 BGA 焊点疲劳开裂裂纹形貌如图 5-13 所示，裂纹往往从 BGA 侧 IMC 与焊料的界面断开。这种裂纹发生在高频拉应力作用下的环境条件下，也在超应力条件下看到，属于比较典型的振动裂纹，它与图 5-12 一起，代表了振动载荷条件下焊点开裂裂纹的特征，即上下紧密接触的线状裂纹，这个特征可以使其与疲劳裂纹区分开来。

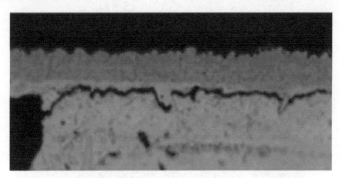

图 5-13　振动试验导致的 BGA 焊点疲劳开裂裂纹形貌

5.2.2　典型机械应力导致的焊点断裂切片图

下面介绍的典型图片为冲击型机械应力导致的焊点开裂裂纹。

（1）超应力导致的焊点开裂裂纹现象如图 5-14 所示。所谓超应力，是指焊点承受的应力超过了焊点所能承受的抗拉强度。超应力断裂属于典型的脆性断裂，裂纹具有非常鲜明的特征：①焊点从 IMC 根部断裂，断裂面呈沙质面；②裂纹可以完全啮合。对于 BGA 而言，大部分发生在 BGA 侧，这是 BGA 侧焊盘阻焊定义的原因。

（2）跌落导致的焊点开裂裂纹现象如图 5-15 所示，这种裂纹出现在 BGA 焊盘下介质层，被称为坑裂现象。对于 BGA，跌落很容易导致 BGA 焊点多点开裂甚至完全掉落，绝大部分的焊点开裂与超应力断裂一样，但大多数情况下总有几个焊点会出现坑裂现象，这是最具原因指向性的开裂现象，表明 PCBA 遭受了跌落过程。

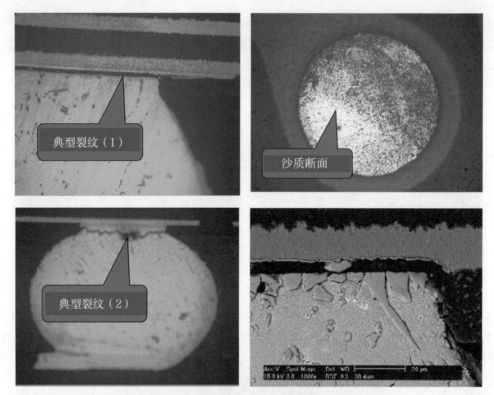

图 5-14　超应力导致的焊点开裂裂纹现象

图 5-15　跌落导致的焊点开裂裂纹现象

5.2.3　熔断焊点切片图

下面介绍的典型图片为焊接过程中发生的熔断焊点裂纹。

（1）冷撕裂（之前称为缩锡断裂）焊点典型形貌如图 5-16 所示。之所以称为冷撕裂，是因为这种熔断现象发生在 PCBA 快速冷却时。它与热撕裂都属于熔断缺陷，相同之处就是裂纹都发生在 BGA 侧 IMC 与焊料界面；不同之处是冷撕裂发生在冷却阶段焊点凝固之时且断裂焊点的顶面为平顶形状（图 5-17），而热撕裂发生在升温阶段焊点熔化之时且断裂焊点的顶面为圆顶形状（图 5-18）。

冷撕裂发生在特定的设计场景及工艺条件下。

① P-BGA 安装在薄板上。

② P-BGA 四角焊点的焊盘为 POFV 盘中孔设计，或者焊盘连接有较宽的导线或没有内

连地电层的过孔。

③再流焊接快速冷却。

这种熔断裂纹具有藕断丝连现象，因而一般测试时很难被发现，对可靠性构成挑战。

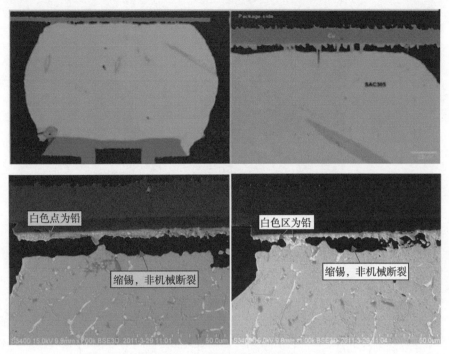

图 5-16　冷撕裂焊点典型形貌

（2）热风返修加热导致的 BGA 焊点熔断现象如图 5-17 所示。在手机行业，由于生产批量大，即使焊接的直通率非常高，但因基数大，每天出现故障单板的数量也非常多，给返修带来很大的压力。因为手机用 BGA 尺寸不大，在很多工厂不是按照规范的返修程序作业的，而是在 BGA 周围涂覆助焊膏，用热风枪直接吹的办法修复的。热风枪（筒）的加热属于单向、局部加热方式，如果风速过大或温度过高，就可能使 BGA 发生中心弓起的热变形，这种情况下就可能出现 BGA 侧熔断的失效现象。

图 5-17　热风返修加热导致的 BGA 焊点熔断现象

（3）热撕裂焊点典型形貌如图 5-18 所示，圆顶从 IMC 与焊料界面分离。热撕裂现象与冷撕裂一样，也与特定的设计场景有关——BGA 盘中存在 POFV 孔与非 POFV 孔，或背钻 POFV 盘中孔混合应用场景。在单板二次过炉时，由于 PCB 的 Z 向热膨胀远远大于 POFV 孔，（尤其是 POFV 孔填充 Cu 时），使得 POFV 孔上的焊点受到很大的拉应力；另一方面，

BGA 加热速率比 PCB 快很多，使焊球的 BGA 侧温度较高，加之 POFV 孔的加热叠加，有可能导致 POFV 盘中孔焊点 BGA 侧率先熔化。这两个方面的共同作用导致热撕裂，其形成机理如图 5-19 所示。

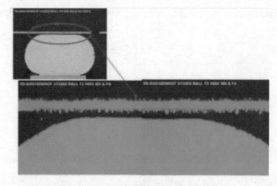

图 5-18　热撕裂焊点典型形貌

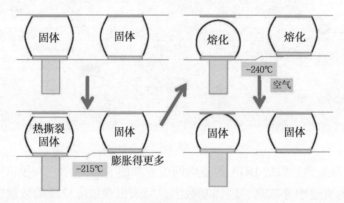

图 5-19　热撕裂焊点的形成机理

5.2.4　枕头效应焊点内窥镜图与切片图

枕头效应（也称为球窝现象）焊点形貌如图 5-20 所示。枕头效应焊点就是 BGA 焊球与焊膏没有融合的焊点，两者由氧化膜隔离，电阻比较大。这也是手机行业生产现场电测电阻的依据。

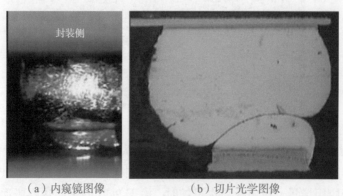

（a）内窥镜图像　　　　　（b）切片光学图像

图 5-20　枕头效应焊点形貌

5.2.5 无润湿开焊（NWO）焊点内窥镜图与切片图

无润湿开焊（NWO）焊点的典型形貌如图 5-21 所示。属于典型的焊接过程形成的开焊焊点。当再流焊接时，各种原因导致未熔焊膏被热变形的 BGA 带走，最终形成了焊球与 PCB 焊盘没有连接的开焊焊点，典型特征就是焊盘上没有任何的焊锡痕迹。这种焊点也会发生在漏印焊膏的情况下，但焊点比正常的焊点要小，而 NWO 比正常的焊点要大。

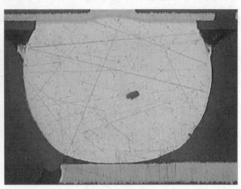

图 5-21　无润湿开焊焊点典型形貌

5.2.6 冷焊点切片图

表面组装冷焊点的形成原因较多，不完全是再流焊接峰值温度不够而形成的，包括各种原因导致的焊点表面粗糙、不熔锡现象的焊点，都可以归为冷焊现象。图 5-22 是部分冷焊点的外观形貌。

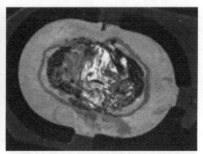

（a）预热时间过长不熔锡现象　　　　　（b）通孔再流焊接不熔锡现象

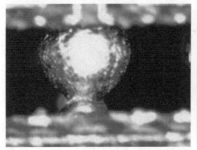

（c）温度不足导致的不规则焊点　　　　（d）预热过久导致不熔锡现象

图 5-22　冷焊点的外观形貌

在大多数情况下，不熔锡焊点（图 5-22）不会影响焊点的功能，但对于片式阻容元件存在虚焊的可能。

5.2.7 Au 镀层引起的焊点开裂

前面简要介绍了 Au 脆现象，其实发生 Au 脆的机理非常复杂，不仅与 Au 有关，还与 Ni 层厚度有关。同样，Au-Sn 合金扩散形成的中间相有很多，如 $\beta(Au_{10}Sn)$、ζ、$\zeta(Au_5Sn)$、$\delta(AuSn)$、$\varepsilon(AuSn_2)$、$\eta(AuSn_4)$，机理非常复杂，在焊料和界面的形态也不同，如图 5-23 和图 5-24 所示。所以，在具体分析 Au 脆现象时要考虑 Ni、Au 层的厚度、老化条件，看到新的情况也不足为奇。总而言之，ENIG 镀层形成的界面 IMC 相当复杂，有兴趣的读者可参阅有关研究报告。

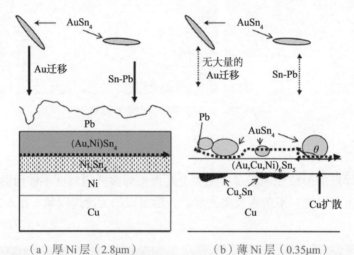

（a）厚 Ni 层（2.8μm）　　　　　　（b）薄 Ni 层（0.35μm）

图 5-23　不同厚度 Ni 层 ENIG 板上焊点长时间老化形成的界面 IMC 示意图

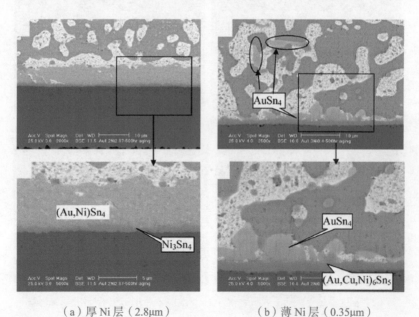

（a）厚 Ni 层（2.8μm）　　　　　　（b）薄 Ni 层（0.35μm）

图 5-24　不同厚度 Ni 层 ENIG 板上焊点长时间老化形成的界面 IMC 切片图

5.2.8　小结

以上分析与描述完全基于个人的经验，没有与金属断裂学介绍的断裂机理与名称对照，有兴趣的可以参考有关的专著。这里仅仅给出断裂焊点的典型类型与特征，希望对焊点失效分析工作有所帮助。

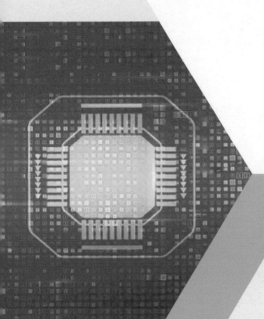

第二部分
高可靠性产品的焊点设计

第6章

高可靠性 PCBA 的互连结构设计

焊点的可靠性设计包括焊点可靠性的组装互连结构设计。焊点的可靠性设计基于焊点的失效模式与失效机理，通常的设计任务包括提升热疲劳寿命的设计、提高耐机械振动／冲击的设计，以及降低焊接缺陷的设计。

6.1 设计步骤

PCBA 和焊点的可靠性，一般要经过定义可靠性要求、识别产品的寿命周期、定义寿命周期各阶段的环境、进行可靠性分析与材料选择几个步骤，如图 6-1 所示。

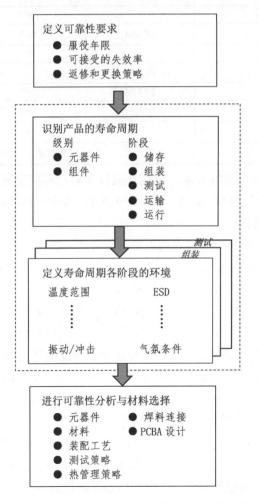

图 6-1   PCBA 和焊点的可靠性的主要设计步骤

焊点的可靠性设计，首先是建立并行的设计团队，团队成员至少应包括可装配/制造设计（DFA/M）工程师、可测试性设计（DFT）工程师、可靠性设计（DFR）工程师。设计团队的主要任务是制定总的设计原则，并解决识别出来的短板问题，以实现可靠性的目标。设计团队及其改进领域如表6-1所示。

表6-1　设计团队及其改进领域

设计团队	改进领域		
产品（QFD）	DFA/M	DFT	DFR
电路（QFD）	DFA/M	DFT	
印制电路板	DFA/M	DFT	DFR
热（QFD）			DFR
EMC、EMI、ESD（QFD）		DFT	
机械（QFD）	DFA/M	DFT	DFR
软件（QFD）		DFT	
市场（QFD）			
工艺/制造（QFD）	DFA/M		
测试（QFD）		DFT	DFR
封装与元件	DFA/M	DFT	
现场支持（QFD）		DFT	
采购	DFA/M		
材料（QFD）	DFA/M	DFT	DFR
可靠性（QFD）	DFA/M	DFT	DFR
仿真（QFD）		DFT	
上级管理（QFD）	概念设计与文化转变		

设计的第一步：定义可靠性要求，包括：服役年限；可接受的失效率/可靠度（它们是时间的函数）；返工/替代/升级/服务/维护保证策略；寿命周期的环境；定义可接受的性能；临界功能；测试设备获得性。

设计的第二步：识别产品的寿命周期。寿命周期从元器件级别开始，一直到PCBA级别。产品的寿命周期涉及以下的重要事件，包括装配/工艺、测试、储存、运输、运行。

产品的寿命周期是确定产品环境条件的基础。

设计的第三步：定义寿命周期各阶段的环境。对产品的寿命周期每个重要事件的参数进行识别、特征化与量化，它是可靠性设计、可靠性预计、可靠性试验的输入条件。这些参数包括：温度范围；温度下的时间；温度的变化速率；温度循环的类别与数量；负载循环；暴露的湿度环境；大气条件（地面、空间或二者）；振动和冲击；ESD、EOS、EMC、EMI和高压要求；暴露的化学环境（助焊剂、溶剂、盐雾、NBC、污染物等）；辐射（离子、光、UV）；污染物（灰尘、油、纸屑）；压力条件。

当这些环境条件被识别和定义时，设计团队就可以进行可靠性分析，并对材料、元器件、工艺、热管理和测试策略进行选择。注意，这里使用了"选择"一词，它反映了焊点可靠性设计工作的本质——根据可靠性要求、寿命环境条件进行封装、PCB和材料的选择。

图6-2所示为IPC-D-279中的工艺可靠性保证流程。它反映了可靠性设计过程的交互性。

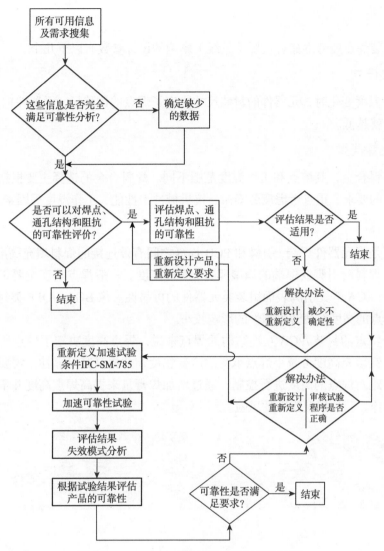

图 6-2　IPC-D-279 中的工艺可靠性保证流程

6.2　影响焊点可靠性的设计因素

PCBA 的互连可靠性与焊点的可靠性、孔的可靠性有关，如图 6-3 所示。下面讨论与焊点可靠性有关的设计影响因素。

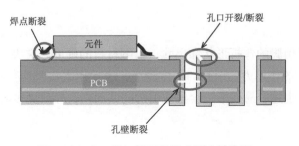

图 6-3　PCBA 的互连可靠性典型失效位置

6.2.1　主要设计参数

对表面组装焊点疲劳寿命有重要（量级）影响的设计参数有以下几个。

1. 元器件尺寸

当 PCBA 温度变化时，元器件的封装尺寸决定了焊点的位移量，元器件越大，位移越大，焊点的可靠性就越低。

2. 焊料合金类型

不同的焊料合金，其熔点和工作温度范围不同。焊料合金的选择主要根据承受的载荷条件和对可靠性的要求，重点考虑疲劳寿命、抗机械冲击性能、工作温度等因素。

3. 焊点高度

焊点高度是指元器件焊端 / 引脚和 PCB 焊盘之间有效连接的焊料填充高度，如图 6-4 中的 H，而不是焊料沿引脚或焊端的润湿爬行 / 润湿高度。一般焊点高度主要影响片式元件、LCCC、QFN、LGA 等无引脚表面组装类元器件的可靠性。像 BGA、QFP 类封装，由于有引脚或锡球，焊点的高度对疲劳可靠性的影响较小。

对于一个特定的封装 /PCB 互连结构的焊点来说，焊点高度决定了焊点所承受的应变等级。较高的焊锡填充高度可减小焊点承受的应变幅度，并提高其可靠性。需要指出的是，工艺上，我们很难对焊点的高度进行控制，通过增加焊膏量来提高焊点高度并不太有效，反而会增加出现桥连、移位以及锡珠的风险。

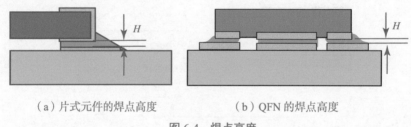

（a）片式元件的焊点高度　　　　　　　（b）QFN 的焊点高度

图 6-4　焊点高度

4. 焊点区

焊点区可以简单地理解为焊盘的大小，它决定了焊点的强度，因而也决定了作用在焊点上的应变。较大的焊点区减小了应变（实际上是转移了应变对象），因而增加了可靠性。但是，必须指出的是，焊盘面积的增加，对焊点可靠性所起的作用一般比较有限，效果比较好的主要是有引脚的元器件。

5. 引脚刚度

引脚刚度取决于引脚的弯折形状和尺寸、引脚材料的硬度。它决定了元器件或 PCB 的互连结构施加到焊点上的作用力。引脚的刚度越小，表示越柔软，具有的缓冲应力作用越大。另外，引脚刚度越小也越容易变形，会劣化引脚的共面性，导致更多的焊接不良。

6. 热膨胀系数

热膨胀系数（CTE）反映了材料由于温度的变化而引起的线性尺寸变化。无论是元件还是 PCB，它们都不是由一种材料组成的，有效的 CTE 都是由其组成材料的 CTE 共同形成的，且元器件和 PCB 在不同方向的 CTE 也可能不相同。进行 CTE 测量时应注意这些方面，以避免预期的可靠性出现较大的误差。

7. 热膨胀系数差异

热膨胀系数差异指的是两种连接在一起的材料或部件的热膨胀系数的差值。在大多数情况下，元器件与 PCB 之间的热膨胀系数差异更为重要，而焊料与被焊接材料（陶瓷、42 号合金、柯伐合金）的热膨胀系数差异则没那么重要，但也不可忽视。在某些设计上（陶瓷或硅基底上的陶瓷元件），这种差异可能起着主要作用。

8. 循环温变幅度

无论是环境每天温度的变化还是操作中电源的开 / 关、负载的波动，在元器件和 PCB 所承受的最大和最小稳态温度变化范围，即为循环温变幅度。必须认识到，由于有源器件的功耗不同，元器件的温变与 PCB 的温变一般不完全相同。通过组合元器件与 PCB 之间的热膨胀系数差异，可将有效的温度变化进行简化，循环温变幅度越小，焊点的可靠性越高。

9. 热膨胀失配

热膨胀失配是由元器件与 PCB 的热膨胀系数、元器件的封装尺寸以及热循环的温度范围决定的。热膨胀失配越严重，可靠性就越差。

6.2.2 次要设计参数

虽然次要设计参数的影响通常是第二位的，但是它们有时对主要设计参数的影响很大。在加速温度循环试验和实际的操作过程中，某些次要设计参数的影响可能会有不同。次要设计参数对焊点可靠性的影响如下。

1. 焊料 / 基材材料热膨胀失配

焊料与某些 PCB 材料之间热膨胀失配可能会造成循环疲劳损伤。

2. 焊点形态 / 填充 / 体积

实验结果表明，焊点形态 / 填充 / 体积可能会影响可靠性。在一些加速温度循环试验中，已经发现焊点形态的影响。

3. 焊点均匀性

对于两个焊端的片式元件，焊点的对称性对可靠性很重要，但对多焊点的元器件，加速温度循环试验并没有显示出焊点完全均匀的必要性。

4. 初始焊点晶粒结构

焊点里完美的初始晶粒结构可改善加速温度循环试验中焊点的疲劳寿命。焊料内的晶粒结构并不稳定，会随着时间的增加而增长（再结晶的过程），温度变高和循环加载也都会加速晶粒的生长。因此，对于大多数测试产品而言，完美的初始晶粒结构不会显著改善疲劳寿命。加速温度循环试验产品的焊点最好进行人工老化，与更多用相似晶粒结构的产品一起进行测试。

5. 保护涂层

在温度循环试验中，根据涂敷材料的类型、厚度以及分布，保护涂层对焊点寿命的影响不同。保护涂层的优点就是可以减缓水和氧气进入到表面裂纹中。裂纹表面若被氧化，则会加速裂纹的扩展。其缺点是保护涂层热膨胀系数很高，如果填补到 PCB 与元件之间的空隙中，就会对焊点的可靠性造成影响。另外，一些保护涂层在玻璃化转变温度下会变硬，在温度循环过程中，这将对元器件和焊点施加相当大的应力。

因为保护涂层材料的性能变化很大，厚度不同、使用方式也不同，因此，保护涂层的影响应根据每次测试的结果来评估。

6. PCB 表面柔性层结构

PCB 表面柔性层作为应力缓冲层可提供额外的可靠边界，但通常不足以抵消因热膨胀失配而产生的影响。

7. 焊锡成分

最常用的焊锡成分是共晶的锡铅合金和 SAC305。不同的焊料所形成的焊点微观组织不同，从而导致焊点机械性能不同。均匀、较硬的组织有利于减少塑性应变，有助于提升焊点的可靠性。

6.3 提升热膨胀匹配性的设计

热膨胀匹配性设计主要是根据产品对可靠性的要求、工作环境条件、使用的封装类型来进行元器件与 PCB 热膨胀匹配性的设计。这是提升焊点热膨胀匹配性的主要途径。

6.3.1 PCB 的类型

PCB 有很多类别，适用于表面组装技术的主要有以下 4 类。

（1）有机 PCB。

（2）金属芯 PCB，如约束芯 PCB。

（3）柔性层 PCB。

（4）陶瓷 PCB。

在上述每类 PCB 中又有多种不同的材料。在选择 PCB 材料时，在可靠性方面，应尽可能减少元器件与 PCB 之间的热膨胀失配。通常，选择一种材料使它的 CTE 与各种元件都能匹配并不是一件容易的工作，因为不同元件的热膨胀系数可能有着较大差异。此外，功率循环的影响更增加了问题的复杂性。图 6-5 给出了一些常用的 PCB 材料的 CTE 值。

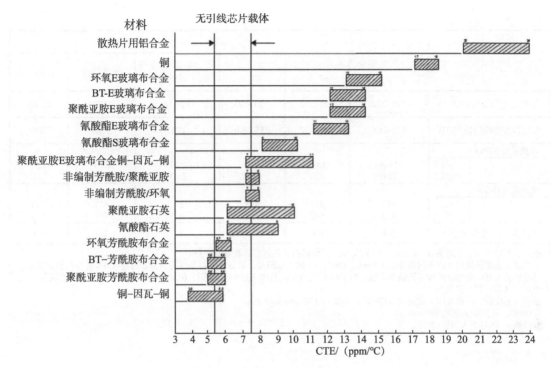

图 6-5　常用 PCB 材料的 CTE 值

6.3.2　有机 PCB

有机 PCB 使用的材料种类繁多，既包括适用于一般用途的常规材料，又包括高度专用的稀罕合成材料。这里"有机"一词并不是很严格，因为这些材料常包括非有机材料。有时采用"聚合物电路板"一词，来指代这些材料。

表 6-2 列举了普通介质材料的环境性能。这些材料兼容小型无引线片式元件以及较大的带引线芯片载体。无引线陶瓷芯片载体，特别是它们要经受大的温度极限时，则应采用专用的基板材料。

表 6-2　普通介质材料的环境性能

环境性能	材料					
	FR-4（环氧树脂，玻璃纤维）	多功能环氧树脂	高性能环氧树脂	双马来酰亚胺三嗪 / 环氧树脂	聚酰亚胺	氰酸酯
热膨胀系数，XY 平面，CTE(XY)/(ppm/℃)	16~19	14~18	14~18	约 15	8~18	约 15
热膨胀系数，低于 T_g 时 Z 轴方向的 CTE(Z,<T_g)/(ppm/℃)	50~85	44~80	约 44	约 70	35~70	约 81
热膨胀系数，高于 T_g 时 Z 轴方向，CTE(Z,>T_g)/(ppm/℃)	240~390	240~390	240~390	TBD	TBD	TBD
Z 轴热膨胀率，T_E(50~260℃)/%	3.0~4.5	2.5~4.0	2.0~3.5	TBD	TBD	TBD
玻璃化温度[②] T_g/℃	110~140	130~160	165~190	175~200	220~280	180~260

环境性能	材料					
	FR-4（环氧树脂，玻璃纤维）	多功能环氧树脂	高性能环氧树脂	双马来酰亚胺三嗪/环氧树脂	聚酰亚胺	氰酸酯
分解温度[③] $T_d(5\%)$/℃	310~330	320~350	330~400	约334	约376	约376
焊接温度影响指数[④] STII	170~205	200~220	215~260	TBD	TBD	TBD
弯曲模量 (GPa)						
纬线[⑤]	18.6	18.6	19.3	20.7	26.9	20.7
经线[⑥]	12.0	20.7	22.0	24.1	28.9	22.0
抗拉强度 (MPa)						
纬线	413	413	413	393	482	345
经线	482	448	524	427	551	413
吸水率/%（质量分数）	0.5	0.1	0.3	1.3	1.3	0.8

注：①CTE(z,<T_g) 也称为 a_1，CTE(z,>T_g) 称为 a_2。其他材料的具体值请联系供应商。
②玻璃化温度可通过 3 种不同的方法（TMA、DSC、DMA）来测量。若以评估可靠性为目的，通过 TMA 所得的值最贴切。
③分解温度可以测量出两种不同的失重值：$T_d(2\%)$ 和 $T_d(5\%)$。其中 $T_d(5\%)$ 更常用，但 $T_d(2\%)$ 因为更实用而变得很流行。其他材料的具体值请联系供应商。
④焊接温度影响指数 STII，定义为 $STII=T_g/2+T_d/2-(T_E(50\text{~}260℃)\times10)$。
⑤纬线：横向织入织物的纱线。
⑥经线：纵向织入织物的纱线。

1. 纸基材料

纸 - 酚醛与纸 - 环氧树脂增强的基材广泛地用于民用消费类产品。它们的主要优点是成本低；但这些层压板的物理特性较差。它们在尺寸上不稳定，抗弯强度低，其吸潮性相较环氧树脂玻璃纤维材料要高出一倍。

这类材料中最便宜的材料是酚醛纸基材料，NEMA 标准规定的品质等级标号为 ×××P。FR-3 纸 - 环氧树脂这一级别的材料的物理性能稍好些，并具有阻燃性。

由于纸基材料的物理特性较差，它们在表面组装技术方面的应用受到较大的限制，不适宜经受长时间的再流焊接，也不适宜安装无源器件或针数较少的 IC。

2. 环氧树脂－玻璃纤维材料

这种材料被广泛地用于各种 PCB，从低成本消费类产品至高可靠性要求的军品。它们通常在物理特性与成本之间显示出良好的平衡关系。

3. 聚酰亚胺－玻璃纤维材料

聚酰亚胺 - 玻璃纤维材料相较环氧树脂 - 玻璃纤维材料，具有更低的热膨胀系数、更好的导热性，并能承受较高的温度。它通常用作芯片直接安装技术的基材，因为这种技术需要基材能够耐高温。当元件拆卸与更换会产生较大的温度偏差时，也推荐采用这种基材。

聚酰亚胺 - 玻璃纤维材料的热膨胀系数远大于陶瓷材料的热膨胀系数，因此对元件的限制必须遵循类似于环氧树脂 - 玻璃纤维材料的有关规定。聚酰亚胺－玻璃纤维材料的成本相较环氧树脂 - 玻璃纤维材料要高，因此限制了它的广泛应用，目前它仅限于需要耐高温的一些场合。

4. 芳族聚酰胺纤维材料

用芳族聚酰胺纤维取代层压板中的玻璃纤维做出的板材，具有较低的热膨胀系数。由杜邦公司制造的注册商标为凯芙拉（Kevlar）的纤维产品，具有负热膨胀系数，约为 –2ppm/℃。通过合理地选择凯芙拉与环氧树脂的体积比例，可获得热膨胀系数近似于陶瓷（热膨胀系数范围为 3~7ppm/℃）的 PCB 材料。从这种意义来看，凯芙拉起着抑制有机树脂热膨胀的作用。凯芙拉已与环氧树脂或聚酰亚胺混合使用，制造出的层压板适用于在极限温度条件下工作的高可靠性 PCBA 组件。实验表明，经过从 –55~125℃ 的 333 次工作循环，84 针 LCCC 器件未发现焊点有故障。

凯芙拉材料也存在不少问题，限制着它的广泛应用。首先是制成的层压板成本高。其次是加工制造方面的问题——凯芙拉不易用常规技术来进行加工，主要是切割与钻孔比较困难。随着 CO_2 激光加工技术的引入，这一难题将得到解决。此外，制成的层压板也会出现所谓的"微裂"现象。最后一个要关注的问题是吸湿性。凯芙拉易于吸潮，如果在加工层压板前不进行烘干处理，有可能发生分层现象。潮气的存在，会降低层压板的体电阻率，从而影响可靠性。

把玻璃纤维与无纺的凯芙拉增强树脂混合起来制造层压板，能够有效地改善加工特性。随着更高要求产品的出现，芳族聚酰胺纤维板材将会得到更好的发展。

5. 其他有机基材料

为了满足特殊用途的需求，业界对许多其他树脂系开展了研究工作。下面介绍两种常见的材料。

（1）聚酰亚胺 - 石英材料：可制造高温层压板，它可采用常规的 PCB 加工方法。但它的一个主要缺点就是成本较高，为环氧树脂 - 玻璃纤维的 10~15 倍。

（2）聚四氟乙烯 - 玻璃纤维混合材料：具有低介电常数、低高频损耗，适用于高频与微波应用。由于它的热膨胀系数非常高，因此仅推荐用于小型无引线元件。

6.3.3　约束芯 PCB

把有机 PCB 黏结在低热膨胀系数的金属芯体上，可人为地使层压板的 CTE 与陶瓷芯片载体的 CTE 相匹配。为使受力平衡，PCB 应粘贴在芯材的两面。

用作约束芯板的材料可包括覆铜 - 因瓦合金（也称为殷钢）、覆铜铝以及 42 号合金等。覆铜 - 因瓦合金约束芯板首先由美国德克萨斯仪器公司采用，它是由铜、因瓦合金、铜 3 层金属组成的"三明治"结构，简称 CIC，如图 6-6 所示。因瓦合金是一种铁镍合金，它的热膨胀系数约为零。CIC 约束芯板的热膨胀系数是可以调整的，因为铜的 CTE 远高于因瓦合金，所以改变铜箔和因瓦合金间的相对厚度比，就可改变约束芯板的 CTE。因为约束芯板和有机 PCB 黏合在一起，所以整个 PCB 的 CTE 就受到 CIC 约束芯板的 CTE 控制。

覆铜-因瓦合金金属芯

图 6-6　覆铜 - 因瓦合金 PCB 的结构

通过试验发现，采用 8% 铜 -84% 因瓦合金 -8% 铜约束芯板的电路板组装无引线陶瓷芯片载体（LCCC）可以得到良好的焊点可靠性，因为这种芯板的 CTE 约为 7ppm/℃，和 LCCC 的热膨胀系数极其匹配。据有关资料报道，在 CIC 约束芯板板的电路板上组装 20~84 引出端的无引线陶瓷芯片载体，经过温度范围为 -50~125℃ 的温度循环试验共 1500 次，测试未发现焊点失效现象。

石墨是一种很好的约束芯板材料，它的热膨胀系数和陶瓷芯片载体的热膨胀系数很匹配。它的热导性好、质量轻，可作为电路的接地板和电源板，以及散热板，同时因为它质量轻，在航空、航天技术中得到广泛应用。石墨约束芯板电路板的最大弱点是容易产生裂痕，容易造成环氧板和石墨层的分层，从而引起 PCB 的热膨胀系数漂移，因此，石墨约束芯板逐渐被铜 - 因瓦合金 - 铜 PCB 取代。

非金属约束芯板也可采用绝缘材料来制作，如石英纤维或芳族聚酰胺纤维，芳族聚酰胺纤维是一种强度高、密度低和模量高的加固材料。采用绝缘约束芯板代替导电约束芯板，在芯板钻孔后，可能免去树脂填充通孔的工艺。

金属芯板可以与电路绝缘，也可导电，如图 6-7 所示。但是在任一种情况下，金属芯板的主要作用都是用来加强刚度与散热。在采用可导电方案时，金属芯板也可用作电路的电源面或接地面。

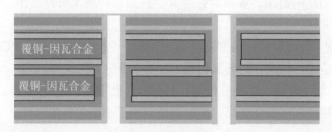

图 6-7　通电方式

相较于常规的电路板加工，金属芯体加工是非常复杂的。芯材首先必须在规定的通孔部位钻孔，然后在孔壁填充树脂。将预先加工好的多层有机电路板仔细地与芯体精确对准，并用具有刚性的胶黏剂胶合好。层压以后，再次对通孔部位进行钻孔，最后进行穿孔电镀。

另一种不同的工艺方案：在所有元件全部组装完以后，再将多层电路板与芯材胶合。这简化了组装工艺，并避免了在热熔工艺过程中损坏层压胶黏剂。然而，这种方法的层压过程较为复杂，且两面不可能用穿孔电镀的方法连通，取而代之的是要采用一种较为笨重的曲面插头边缘连接器。

这种混合结构的近似 CTE 值，可通过以下方程求取：

$$\alpha = \frac{2\alpha_1 + \dfrac{t_2 E_2}{t_1 E_1}\alpha_2}{2 + \dfrac{t_2 E_2}{t_1 E_1}}$$

式中，α 为混合结构板的 CTE；t_1 为有机 PCB 的厚度（假定两面厚度一样）；t_2 为金属芯的厚度；α_1 为有机 PCB 的 CTE；α_2 为金属芯的 CTE；E_1 为有机 PCB 的抗张系数；E_2 为金属芯的抗张系数。

约束芯体增强板的缺点主要有以下 3 个方面。

（1）不适合目前的高密度设计。

（2）制成品较重。

（3）加工困难、成本高。

6.3.4 陶瓷 PCB

陶瓷 PCB 的主要材料为氧化铝或氧化铍。通过采用厚膜加工技术，导线、电阻以及某些电容可直接制造在基材上。

氧化铝基材的主要优点是它的 CTE 与陶瓷芯片载体的 CTE 相匹配。它的导热性高于有机材料的导热性，使之最适用于高功率损耗的元件。此外，由于许多电阻直接制造在基材上，使整个组装费用下降且电性能有所改进。

它的一个主要缺点是最大基体尺寸受限，最大只能做到 125mm×125mm。这是因为陶瓷材料的脆性，使它的尺寸不能做得更大。陶瓷基材比环氧树脂 - 玻璃纤维重得多，特别是为提高厚度以防止较大基材产生裂纹，更增加了它的重量。高的介电常数（对氧化铝而言，ε=10）限制了它用于高速电路。在铅锡焊料中，厚膜导电材料有快速浸出的倾向，使维修带瑕疵的元件变得相当困难。虽然对较小的基材而言，其制造成本与有机材料板相当，但在制造较大尺寸的基材时，成本会迅速提高。

6.3.5 柔顺性 PCB

有两个技术途径可以增加连接点的柔顺性：第一个途径是在 PCB 的表面上搁置一块柔性层作为元件与 PCB 之间的缓冲区，如图 6-8 所示；第二个途径则是人为地增大元件与 PCB 之间的间隙，以减少连接点纵向"微观层"的应变。

1. 柔性层 PCB

柔性层使元件的焊盘图形"软连接"在 PCB 基材表面，从而吸收热膨胀引起的"位移"。实现这种技术的一种方案，是用腈类橡胶涂布在 FR-4 印制电路板的面层。通过这种方式生产的 PCB，安装陶瓷芯片载体后，可经受住 –55~125℃ 的温度循环达 1000 次，而不会发生焊点故障。由于板上导通孔必须穿过柔性层，可能会因受到应力而导致孔壁开裂。

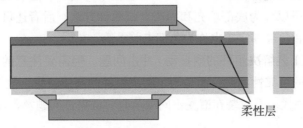

柔性层

图 6-8　柔性层 PCB 上双面安装无引线元件

2. 提升焊点的高度

柔顺性也可通过提高芯片载体与印制电路板之间的支座的高度来提升，正方形芯片焊点高度与平均故障循环次数的关系如图 6-9 所示。只要稍微提高芯片载体焊点高度，如 0.1mm，就可大大地增加温度循环试验寿命。一种技术是将镀覆焊料的铜球置于元件的每个焊盘上；另一种技术是利用一些高温焊料作为支柱。但这样的工艺方法通常增加了工序及工艺的复杂性，成本也较高。

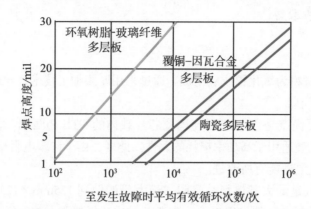

图 6-9 正方形芯片焊点高度与平均故障循环次数的关系

6.4 可靠性加固

机械应力导致的焊点开裂主要是有限次数的超载应力作用，失效的原因就是焊点承受不了所加的应力而断开。要提升焊点抗振动 / 跌落的性能，最简单的设计就是加强焊点的强度，但是这种方法在大多数情况下并不可行。除了片式元件、插件可以通过焊盘进行有限的加强，其余的封装几乎没有加强的余地。因此，工程上常用的方法就是用胶黏剂加强封装与 PCB 的连接强度。如果元器件比较重，有时需要用机械的方法加固，如很重的变压器，就必须采用螺钉来进行固定。

6.4.1 表面组装元器件的可靠性加固

表面组装元器件的可靠性加固，是指采用胶黏剂加强表面组装元器件与 PCB 连接的工艺。其主要的目的是限制 PCBA 在经受振动 / 冲击负载时发生位移或转移而作用在焊点上的应力，以提升 PCBA 耐机械应力的能力。同时，如果工艺应用得当，它还会显著改善疲劳寿命。依据其施胶工艺不同，可以分为底部填充和周边点胶两种方法。后者还可以再细分为边缘绑定（也称为边缘点胶）和角部绑定（也称为角部点胶）等。

有时也采用灌封工艺解决组件的耐振动 / 冲击问题。但需要注意的是，通常应用灌封工艺不是为了解决焊点的可靠性问题，而是为了解决组件的高压绝缘、散热、防潮等问题。

表 6-3 列出了一些代表性封装在遭受不同载荷时的可靠性问题及常用加固工艺。

表 6-3 代表性封装的可靠性问题及常用加固工艺

封装	耐载荷的能力		加固部位	加固工艺
	循环温度	振动 / 冲击		
片式元件	高	高	不需要	
CQFP	高	低	底部填充	贴片前先施胶

封装	耐载荷的能力		加固部位	加固工艺
	循环温度	振动 / 冲击		
QFP	高	高	四角	四角点胶
BGA	高	中	四边	Underfilm 工艺①
CBGA	中	低	底部	底部填充工艺
LCCC	低	低	底部	特殊底部填充工艺
WLCSP	低	低	底部	特殊底部填充工艺
轴向引脚 THC	高	中 - 低	封装体侧面	单侧或双侧点胶
径向引脚 THC	高	中 - 低	周边四处	周边点胶

注：① Underfilm 工艺是一种新的工艺，采用的是固态的胶片与 BGA 一起贴装，再流焊时依靠毛细作用自动流进 BGA 边缘。

1. BGA 的加固

BGA 属于应力敏感封装，PCB 的任何弯曲都可能导致四角、四边焊点的开裂。为了加强 BGA 与印制电路板的连接强度，通常会采用一些特定的加固方法。常见的方法有 4 种：底部完全填充、底部部分填充、边缘绑定和角落绑定，如图 6-10 所示。

（a）底部完全填充　　　（b）底部部分填充　　　（c）边缘绑定　　　（d）角落绑定

图 6-10　BGA 的加固图形

采用底部填充工艺，最核心的工作就是选择一款与使用环境载荷相匹配的胶，通常的做法是通过可靠性试验进行评估。底部填充胶通常会提升 PCBA 的抗机械应力的能力，如抗冲击、弯曲、振动和跌落的性能。但是，如果选择不当也可能劣化温度循环寿命，因此，机械冲击可靠性的增益要与温度循环可靠性的损益相平衡。

（1）底部完全填充和底部部分填充

底部完全填充通常是将液态底部填充胶施加到 PCB 上 BGA 封装的边缘，以使底部填充胶可以通过毛细作用流进 BGA 封装的底部。在设计底部填充分配工艺时，必须注意避免 BGA 封装内部裹挟较大的气泡（最终形成空洞）。常用的分配模式有 3 种，即沿封装一边的"I"形分配模式、沿封装两个相连边的"L"形模式，以及沿封装 3 个边的"U"形模式，这 3 种分配模式通常不会裹挟大的气泡。

底部填充胶可通过自动化设备（喷射分配或螺旋泵或其他）或通过手动设备（通过注射器与针头气动分配）分配至 PCB 上指定的封装周边。为了提高底部填充胶的流动速率以及生产效率，组装板通常需预热至 50~110℃。

当分配使用"I"形模式（一边模式）时，毛细管底部填充流动时间可以由下式粗略估计。

$$T=(3\mu L^2)/(h\gamma\cos\theta)$$

式中，T 为底部填充胶流过封装所需时间 (s)；μ 为底部填充胶黏滞系数 (Pa·s)；L 为底部填充

胶流经距离 (m)；h 为平行表面之间的间隙 (m)；θ 为流体对表面的润湿角度 (°)；γ 为底部填充胶的表面张力（mN/m）。

两平行表面间底部填充胶的流动如图 6-11 所示。

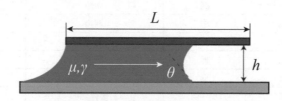

图 6-11　两平行表面间底部填充胶的流动

为了达到最好的底部填充效果，需要有适当的分配高度。在大多数应用场合，沿封装侧面向上至封装中心线之间有 25%~100% 的分配，被认为是可以接受的。在围绕 BGA 周边进行底部填充时，需要对其他器件和开窗导通孔设置隔离区。隔离的保守规则是，在 BGA 封装的非分配边，预留从 PCB 表面至 BGA 封装顶面高度 1.5 倍的距离，分配边预留 6.0mm。

底部填充封装要在炉中固化。一个理想的方法是使用标准的 SMT 再流焊炉，将温度设定在低于正常再流焊接温度，让板子单次通过炉子。许多底部填充胶可在 120~165℃ 下运行 5~20min 即可固化。固化也可用离线再流焊炉。

部分或仅角落底部填充，是通过在 BGA 封装角落附近使用点状或"L"形模式分配底部填充胶来完成的。流入的填充胶大致呈圆弧状，并包裹住各角落中的几个焊球，如图 6-12 所示。这种方法虽然不像完全底部填充那样大幅度提升强度，但是在许多情况下，部分底部填充所带来的性能提升已足够满足市场对封装/电路板保护的要求。一项实验案例表明，部分底部填充 BGA 对比于未经过填充的相同 BGA，在机械损伤持续发生的情况下，其抗冲击水平提升了 1.5 倍。

底部填充胶有两类，即未加填充剂和加填充剂。未加填充剂的底部填充胶能提供较优异的耐跌落性测试性能和适度的耐热循环测试性能；加填充剂的底部填充胶，因为其 CTE 较低，所以能经受更严格的热循环测试。

图 6-12　底部部分填充（拆除后能看到角落的黑色填充）

（2）角落绑定

角落绑定（也称为角落点胶）是一种仅在 BGA 封装角落和 / 或外部边缘施加胶水的方法。这种方法基于一个认识：加强离封装中心最远处的焊球就能改善封装抗震性能。虽然角落绑定方法在改善封装抗震性能方面不如传统的底部完全填充那样高，但这样做所带来的好处很明显，且足以满足市场要求。

角落绑定方法已被广泛应用于有高机械性能要求（冲击、振动和弯曲）的大尺寸 BGA 封装（20mm×20mm~45mm×45mm）。采用角落绑定的 BGA 照片如图 6-13 所示。角落绑定可以在 BGA 封装贴装、再流焊之前直接施加到 PCB 上或在再流焊之后施加到已组装的 BGA 封装上。再流焊前进行角落绑定要求 BGA 封装在焊球最外排的最后一个焊球的外部边缘有足够的基板空间，其尺寸如图 6-14 所示。

图 6-13　采用角落绑定的 BGA 封装

图 6-14　再流焊前角落绑定应用的关键尺寸

在基板角落施加胶水的最小可用宽度大约为 0.7mm。若封装基板的宽度小于该值，则此工艺在大批量制造工艺中就得不到保证。

组装和再流焊后，角落绑定的有效性取决于所选择的胶水类型和胶水与每个角落接触的总表面积。涂覆量从每个角基本的单一胶点到胶水在角落沿着封装边向下延伸多达 6 个焊球的 "L" 形胶黏区域变化而不同。研究表明，较长的 "L" 形的分配可以显著地提升机械可靠性。

每个角落的点胶量最佳起点是，"L" 形分配到每个边至少延伸 3~6 个焊球深处。角落绑定的一个隐患是使用的胶水量太少而使覆盖表面不够。测试表明，沿基板一边不超过一个焊球宽度的单点胶水覆盖并不会显著增加 BGA 冲击或弯曲方面的性能。这是因为在通常情况下，阻焊膜与下面的 FR-4 材料或 BGA 基板的结合强度较低，如果角落点胶的连接面积太少，就起不到有效的作用，这样的点胶加固也很容易出现裂纹，如图 6-15 所示。

其他准则是，黏合剂的整个涂敷线应平均润湿封装基板垂直边 50% 以上。同时，即使环氧树脂向内流动到足以接触到某些焊球，也应强制环氧树脂材料在 BGA 封装底部流动到一定深度。

角落黏合剂是类似于底部填充材料的环氧树脂。典型的固化周期是 60~180℃ 温度下 5~60min，这些材料的 UV 光固化版本也正在被导入。

图 6-15　阻焊层剥离板子

2. WLCSP 和 LCCC 的加固

焊点的疲劳性能取决于元器件与 PCB 的热膨胀失配程度。WLCSP 以及 LCCC 的 CTE 都比较小，如果将它们安装到有机基板上，将会有严重的热膨胀失配。为了提升其抗疲劳性能，有时也采用底部填充工艺进行改善。

对于这种本来热膨胀失配严重、疲劳寿命比较短的组件，底部填充能够起到提升焊点的疲劳寿命的作用。其原理就是将元器件与 PCB 绑定在一起，形成一个新的整体，消除热膨胀失配。但需要注意的是，由于元器件与 PCB 的 CTE 不匹配，黏合在一起的新"整体"在经受温度变化时会发生动态热变形，如图 6-16 所示。

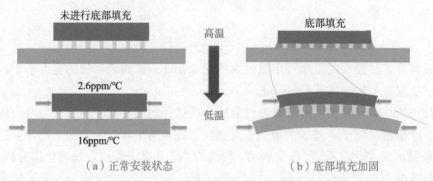

（a）正常安装状态　　　　　　　　　（b）底部填充加固

图 6-16　底部填充加固后的热变形现象

通常，底部填充胶的 CTE 大于焊锡球的 CTE，那么它对温度循环寿命的影响自然是业界关心的一个问题。对于热膨胀失配严重的 WLCSP，3 种胶温度循环试验寿命，不管是理论计算还是实际的测试，结果都是一致的，就是采用底部填充加固后温度循环试验寿命都得到了明显的改善，如图 6-17 所示。裂纹的位置符合一般疲劳失效的特征，可能出现在 PCB 侧，也可能出现在靠近 CSP，D 胶填充 WLCSP 进行温度循环试验首次出现失效的焊点切片如图 6-18 所示。

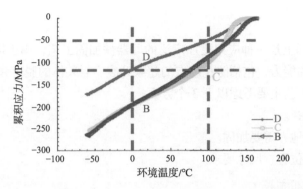

底部填充	产品代号	填充剂占比 /%	$T_g/℃$	CTE/ (ppm/℃)	热循环温度为 0~100℃		
					首次失效时循环次数 / 次	平均失效次数 / 次	6123 个循环后的合格占比
无填充					1266	2294	0/43
B 胶	CSP-1412	0	135	60	1216	3221	15/45
C 胶	X14221	40	115	45	1677	4173	29/45
D 胶	X6-82	50	120	41	4173	不适用	44/45

图 6-17　WLCSP 采用 3 种底部填充胶进行底部填充后温度循环试验寿命

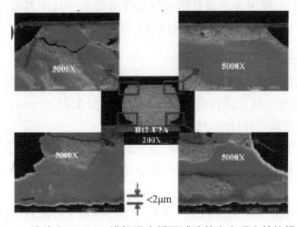

图 6-18　D 胶填充 WLCSP 进行温度循环试验首次出现失效的焊点切片

　　这里必须强调一点，对于热膨胀失配很大的封装，底部填充会显著改善其疲劳性能，但是它会对焊点引入 Z 向的应力，这个应力对焊点疲劳寿命的影响是负面的。例如，快塌的房子，维修一下还可以继续使用，但它的寿命永远不会比新的房子长。对于热膨胀失配很小的P-BGA 而言，采用底部填充加固，一定会牺牲疲劳寿命，除非是为了提升抗振动 / 冲击的能力，否则不建议采用底部填充胶进行加固。因此，是否使用底部填充加固，需要弄清楚你的需求和要解决的问题是什么，这点很重要。

6.4.2 插件的点胶加固

插件的加固，实际上是一种应用更加广泛的元器件加固工艺，用于提升 PCBA 安装要素对抗机械冲击、振动的能力，包括防止焊点的超载开裂、封装体的脱落和导线的移位。

插件的点胶加固工艺主要考虑以下 3 个方面。

（1）黏合剂的选择。

（2）哪些封装或地方需要加固。

（3）点胶的具体位置、尺寸要求。

1. 常用黏合剂（加固胶）

黏合剂的选择，需要考虑多方面的性能，包括化学稳定性、物理性能、热性能、电性能和工艺性能，有兴趣的读者可参考黄祥彬所著的《现代电子装联材料技术基础》一书。国内军工行业常用的 PCBA 元器件加固胶主要是单组分室温硫化硅橡胶，主要有两种，即 GD414 和 DO4，具体性能如下。

（1）GD414 硅橡胶。GD414 属于中性单组分室温硫化硅橡胶，无腐蚀性，具有高强度、高断裂伸长率、耐紫外光、耐老化及良好的电绝缘等优点，主要用于电子元器件的加固、工业电气设备涂敷等，具有防潮、防振和绝缘作用，适用温度为 –60~200℃，室温固化 24~36h 或恒温 60℃ 固化 4~5h 可达到最高强度。

（2）DO4 硅橡胶。DO4 属于脱醇型潮气固化单组分室温硫化硅橡胶，具有透明、流动性好、无腐蚀（中性）、使用方便以及耐大气老化等特点，适用温度范围为 –60~200℃，室温固化 24~36h 或恒温 60℃ 固化 4~5h 可达到最高强度。

2. 点胶加固的原则

（1）每根引线承重超过 7g 的轴向引线元器件和每根引线承重超过 3.5g 的非轴向引线元器件应点胶加固。非轴向引线元器件卧倒或倒装时应点胶加固。

（2）大体积或大质量元器件应点胶加固。

（3）在力学环境下会发生位移的元器件应点胶加固，如磁珠等元器件。

（4）为提高分立元器件的安装强度，应尽量缩短元器件引线的架空安装间隙，尽可能贴板安装并点胶加固。

（5）对恶劣力学环境下使用的 PCBA 组件应考虑硅胶整体灌封加固。

3. 点胶要求

（1）非架高元器件。

①基本要求。黏合剂连续黏着于安装表面和元器件本体；黏合剂已固化；确保黏合剂与附着物表面之间没有间隙 / 分离 / 裂纹。

②对于水平放置的元器件。黏结元器件的长度至少为其总长度（L）的 1/2；黏结材料堆积不超过元器件直径的 1/2；侧边的黏合剂至少为其直径（D）的 1/4，且大致位于元器件本体的中心，单个安装元器件的点胶要求如图 6-19 所示。

③对于垂直放置的元器件。黏结材料应连续施加，至少为元器件长度（L）的 1/4，且黏

合材料轻微流入元器件底部，如图 6-19 所示。

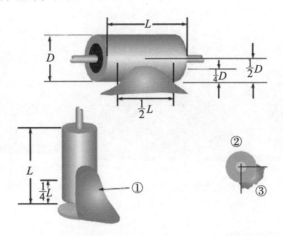

（①为黏合剂，②为俯视图，③为周长的 1/4）

图 6-19 单个安装元器件的点胶要求

黏结材料与元器件的黏结：至少有 3 个黏结点均匀分布于元器件周围，或至少为元器件周长的 1/2。

④当有要求时，玻璃体元器件在涂布黏结材料之前要加套管。对于加有套管的玻璃体元器件，黏合剂在元器件两边的黏结范围为其长度的 50%~100%，黏结高度至少为元器件高度的 1/4。

⑤对于多个垂直放置的元器件。黏合剂对每个元器件的黏结范围至少为其长度（L）的 1/2，且黏合剂在各元器件之间连续涂布，如图 6-20 所示；对每个元器件的黏结材料至少为其周长的 1/4。

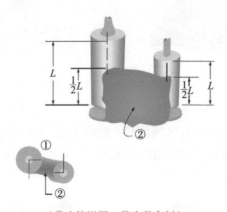

（①为俯视图，②为黏合剂）

图 6-20 多个垂直安装元器件的点胶要求

（2）架高的径向引线元器件。

架高的径向引线元器件适用于未平贴板子的包封或灌封变压器和 / 或线圈。作为最低要求，使用无机械支撑的元器件，元器件周边至少有 4 处均匀分布的黏结点，如图 6-21（a）所示；黏结范围至少达到元器件总周长的 20%，如图 6-21（b）所示；黏合剂牢固地黏附于元器件的底部和侧面以及印制电路板，如图 6-21（c）所示；确保黏结材料没有影响形成所要求的焊接连接。

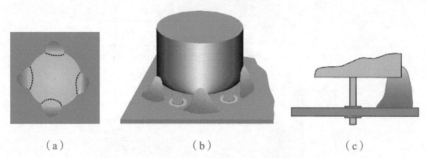

（a）　　　　　　　　　（b）　　　　　　　　　（c）

图 6-21　架高的径向引线元器件的点胶要求

6.4.3　关于可靠性加固的应用

可靠性加固的主要目的是提升焊点的抗振动 / 冲击的性能，但这种工艺有时会劣化焊点的热疲劳可靠性。加固对焊点可靠性的影响非常复杂，这在很大程度上与元器件的封装及胶的性能（主要为硬度和 CTE）、胶的连接面积、施胶部位等因素有关。因此，在使用胶进行加固时，必须全方位评估它对焊点可靠性的影响（耐振动 / 冲击的能力与对温度循环寿命的影响）。根据笔者的经验，以下加固工艺需要审慎评估后才可以使用。

（1）离板安装时 [见图 6-22（b）]，点胶加固，如果使用的胶比较硬、加固的面积比较大，焊点的疲劳寿命就可能劣化。

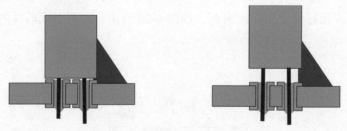

（a）贴板安装时焊点基本不受胶热膨胀的影响　　　（b）离板安装时焊点会受到胶热膨胀的影响

图 6-22　径向元器件的安装与点胶加固

（2）LCCC 如果采用底部中心区域填胶 [见图 6-23（b）]，会劣化焊点的疲劳可靠性。主要是因为中心的垫高，约束了 PCB 的自由变形，使焊点上叠加了额外的应力。

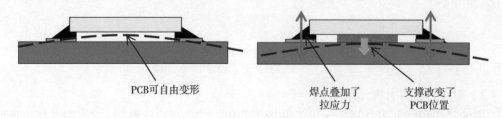

PCB可自由变形　　　　　　　　　焊点叠加了　　　　支撑改变了
拉应力　　　　　　PCB位置

（a）LCCC 中心不施胶时 PCB 的变形　　　　　　（b）LCCC 中心施胶时 PCB 的变形

图 6-23　温度下降时 LCCC 焊点的受力示意图

（3）CQFP 采用四角加固效果不好，这主要是因为 CQFP 四角空间有限，无法提供足够的沿边胶黏长度，胶的加固强度不够，在强烈的振动下四角焊点会很快开裂或断裂。可以采用底部加胶的工艺，如贴片前加胶或设计时底部预留注胶口。

6.5 增强抗振动 / 冲击能力的设计——应力槽

为了降低 BGA 等在组装过程中的应力损伤比例或改善温度循环寿命，有时也采用设计应力槽的方法。很显然，它既不能减轻 PCB 的弯曲，也不能消除封装与 PCB 的位移，因此，一般设计上主要用于转移 BGA 角部应力以及提升 PCB 局部的顺从性（对于动态变形的封装，有利于提升温度循环寿命），也用于降低焊接或温度载荷条件下的热膨胀失配，如图 6-24 和图 6-25 所示。

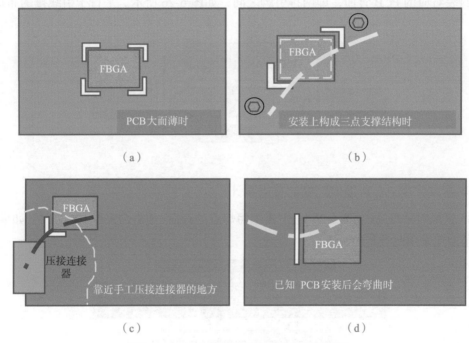

图 6-24　BGA 角部的应力槽应用场景举例

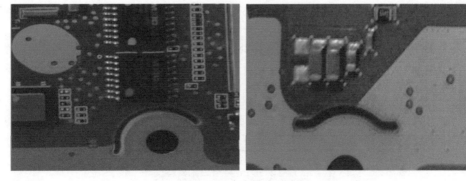

图 6-25　应力槽应用实例

6.6 禁限设计

所谓禁限设计，是指不推荐或限制使用的一些经实践证明有损焊点可靠性的设计。以下所列禁限设计均为笔者本人的个人经验，仅作为一般性参考。需要提示的是，这些设计建议是有前提条件的，应根据自己所在企业的工艺状况而定。事实上，提到的这些禁限设计在业界实际的产品中不能说比比皆是，但是很容易看到，存在不一定合理。提到的禁限设计背后都有具体的案例支撑，对于高可靠性电子产品的设计而言，应尽可能避免这些设计。

下面的禁限设计不仅涉及焊点失效，还包括一些与环境腐蚀有关的案例。

1. 不建议将片式电容布局在 DIP 引脚之间

如果板厚小于 1.6mm，建议不要将 1206 及以上尺寸的片式电容垂直于引线排，并布局在 DIP 封装对应的 PCB 背面，即两排引脚之间，如图 6-26 所示。平行于引线排的布局是允许的。

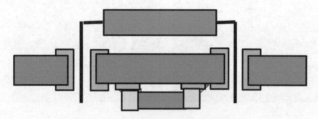

图 6-26　片式元件布局在 DIP 中间

2. 不建议采用 BGA 镜像对贴的布局设计

BGA 镜像对贴布局（见图 6-27）会严重缩短焊点的寿命，使寿命降低 50% 以上。如果可能，应尽可能避免采用此类布局设计。

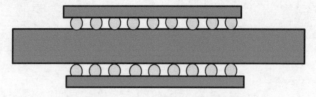

图 6-27　BGA 镜像对贴布局

3. 严禁多个 BGA 共用一个散热器

如果多个 BGA 共用一个散热器（见图 6-28），不容易做到每个 BGA 周围固定螺钉的对称布局，容易引起 PCB 的弯曲变形，从而影响 BGA 焊点的可靠性。

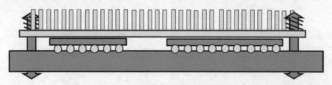

图 6-28　多个 BGA 共用一个散热器

4. 尽可能避免 BGA 散热器螺钉非对称布局

如果散热器的螺钉相对于 BGA 封装不对称布局（见图 6-29），会导致 BGA 焊点受力不均衡，容易使个别位置焊点叠加拉应力，从而缩短焊点寿命。

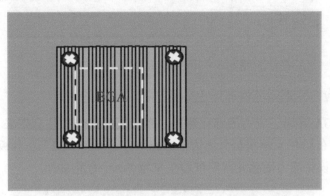

图 6-29　散热器螺钉位置相对 BGA 封装不对称

5. 禁止 PCBA 悬臂安装

电子产品在运输或使用过程中（如车载系统）不可避免会受到振动的影响。振动会通过电子机箱传导到 PCBA 上，使其弯曲变形，因此，严禁 PCBA 悬臂安装。对于尺寸比较大、比较重的 PCBA，即使一角没有固定也是不允许的。如图 6-30 所示的安装方式，应该禁止使用。对于一些高可靠性要求的产品，如航空电子组件，必须控制 PCBA 的尺寸以及使用过程中的变形。

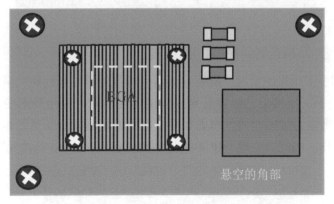

图 6-30　PCB 一角无固定形成悬臂状态

6. 严禁出现使焊点承受（持续产生的）拉应力作用的互连设计

在一些高密度、高功率的模块设计中，经常采用灌封工艺，以提升散热性能。在此类设计中，应尽可能避免高离板间隙的安装设计，如图 6-31 所示。这种设计会使插件焊点在温度升高时叠加拉应力作用，有可能缩短焊点的寿命。

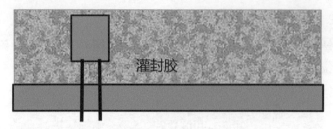

图 6-31　元器件离板安装并被灌封

7. 不建议将应力敏感元器件布局在靠近拼板分离边的附近

片式元件、BGA 等属于应力敏感元器件，而分板的操作往往会带来 PCB 的弯曲变形。将应力敏感元器件布局在 V 槽拼板分离边很近的地方（见图 6-32），分板时很容易对其造成损伤，因此，不建议将应力敏感元器件布局在 V 槽 5mm 的范围内。

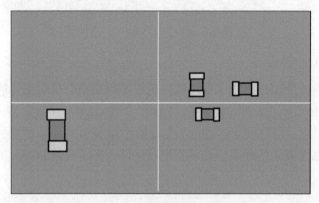

图 6-32　元件布局在拼板分离边附近

8. 不建议将应力敏感元器件布局在压接元器件附近

此建议仅考虑手工压接的情况。随着连接器引脚数的增加和间距的减小，经常采用压接的工艺封装方案。手工压接工艺很容易导致压接连接器附近发生局部变形（一般作用范围 ≤ 15mm）。如果将应力敏感元器件布局在手工压接连接器附近（见图 6-33），就可能导致焊点甚至元器件损伤。因此，一般不建议将应力敏感元器件布局在压接元器件附近。

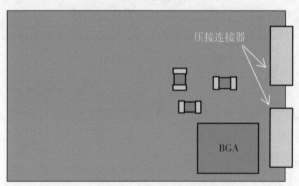

图 6-33　BGA 布局在压接连接器附近

9. 不建议将应力敏感元器件布局在手工插件附近

随着表面组装技术的发展,插件的使用越来越少。因此,大多数工厂使用了手工插件工艺,即在链条线上人工插件。目前还没有实现表贴化的插件,很多都是线圈类的自制件,引脚往往比较粗、引脚安装尺寸不标准,插件时需要一定的力,容易导致 PCB 的弯曲变形。这种情况可以通过优化元器件的制作质量或使用托盘插件等予以改善。

PCB 的弯曲变形是组装过程中常见的现象,它会导致 PCB 上应力敏感元器件焊点开裂或封装体开裂。因此,建议最好不要将应力敏感元器件布局在插件附近,图 6-34 所示的布局为不推荐的设计。

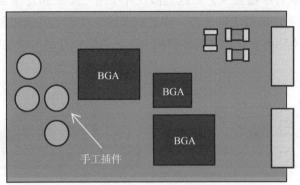

图 6-34 BGA 布局在插件附近

10. 禁止直接将硅胶覆盖在片式电阻上

硅胶凝固后会形成密集的微空洞,这些空洞对空气中的硫具有亲和性,容易吸附硫。产品在恶劣的环境下容易发生硫化现象,因此,应避免将硅胶覆盖在片式电阻上。片式电阻上覆盖硅胶的设计如图 6-35 所示。

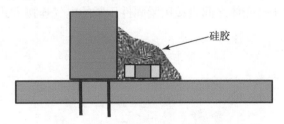

图 6-35 片式电阻上覆盖硅胶的设计

11. 不当的胶加固容易引发焊点早期疲劳失效

胶一般具有比较大的 CTE,如果选用不当或使用不当,会劣化焊点的可靠性。我们知道,在手机制造、倒装芯片安装工艺中,广泛使用了底部填充工艺,如图 6-36 所示。但是,这些应用都是在微焊球的场景下应用的,且采用的胶都是低 CTE 的。如果要采用这种工艺提升元器件的抗振动能力,就需要选择合适的胶,一定要进行可靠性的试验评估。

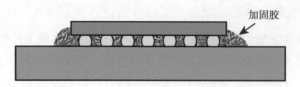

图 6-36　底部填充胶设计

12. 三防漆的选用

对于充电桩等产品，多数厂商使用户外通风机柜。为了提升抵抗环境腐蚀的能力，一般采用三防漆与硅胶的联合厚覆盖工艺。这里涉及先喷涂三防漆和先涂覆硅胶的工艺之分，如图 6-37 所示。经验表明，前者更好一些，能够有效减少片式电阻硫化现象，这是因为除了硅树脂，一般三防漆都不能附着在固化的硅树脂上，三防漆很容易与固化的树脂分层。

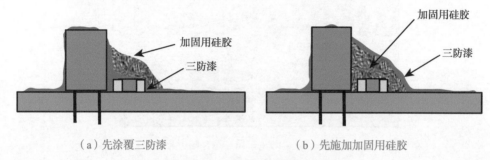

（a）先涂覆三防漆　　　　　　　　　　（b）先施加加固用硅胶

图 6-37　三防漆与硅胶的联合使用

13. 禁止紧固件用作电气连接导通（接地桩除外）

由于接触面数量过多，一旦紧固件预紧力下降，接触电阻就会增加，从而影响电气连接的可靠性，因此应采取环形端子直接接触管壳的连接方式。例如，F 形封装功率管壳体作为电极时，应采用环形端子与壳体之间直接用紧固件压紧的电气连接方式，如图 6-38 所示。

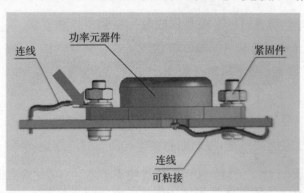

图 6-38　F 形封装的正确安装方式

14. 金属外壳功率件引出线不宜直接焊接在印制电路板金属化孔中

金属外壳功率件（F 形封装功率管 MOSFET 功率管等）引出线不宜直接焊接在印制电路板金属化孔中。直接焊接容易使焊点受到应力作用，影响可靠性。建议器件引线采用导线引出连接形式，如图 6-39 所示。

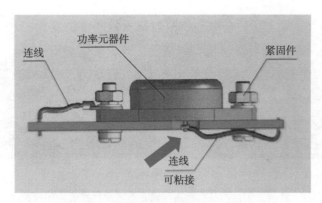

图 6-39　F 形封装引出线的正确安装方式

15. 禁止底部引出线的壳体元器件贴板安装

底部引出线的壳体元器件如果贴板安装会形成"盲孔"（见图 6-40），因焊剂挥发容易导致透锡不良。

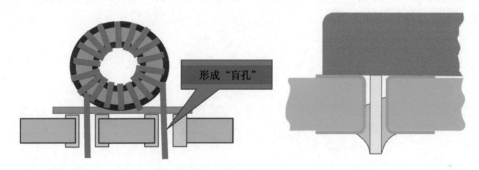

图 6-40　贴板安装形成的"盲孔"结构影响透析

16. 金属壳体元器件底部不建议布线设计

金属壳体元器件底部不建议布线，如果有布线，必须设计绝缘垫，因为阻焊层很容易刺破，导致绝缘失效。

17. 大尺寸轴向插装元件引脚成型的要求

通孔插装元器件的引线从元器件本体、焊料球或元器件本体引线密封处到引线弯曲起始点的距离（A），应大于 1 倍引线直径或 0.8mm，如图 6-41（a）所示；否则，容易导致引线从封装体处或熔焊球处断裂，如图 6-41（b）所示。

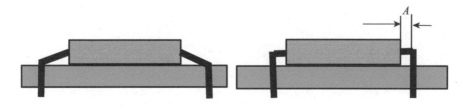

（a）正确的安装方式

图 6-41　轴向插装元器件的不正确安装方式及导致的失效现象

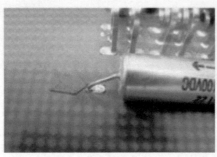

（b）引脚断裂

图 6-41　轴向插装元器件的不正确安装方式及导致的失效现象（续）

18. 玻璃二极管等需三防漆保护时不宜贴板安装

三防漆将元器件与 PCB 绑定，如果元器件热膨胀系数与 PCB 的热膨胀系数相差很大，容易导致局部应力增加，易损伤封装体比较脆的元器件。安装方面应将封装体比较脆或热膨胀失配严重的封装架空安装，一般抬高 0.25~1.0mm 距离安装，确保元器件封装体与印制电路板之间不被三防漆粘连在一起。

第7章

高可靠制造的组装热设计

再流焊接的加热过程，相对于波峰焊接的"短时、快速加热"而言，通常被看作平衡加热过程，即被加热的元器件、PCB，其内外温差相对而言比较接近。由于表面贴装的缘故，封装的变形、焊点的熔化顺序对表面贴装焊点的形成影响非常大。对一些特定的封装，如QFN，即使各边焊点的温度差只有1~2℃，也会显著影响整个封装的焊接，因为温度改变了各焊点的熔化和凝固顺序，所以组装热设计也是PCBA可制造性设计、可靠性设计的重要内容。

7.1 热风再流焊接热特性

热风再流焊接属于对流加热方式焊接。焊点的加热取决于焊点的类别。如果是敞开型的焊点，如L形引脚的焊点，热风直接加热引脚和焊膏；而对于BTC类元器件，首先通过热风的对流加热元器件与PCB的表面，再通过封装体和PCB的热传导加热BTC封装底部的焊点，如图7-1所示。因此，BTC类元器件的焊点温度相对于外露的焊点会晚一步熔化。

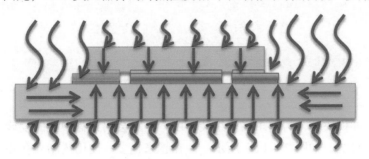

图7-1 热风加热特性

7.2 热设计对焊接的影响及典型设计场景

7.2.1 与焊盘紧连接过孔的影响

与焊盘紧连接的过孔，主要影响有以下3种。

（1）与焊盘紧连接的过孔，如果没有与内层的电源层、接地层实连接，加热时作为热源看待。假如没有塞孔，它会吸附熔融焊料，导致焊点少锡，如图7-2（a）所示。为了避免出现这种问题，一般要求过孔进行塞孔处理，如图7-2（b）所示。

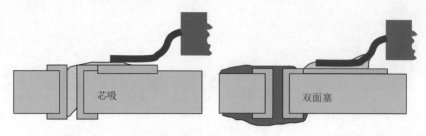

（a）加热时作为热源导致引脚芯吸　　　　　　　　（b）过孔阻焊塞孔

图 7-2　与焊盘紧连接且不接地电层的过孔

（2）与焊盘紧连接的过孔，其如果与内层的电源层、接地层实连接，加热时作为冷源看待。在加热时，它会使翼型引脚发生芯吸，从而导致开焊，如图 7-3（a）所示。为了避免此类问题发生，通常会将孔盘与焊盘拉开设计，如图 7-3（b）所示。

（3）作为冷源，会引发 BGA 焊点单向凝固，导致缩锡开裂。

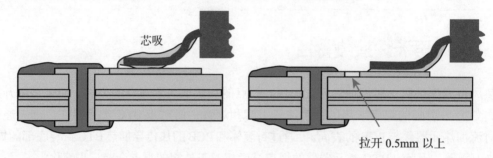

（a）加热时作为冷源导致引脚芯吸　　　　　　　　（b）孔盘与焊盘拉开距离作为热阻

图 7-3　与焊盘紧连接且接地电层的过孔

7.2.2　盘中孔 /POFV 孔的影响

1. 盘中孔

有些单板，如模块类，为追求高的组装密度，经常会用到盘中孔的设计。早期主要采用绿油单面塞孔的形式，如图 7-4（a）所示。现在越来越多地使用树脂塞孔并电镀的设计，即 POFV 设计，如图 7-4（b）所示。

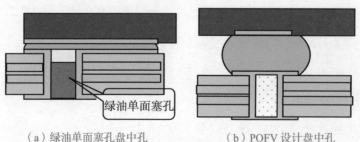

（a）绿油单面塞孔盘中孔　　　　　　　　（b）POFV 设计盘中孔

图 7-4　盘中孔

2. POFV 孔对再流焊接的影响

POFV 孔对再流焊接的影响主要涉及 BGA 封装。

如果 BGA 角部的焊点的焊盘设计有 POFV 孔且没有连接内层的大铜皮，如地、电层，那么在再流焊接快速冷却时，可能会因焊点的单向凝固及 BGA 角部的翘起而出现熔断现象。由于是在焊点凝固时发生的，因此把它称为冷撕裂（或缩锡开裂），如图 7-5 和图 7-6 所示。如果 POFV 孔连接有内层的大铜皮，如地、电层，由于大铜皮的热惯性，一般不会发生单向凝固而引起熔断。

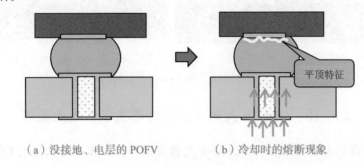

（a）没接地、电层的 POFV　　　　（b）冷却时的熔断现象

图 7-5　POFV 孔冷撕裂（缩锡开裂）形成机理

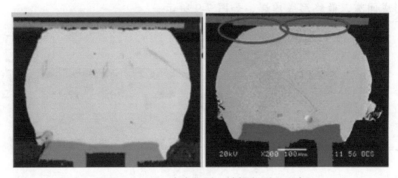

图 7-6　POFV 孔冷撕裂（缩锡断裂）现象

7.2.3　表层大铜皮的影响

与 BGA 和 BTC 类封装焊盘连接的宽导线 / 铜皮，对其焊点的形成也会产生影响。下面举 3 个案例予以说明。

案例 9：BGA 四角焊点连接有长的导线，在特定工艺条件下会发生缩锡断裂

如果 BGA 周边或四角位置焊盘连接的表层导线比较宽、比较长，再流焊接冷却时就会加速这些相连焊点的冷却进程。由于焊点有一定高度，因此形成从 PCB 焊盘侧开始的单向凝固，如图 7-7（a）所示。在焊点顶部还未完全凝固时，如果 BGA 因过冷而四角翘曲，那么焊点将会被拉断，形成所谓的冷撕裂（缩锡开裂），如图 7-7（b）所示。这与无连接地、电层的 POFV 孔的作用一样。

需要指出的是，导线对焊点的加热或冷却有影响，但是绝大多数情况下并不会造成危害，也就是并不会导致焊接问题。它的影响也是在其他条件的共同作用下发生的。就本案例而言，之所以能够导致焊点冷撕裂，是因为印制导线的导热性良好，以及再流焊接时冷却速率比较大而使塑封 BGA 发生翘曲有关。

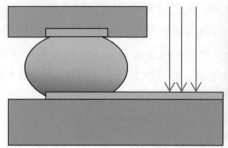

（a）表层导线导致 BGA 焊点单向凝固　　　　（b）BGA 焊点缩锡开裂现象 POFV

图 7-7　表层导线导致 BGA 焊点缩锡开裂

案例 10：QFN 与大铜皮紧连的焊点容易发生虚焊

如果 QFN 焊盘与大铜皮连接，其上焊膏先被熔化并被拉出或挤出（因 QFN 焊端温度与熔融焊膏存在时间差，类似锡珠形成那样，被内聚力挤出），如图 7-8 所示，从而使 QFN 焊端与焊料间形成间隙，最终形成虚焊，如图 7-9 所示。

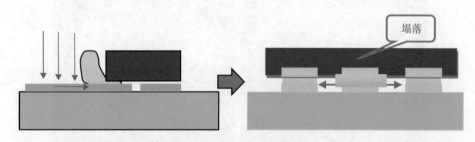

图 7-8　QFN 焊盘焊膏被"挤出"

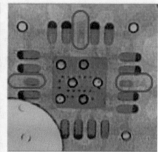

（a）QFN 安装情况　　　　（b）PCB 焊盘连线设计　　　　（c）QFN 焊接后 X 射线图

图 7-9　QFN 虚焊现象

案例 11：热沉焊盘热设计不当导致 QFN 倾斜和虚焊

图 7-10（a）所示的案例极具代表性，充分说明了 QFN 的焊接微观过程。由于热沉焊盘的热设计不当，导致此 QFN 出现 50% 以上的虚焊。此 QFN 的热沉焊盘及散热孔的布局设计如图 7-10（b）所示。热沉焊盘分为 3 个区，刀形的区域与 PCB 的表层大铜箔连接，一半有散热孔，而且这些孔与内层的地、电层连接；另一半没有设计散热孔。邻近字符 D2A11A5

的焊点与大铜皮相连，这个大铜皮上面安装有具有高热阻的封装，也就是说，这个大铜皮在再流加热时是一个"冷源"。在失效分析时，发现这个热沉焊盘上的焊锡有迁移现象，从散热孔处迁移到没有散热孔的部分，并聚集在一起，将 QFN 垫高，使连体焊点全部虚焊。

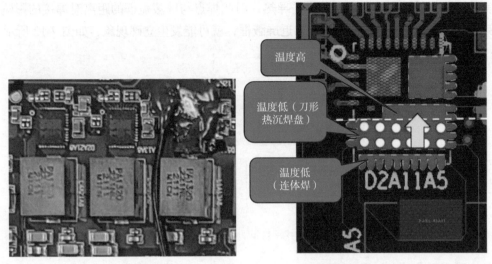

（a）LGA 安装情况　　　　　　　　　（b）QFN 热沉焊盘散热孔的布局情况

图 7-10　失效单板（局部）与焊盘布局设计

QFN 虚焊形成机理如图 7-11 所示。图中绿色线条代表具有冷源特性的铜箔，深橘色线条代表具有热源特性的铜箔。热沉焊盘②既与表层铜皮连接④，又与内层铜连接⑤，致使热沉焊盘②上温度不均，发生熔融焊料的迁移与聚集，使 QFN 倾斜。因周边焊点③连接大元件下方的铜皮，焊膏的熔化晚于热沉焊盘②，也就是在 QFN 倾斜前并未形成锡连接（如果形成，最终会拉下 QFN 翘起的边）。同时，因间隙氧化和风压，随着再流焊接的完成，最终无法将其拉下，从而形成虚焊。

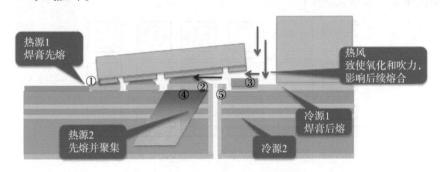

图 7-11　QFN 虚焊形成机理

这个案例非常典型，说明了异形 QFN 热沉焊盘设计的重要性与考虑要点。根据经验，QFN 的虚焊很多情况下都是焊盘布线设计不当导致 QFN 倾斜引发的，特别是那些异形 QFN。因此，当设计散热孔以及布线时，必须确保 QFN 再流焊接期间不会发生倾斜。

7.2.4　屏蔽盖的影响

　　屏蔽盖在手机板上应用很普遍。由于小型元件、超薄板以及有限的面积，其对焊接的影响基本不大（其下焊点的温度约比屏蔽框外焊点上的温度最多低3℃）。但是，对于厚板则不同，屏蔽盖下焊点的加热主要靠表层的铜箔导热，因此焊点与屏蔽盖框的距离对焊接的影响非常大。例如，对于片式元件，如果一端靠近屏蔽框，就可能发生立碑现象，如图7-12所示。

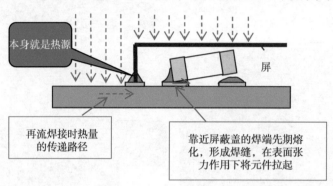

图 7-12　靠近屏蔽盖并垂直于边框安装的片式元件发生立碑

7.2.5　高大封装的密集布局

　　高、大的空心包封元件多为线圈类元件。这些元件具有"高、空、铜线"等特点，对于热风加热而言，它对其底部的焊点形成热屏蔽，使得其下焊点的温度相对其他位置的焊点偏低很多。如果密集布局（周围有覆盖超过约15mm的范围），将使被包围元件焊点处于冷点，如图7-13所示的低温区域，位于这个低温区域的焊点很容易出现冷焊。如果板上安装有电解电容，它们之间的温差可能超过15℃，这将超过无铅再流焊接的温度范围，温度曲线就会调试不出来，成为真正的不可生产。图7-14所示为两个布局不合理案例的实物图，图中黄色框区域焊点温度很低，以致无法生产。

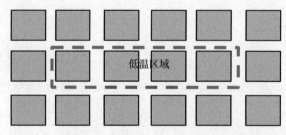

图 7-13　密集布局高热阻元件导致中间位置焊点低温

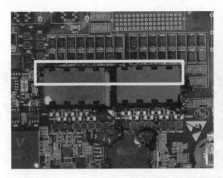

图 7-14　两个布局不合理案例的实物图

7.3　热设计总结

本章讨论的是组装的热设计，关注的是元器件布局、PCBA 的互连结构设计对再流焊接工艺的影响，而非产品的热设计，后者是另一个议题，也是可靠性设计的重要内容。

有些封装的焊接对热设计特别敏感，如果考虑不周，将会导致特定的焊接缺陷。这些封装有以下几种。

（1）片式元件（可能出现立碑、移位等问题）。

（2）翼型引脚元件（可能出现芯吸虚焊等问题）。

（3）P-BGA：由于不同材料的层状封装结构特点，使得再流焊接过程中会发生动态的变形，容易导致四角焊点球窝。

（4）2.5D 封装的 BGA：超大尺寸的硅互连基板与防变形框架的结构，使得再流焊接过程中的变形非常复杂，往往导致大规模的球窝。

（5）表面贴装长条形连接器：以 DDR 为代表的表贴连接器，再流焊接时往往会发生中部弓起的热变形，容易发生开焊。

（6）QFN：特别是异形 QFN，如果中心的热沉焊盘与周边大铜箔连接，容易引发热沉焊盘上熔融焊锡的迁移与聚集，从而导致 QFN 的倾斜与虚焊。

第8章

高可靠 PCBA 的封装选型

前面讲到，焊点的失效主要是温度循环引起的疲劳失效，这与封装的尺寸、结构有很大的关系。不同的封装，由于材料、结构、尺寸不同，对焊点可靠性的影响也不同，因此在元器件封装选型时，必须考虑这些影响因素。

8.1 封装对焊点可靠性的影响

封装对焊点可靠性的影响主要取决于以下几个方面。

（1）封装材料。元器件的封装材料或结构形式主要有塑料、金属和陶瓷等，分别对应塑料封装器件、金属封装器件和陶瓷封装器件。塑料封装器件广泛用于消费类、投资类产品，而金属封装器件和陶瓷封装器件主要用于高可靠性的产品。当后者焊接到有机基板上时，因其热膨胀系数（CTE）远比 PCB 的小，所以焊点的可靠性会严重降级。因此，根据元器件封装选用合适的板材与结构，是焊点可靠性设计最重要的工作。

（2）封装结构。如果封装本体由不同的材质组成，在温度变化时会发生热变形（也称为动态变形），因而会对焊点的可靠性产生不良影响。

（3）封装尺寸。焊点受到的热膨胀失配主要是整体的热膨胀失配，这种失配取决于封装与 PCB 的 CTE 差值和封装尺寸大小。封装尺寸越大，封装与 PCB 的 CTE 差值就越大，焊点受到的剪切应变也越大，疲劳寿命也越短。

8.2 封装特性

8.2.1 封装可靠性

微电子器件从密封方面分为气密封装和非气密封装。

高等级集成电路和分立器件通常采用金属、陶瓷和玻璃之一的封装，其封装内部为空腔结构，充有高纯氮气或其他稀有气体，这类封装均属于气密封装。工业级和商业级器件通常采用塑料封装，芯片被包封材料严实包裹，属于非气密封装。

总体来讲，气密封装元器件的可靠性要比非气密封装高一个数量级以上。气密封装元器件一般按军用标准、宇航标准严格控制设计、生产、测试、检验等多个环节，失效率低，多用于高可靠性应用领域。非气密封装器件一般适用于环境条件较好以及可靠性要求不太高的民用电子产品。

气密封装器件散热性好，环境适应性强，军品和宇航级元器件额定工作环境温度可达 −55~125℃。

塑封器件散热较差，根据应用领域不同一般分为商业级和工业级。商业级额定工作环境温度为 0~70℃，工业级额定工作环境温度为 –40~85℃，也有一些工业级塑封元器件工作上限温度可达到 125℃，达到军用标准级别。

气密封装元器件的空腔内部都含有少量水汽，我国军用标准和美国军用标准对内部水汽含量都做了明确限制，规定内部水汽含量不能超过 5000ppm。这是因为水汽含量高可能会引起一些可靠性问题，包括内部化学污染、内部金属腐蚀，主要是对引线和没有钝化层保护的键合区的破坏，也可导致元器件绝缘性能下降或参数超差。

在高可靠性要求产品的设计中，选用高等级元器件对于保障系统可靠性是非常重要的举措。但是，我们必须清楚一点，元器件的可靠性与其焊接后焊点的可靠性是两个问题，选用高可靠性的陶瓷封装，并不意味着系统的可靠性高，如果陶瓷封装元器件安装到有机基板上，焊点的可靠性就是一个很大的问题，热疲劳性能远比使用塑封元器件低，而且低很多。因此，在封装选型方面，必须通盘考虑 PCB 的设计，使之与高可靠性气密封装元器件的 CTE 相匹配。这点在前面几章中已经多次强调，必须铭记在心。

8.2.2 封装的固有疲劳寿命

封装的固有疲劳寿命与封装材料的热膨胀系数、封装结构及尺寸有关。

表 8-1 列举了元器件封装常用材料的热膨胀系数。焊点的疲劳寿命取决于焊点受到的应变幅度，这与封装尺寸以及封装与 PCB 之间的热膨胀失配程度有关。因此，封装材料的 CTE 数据对于封装选型及焊点可靠性设计都是非常重要的基础数据。

表 8-1　元器件封装常用材料的热膨胀系数

序号	材料	CTE/（ppm/℃）	序号	材料	CTE/（ppm/℃）
1	Sn40Pb60	28.7	8	Cu 合金引脚	16~18
2	Sn97Pb3	28~29	9	Fe42Ni58 引脚	6.0~8.0
3	包封环氧树脂	14~20（$T \leq T_g$） 55~70（$T > T_g$）	10	可伐合金（Fe29Ni17Co54）引脚 （硬玻璃封接合金）	5.5
4	单晶硅	2.6	11	芯片底部填充胶	18~35
5	砷化镓	6.0	12	（底部填充胶）UF3800	52
6	BT 树脂载板（E 玻璃）	12~14	13	FR-4（E 玻璃）	16~19
7	Al_2O_3	6.2~7.4	14		

表 8-2 所示为收集到的一些封装的疲劳试验寿命数据。由于这些数据来源于中国知网的论文资料，其试验样品的制作、试验条件和方法不尽相同，仅作概念性的了解。

表 8-2　封装的疲劳试验寿命数据

序号	封装名称	类型	封装规格或尺寸 /mm	温度循环次数（–55~100℃）
1	电阻 / 电容	片式	3216	（1）30% 空洞时，109 次时出现开裂 （2）20% 空洞时，189 次时出现开裂 （3）10% 空洞时，266 次时出现开裂 （4）无空洞时，500 次时无失效
2	QFP	塑封	标准内规格	（1）42 号铁镍合金，1000 次出现失效 （2）铜合金，3000 次出现失效

续表

序号	封装名称	类型	封装规格或尺寸 /mm	温度循环次数（-55~100℃）
3	CQFP	陶瓷	底部出脚，20×20	130 次出现失效
			顶部出脚，20×20	≥ 800 次
4	P-BGA	塑封	标准内规格	≥ 900 次 （受 PCB 厚度、单双面安装结构影响）
5	CBGA	陶瓷	CBGA256：17×17	200 次出现失效
6	CCGA	陶瓷	CCGA256：17×17	500 次时无失效
7	LGA	陶瓷	≥ 14	≤ 200 次
8	LCCC	陶瓷	LCCC64：18.3×18.3	100 此出现失效
		陶瓷	LCCC44：16.5×16.5	300 次出现失效
		陶瓷	LCCC28：11.4×11.4	500 次时无失效

8.2.3 封装的热变形

绝大多数材料都具有热胀冷缩的特性。电子元器件的封装由不同的材料构成，如果是不对称的层状结构，在受到温度变化时就会发生热变形，我们把这种随温度变化而发生的热变化称为动态热变形。

随着 BGA 封装向着薄形、大尺寸、立体封装方向的发展以及无铅工艺（峰值温度提高）的应用，BGA 的热变形规律越来越复杂。BGA 的动态热变形已经成为影响大尺寸、薄形 BGA 焊接良率以及可靠性的一个重要因素。

1. 热变形的测量

变形的测量有很多方法，如云纹干涉、3D 激光扫描等。在业界，日本 CORES 公司发明的再流焊接模拟与平面度激光 3D 测量仪 Core9032a（见图 8-1）获得广泛应用，事实上已经成为行业测量 BGA 封装动态热变形的标准仪器。它可以给出 3D 数码云图、任意剖面给定温度的变形曲线以及动态热变形曲线。

对焊接而言，我们需要了解 BGA 封装在再流焊接加热过程中的热变形状态与数值，它对焊接工艺的优化，特别是钢网的开窗极其有用。

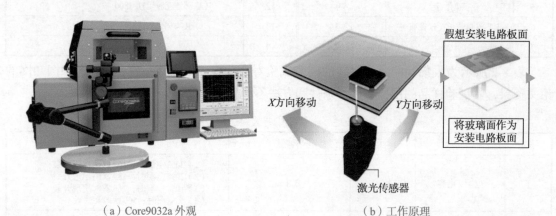

（a）Core9032a 外观　　　　　　　　　　（b）工作原理

图 8-1　Core9032a 外观及其工作原理

再流焊接关注的是随再流焊接温度变化的动态热变形，因此测量时 P-BGA 的加热过程应尽可能按照单板（PCBA）再流焊接时用到的温度曲线进行加热，这样才能反映 P-BGA 再流焊接时的动态热变形状况。测量结果主要通过云图和热变形曲线表示。

云图反映的是某温度时刻的热变形，因此要反映 BGA 的动态热变形，就需要数个时间点的云图，通常每 25℃ 间隔记录一次。图 8-2 所示为试样 A 和 B 从室温加热到 126℃ 时间段的热变形云图。

温度/℃	26	51	76	101	126
翘曲A/μm	117.3	97.1	75.4	48	38.1
翘曲B/μm	110.9	91.6	73	54.1	47.1
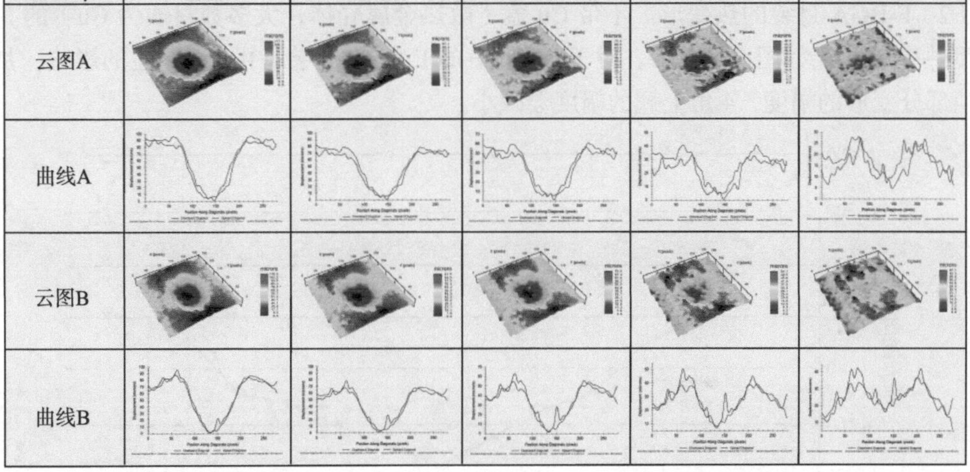 云图A					
曲线A					
云图B					
曲线B					

图 8-2　试样 A 和 B 从室温加热到 126℃ 时间段的热变形云图

热变形曲线是以二维图表达三维变形的一个曲线，纵坐标为基于测量平面的 BGA 中心高度与角部或边缘高度的差值，可称为动态翘曲度，正值表示中心上凸，负值表示中心下凹或四角上翘；横坐标为温度点，如图 8-3 所示。测量时 BGA 以安装状态放置。

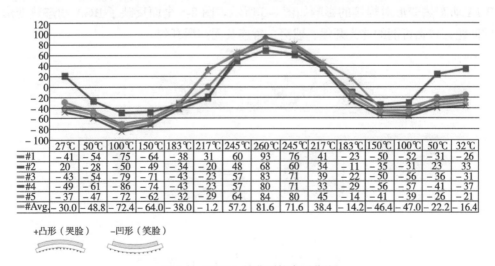

	27℃	50℃	100℃	150℃	183℃	217℃	245℃	260℃	245℃	217℃	183℃	150℃	100℃	50℃	32℃
#1	−41	−54	−75	−64	−38	31	60	93	76	41	−23	−50	−52	−31	−26
#2	20	−28	−50	−49	−34	−20	48	68	60	34	−11	−35	−31	23	33
#3	−43	−54	−79	−71	−43	−23	57	83	71	39	−22	−50	−56	−36	−31
#4	−49	−61	−86	−74	−43	−23	57	80	71	33	−29	−56	−57	−41	−37
#5	−37	−47	−72	−62	−32	−29	64	84	80	45	−14	−41	−39	−26	−21
#Avg.	−30.0	−48.8	−72.4	−64.0	−38.0	−1.2	57.2	81.6	71.6	38.4	−14.2	−46.4	−47.0	−22.2	−16.4

+凸形（哭脸）　　−凹形（笑脸）

图 8-3　P-BGA 的典型热变形曲线

2. 常用 BGA 封装的动态热变形曲线

P-BGA 和 F-BGA 是最广泛使用的 BGA 封装，了解它们的热变形过程，对优化钢网开窗及再流焊接的温度曲线很重要。

（1）P-BGA 封装的热变形。P-BGA 的典型热变形曲线如图 8-3 所示。之所以会发生先四角上翘，再反转方向，变为中心上弓，这与 P-BGA 的封装结构有关。对于 P-BGA 而言，包封材料（EMC）的 T_g（玻璃化转变温度）是一个重要参数，当温度超过 T_g 后，EMC 的 CTE 会发生显著变化，由 14ppm/°C 变为 55ppm/°C，改变了整个封装变形的主导因素。在 T_g 前，BGA 载板起主导作用；在 T_g 后，EMC 起主导作用。

（2）F-BGA 封装的热变形。不带 Cu 盖（散热金属壳体，大多数材质为 Cu）的 F-BGA 的典型热变形曲线如图 8-4 所示。对于带 Cu 盖的 F-BGA 封装，由于 Cu 盖的影响，加热时会抵消部分变形的幅度，4 角上翘的幅度会减小。

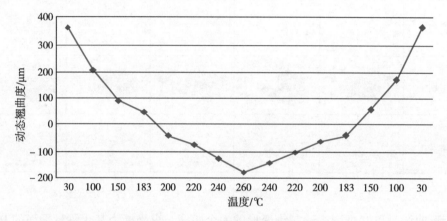

图 8-4　F-BGA 的典型热变形曲线

3. 热变形对 BGA 焊接的影响

BGA 动态热变形对焊接的影响如图 8-5 所示。图 8-5 全面反映了 BGA 动态热变形可能带来的问题，包括可能的枕头开焊、球窝、桥连及无润湿开焊。

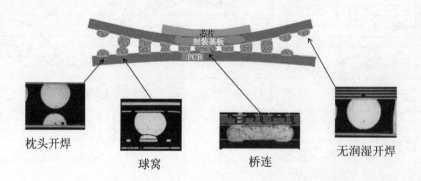

图 8-5　BGA 动态热变形对焊接的影响

4. 热变形对 BGA 焊点可靠性的影响

热变形不仅影响焊接的良率，还影响焊点的可靠性。这个原因很简单，就是 PCBA 环境温度或 BGA 本身因功率加载而温度发生变化时，它也会发生变形。BGA 的这种变形，如 F-BGA 温度升高时四角会发生四角上翘的变形，这会使四角的焊点受到拉应力的作用，从而加速 BGA 四角焊点的失效。

综上所述，热变形对焊接及焊点的长期可靠性都有显著的影响，在工艺设计时必须考虑热变形可能带来的问题。

8.3 封装的选型

封装的选型基于产品的应用环境与可靠性要求。

8.3.1 封装类别的选择

IPC-A-610 将电子产品分为 3 级：1 级——普通类电子产品，包括那些以功能完整为主要需求的产品；2 级——专用服务类电子产品，包括那些以长寿命和持续运行为主要需求的产品，要求能够保持不间断工作，但不作强制要求；3 级——高性能电子产品，包括那些以不间断工作或严格按指令运行（随时可以启动）为主要需求的产品，这类产品的服务间断是不可接受的，且最终产品的使用环境异常苛刻，有要求时必须能够正常启动与运行，如救生设备或其他关键系统。

1 级和 2 级产品，一般可以选用非气密封装的器件，而对于 3 级产品，应选用气密封装的器件。

8.3.2 工艺性的选择

工艺性的选择主要基于焊点形成的稳定性与易检性，还有固有的焊点疲劳寿命。

（1）陶瓷封装器件：如果是焊接到有机树脂基板上，应优先选择小尺寸的；对于 CQFP，应优先选择顶部出脚的封装，严禁选底部出脚的封装；对于 CBGA，优先选用 16mm×16mm 以下尺寸的，超过此尺寸应选 CCGA 封装。详细内容参考第 9 章。

（2）塑料封装器件：优选 QFP、BGA、标准的 QFN。选用异形 QFN，应仔细审核布局布线设计，尽可能避免再流焊接时 QFN 倾斜。

（3）长条形连接器：对于可能存在振动的应用，应优先选用插装连接器。

8.4 不推荐的封装应用场景

1. 不推荐 1206 及以上封装尺寸的片式电容用于手工焊接工艺

片式电容为多层陶瓷结构，非常脆。手工焊接为短时局部加热工艺，我们一般先焊一端再焊另一端。这种方式往往导致元件被加热但 PCB 温度几乎没有变化，这样焊接后片式电容随着温度的快速下降而收缩。较大尺寸的片式电容收缩可能导致片式电容焊点的拉裂，类似机械应力引起的片式电容开裂现象。这个开裂发生的概率较高，又不容易被发现，因此设计上应尽可能避免出现只能手工焊接、封装尺寸大于 1206 片式电容的设计。

2. 不推荐 TSOP 用于高可靠性产品的设计

TSOP 属于 SOP 的薄型封装，标准的封装高度为 1.27mm，引脚缓冲高度基本就是封装高度的一半，引脚对热应力的缓冲作用相较于标准的 QFP 要差，焊点的温度循环试验寿命要比标准的低很多，因此不推荐将 TSOP 用于高可靠性产品的设计。

3. 不推荐底部出脚的 CQFP 用于有机基板的设计

CQFP 的出脚有 3 种结构，如图 8-6 所示。底部出脚的 CQFP 引脚对热应力的缓冲有限，因此不推荐用于长寿命、高可靠性电子产品的设计。如果要使用，就必须进行二次引线成型，或控制封装的尺寸（≤ 16mm）。

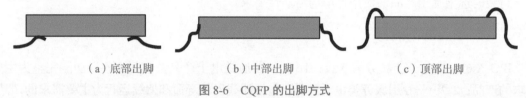

   （a）底部出脚   （b）中部出脚   （c）顶部出脚

图 8-6　CQFP 的出脚方式

4. 不推荐尺寸超过 5mm×7mm 的表贴晶振用于有机基板的设计

晶振（晶体振荡器）为陶瓷/金属封装。一方面，其表贴封装的引出端不是引脚而是焊端，没有应力缓冲功能；另一方面，引脚数量又少，很难对焊接的 PCB 的膨胀或收缩有约束作用，温度变化引起的应变直接作用于焊点上。温度循环试验寿命很短，通常不推荐用于高可靠性产品的设计，如果一定要使用大尺寸的，需要改进封装设计，增加工艺性的焊端数量。

5. 不推荐尺寸超过 12mm×12mm 的 LCCC 用于有机基板的设计

由于陶瓷与 FR-4 等有机基板的 CTE 相差很大，通常不把尺寸超过 12mm×12mm 的 LCCC 用于有机基板的设计。

6. 不推荐 QFN 用于高可靠性产品的设计

QFN，由于固有的疲劳寿命比较短（通常 –40~125℃ 条件下的温度循环寿命小于 350 周），通常不把它用于高可靠性要求产品的设计，特别是工作温度超过 100℃ 的应用场合。这有两方面的考虑：高温下疲劳寿命低，焊接后焊剂残留物清洗难。

7. 不推荐使用引线或屏蔽壳电镀纯锡的元件用于高可靠性产品的设计

纯锡镀层在高温高湿环境下很容易长锡须，禁止用于高可靠性产品的设计。

8. 禁止直接使用引线或焊端可焊镀层为厚金（≥ 0.25μm）的元器件

厚金镀层容易导致脆性焊点，虽然一些军用电子元器件为了长久保存采用了厚金保护，但在焊接前需要做去金搪锡处理，不能直接用于焊接。

第9章

陶瓷封装应用要领

陶瓷封装在航空、军用、汽车等高可靠性电子产品上应用广泛。但是，如果设计不当、制造工艺不当，会导致焊点的早期失效。因此，本章专门讨论陶瓷封装的固有可靠性、应用注意事项，以便设计时选择合适的尺寸与引脚，以及焊接时选择合适的工艺，从而满足产品对焊点可靠性的要求。

9.1 陶瓷封装的结构与工艺特性

1. 陶瓷封装的结构

陶瓷封装的结构基本一样，用胶将芯片固定在陶瓷管壳内，用金线或铝线与管壳连接，最后进行气密封装，如图 9-1 所示。

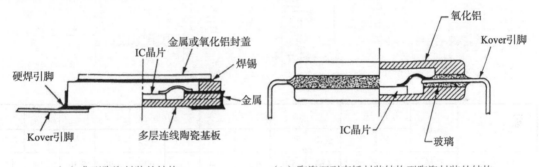

（a）典型陶瓷封装的结构　　　　　（b）陶瓷双列直插封装结构型陶瓷封装的结构

图 9-1　陶瓷封装的结构

2. 陶瓷封装的工艺特性

由于陶瓷材料与树脂基板的热膨胀系数相差将近 3 倍，如果较大尺寸的陶瓷封装器件焊装到有机基板上，焊点的热疲劳寿命将成为一个大问题。LCCC、CBGA、CQFP 是热膨胀失配最主要的封装，焊点寿命的缩短与封装尺寸、引脚的应力缓冲性能有关。

9.2 LCCC 工艺要领

LCCC 为 Leadless Ceramic Chip Carrier 的缩写（在 IPC-SM-782A 中缩写为 LCC），标准名称为无引线陶瓷芯片载体，俗称陶瓷城堡式封装。LCCC 有 4 种封装类型，即 A 型、B 型、C 型和 D 型，其中 A 型、B 型、D 型用于插座安装，C 型用于再流焊接安装，如图 9-2 所示。中心距为 50mil，即 1.27mm。

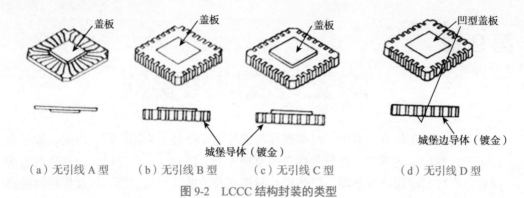

（a）无引线 A 型　　（b）无引线 B 型　　（c）无引线 C 型　　（d）无引线 D 型

图 9-2　LCCC 结构封装的类型

IPC-SM-782 中所列 LCCC 封装尺寸如图 9-3 所示。

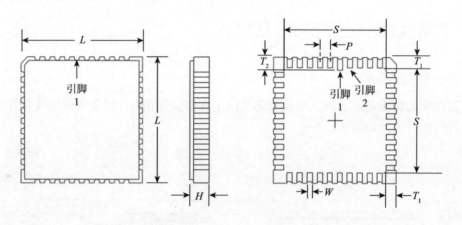

封装代号	类型	L/mm		S/mm		W/mm		T_1/mm		T_2/mm		H/mm	P/mm
		最小	最大	最小	最大	最小	最大	最小	最大	最小	最大	最大	标准
LCCC16	C 型	7.42	7.82	4.64	5.16	0.56	1.04	1.15	1.39	1.96	2.36	2.54	1.27
LCCC20	C 型	8.69	9.09	5.91	6.43	0.56	1.04	1.15	1.39	1.96	2.36	2.54	1.27
LCCC24	C 型	10.04	10.41	7.26	7.76	0.56	1.04	1.15	1.39	1.96	2.36	2.54	1.27
LCCC28	C 型	11.23	11.63	8.45	8.97	0.56	1.04	1.15	1.39	1.96	2.36	2.54	1.27
ICCC44	C 型	16.26	16.76	13.48	14.08	0.56	1.04	1.15	1.39	1.96	2.36	3.04	1.27
LCCC52	C 型	18.78	19.32	16.00	16.64	0.56	1.04	1.15	1.39	1.96	2.36	3.04	1.27
LCCC68	C 型	23.83	24.43	21.05	21.74	0.56	1.04	1.15	1.39	1.96	2.36	3.04	1.27
LCCC84	C 型	28.83	29.59	26.05	26.88	0.56	1.04	1.15	1.39	1.96	2.36	3.04	1.27
LCCC100	A 型	34.02	34.56	31.24	31.88	0.56	1.04	1.15	1.39	1.96	2.36	4.06	1.27
LCCC124	A 型	41.64	42.18	38.86	39.50	0.56	1.04	1.15	1.39	1.96	2.36	4.06	1.27
LCCC156	A 型	51.80	52.34	49.02	49.66	0.56	1.04	1.15	1.39	1.96	2.36	4.06	1.27

图 9-3　LCCC 封装尺寸

不同封装尺寸的 LCCC 器件，业界可以参照的可靠性指标较少，同时关于焊锡量和垫高等因素对焊点可靠性影响的相关研究也较少。为此，山东航天电子技术研究所任晓刚等人，选取 LCCC64、LCCC44 和 LCCC28 菊花链器件各 12 片进行了可靠性试验研究（参见《电子工艺技术》2013 年 7 月刊），结论如表 9-1 所示。我们可以了解到 LCCC 基本的温度循环寿命范围，尺寸大于 16mm，只能耐 200 周次的循环，这个数据对于封装的选择和基板的材质选择具有参考意义。

表 9-1　3 种 LCCC 的温度循环试验寿命异常焊点数量

试验周数	温度循环试验寿命异常焊点数量		
	LCCC64（共 768 个点）18.3 mm×18.3 mm	LCCC44（共 528 个点）16.5mm×16.5mm	LCCC28（共 336 个点）11.4mm×11.4mm
100	30	0	0
200	143	0	0
300	—	1	0
400	—	12	0
500	—	58	0

说明：
（1）温度循环试验条件：高温为 100℃，低温为 -55℃；温度变化速率约为 10℃/min；极限温度保持时间为 15min；循环次数为 500 次。根据实际情况，每 100 次循环结束后对试验结果检测记录一次。
（2）样本数量：LCCC64、LCCC44、LCCC28 各 12 片。
（3）基板材料：T_g=180℃ 的 FR-4 印制电路板。

注意，LCCC 与 CLCC 是两类封装，不可混淆。CLCC 为有引线陶瓷芯片载体（Ceramic Leaded Chip Carrier），封装结构类似塑封的 PLCC，如图 9-4 所示，这种封装主要用于插座安装。

图 9-4　CLCC 封装外观图

LCCC 的工艺要领：LCCC 封装体材料为 Al_2O_3，典型的 CTE 值为 $6.4×10^{-6}$/℃，而 FR-4 典型的值为 $16×10^{-6}$/℃，相差约 2~5 倍，因此不推荐将 LCCC 用于 FR-4 基板上。如果一定要用在 FR-4 上，仅允许选用封装尺寸小于 12mm 的封装，且必须采用低温焊接，否则焊接之后就可能发生焊点开裂现象。

LCCC 通常适用于低 CTE 的基板，如陶瓷基板、因瓦合金芯板。LCCC 的工艺核心就是选择合适尺寸的封装以及 CTE 整体匹配性设计。

另外，焊缝的高度对温度循环试验寿命的影响也很大，通常提升 LCCC 的焊缝高度 0.1mm，就可以很大程度上改善温度循环试验寿命。但是必须指出的是，不可以采用封装底部加垫片的方法抬高焊缝（见图 9-5），这种设计会削弱 PCB 的顺从性（Compliant），同时会缩短温度循环寿命，表 9-2 就是采用垫片垫高方法焊接后的温度循环试验数据。对比表 9-1，我们可以看到温度循环寿命是缩减的。因此，在焊点可靠性设计中必须记住"顺从性"这个词，并在设计中获得顺从性。

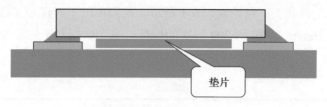

图 9-5　加垫片焊接

表 9-2　3 种 LCCC 垫高焊接后的温度循环试验数据

试验周数	温度循环试验数据		
	LCCC64（共 768 个点） 18.3 mm×18.3 mm	LCCC44（共 528 个点） 16.5mm×16.5mm	LCCC28（共 336 个点） 11.4mm×11.4mm
100	78	0	0
200	273	2	1
300	—	101	12
400	—	—	17
500	—	—	22

说明：
（1）温度循环试验条件：高温为 100 ℃，低温为 –55 ℃；温度变化速率约为 10℃/min；极限温度保持时间为 15min；循环次数为 500 次。根据实际情况，每 100 次循环结束后对试验结果检测记录一次。
（2）样本数量：LCCC64、LCCC44、LCCC28 各 12 片，焊接到基板时底部采用了 0.1mm 垫片支撑。
（3）基板材料：T_g=180 ℃ 的 FR-4 印制电路板。

那么有没有好的方法去改善 LCCC 的温度循环试验寿命呢？理论上有两种方法可以尝试（笔者没有这方面的经验，仅给出理论上的建议）。

（1）封装与 PCB 绑定处理。采用低 CTE 的胶将 LCCC 与 PCB 连为一体——底部填充工艺就是这种方法。绑定处理约束了热膨胀失配，减小了作用在焊点上的剪切位移。这里唯一考虑的就是任何预留间隙和进行底部填充的实施问题。

（2）LCCC 四角印刷垫高的支点，如采用白油在 LCCC 四角印刷 4 个直径为 1mm 的点，起到控制焊缝高度的目的。对于 LCCC 来讲，质量比较大，焊点数量不像 BGA 那样多，熔融焊料很难将其支起。也就是说，企图通过增加焊膏的方法提升焊点的高度是不可行的，必须采用机械的方法予以垫高，而又不会降低 PCB 的顺从性。

总结一下，对于 LCCC 应用，核心在于减少整体的热膨胀失配，设计上可以改选 CLCC、CQFP、CBGA、CCGA 等封装，或者在 PCB 上设计应力槽或换用 CTE 匹配的 PCB 基板。在工艺上就是绑定处理与提高焊缝高度。

9.3　CBGA 工艺要领

CBGA 是 Ceramic Ball Grid Array 的缩写，标准的中文名称为陶瓷球栅阵列封装或陶瓷BGA，结构如图 9-6 所示。由于 CBGA 比 P-BGA 重很多，为了控制焊球的塌落性，采用了高铅锡球（Sn10Pb90，熔化温度范围为 278~299℃）。焊接时 CBGA 的焊球并不完全熔化，CBGA 与焊盘的连接可靠性主要依靠再流焊接时所印刷的焊膏来保证。如果熔化的焊膏体积比较小,那么焊接时很可能形成缩颈焊点,如图 9-7 所示。在这种情况下,缩颈部位会成为焊点应力集中部位,将严重劣化焊点的可靠性,缩颈焊接缺陷是导致 CBGA 焊点早期失效的一个根本原因。

CBGA 工艺要领:CBGA 工艺的核心就是必须提供足够的焊膏量,避免形成缩颈焊点。推荐采用厚度大于 0.2mm 的钢网,有条件时开口可再扩 0.1mm。目前,很多的 PCBA 布局密度很高,采用了大量的 0201 等微焊盘元器件,往往不能直接采用厚的钢网,这种情况下需要使用阶梯钢网。CBGA 周围布局的精细间距元器件开口需要离开较厚 CBGA 阶梯部分钢网开口 3.75mm 以上。

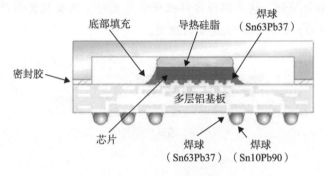

图 9-6 CBGA 的封装结构

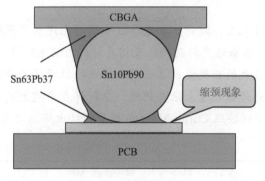

图 9-7 CBGA 缩颈焊点

为了避免 CBGA 形成缩颈焊点,通常会施加比较多的焊膏量。可以采用较厚的钢网、阶梯钢网、扩大钢网开窗的方法增加焊膏的量,理想的焊点形貌如图 9-8 所示。

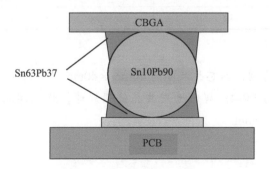

图 9-8 理想的焊点形貌

在长期的高低温度循环冲击下，CBGA 芯片的焊点故障是影响 CBGA 芯片可靠性的主要原因。为了提高 CBGA 焊接的可靠性，可通过边缘点胶或底部填充的方式改善。

案例 12：边缘点胶（也称为围堰胶）对 CBGA 可靠性的影响研究[①]

采用边缘点胶加固工艺（见图 9-9）的目的是增加芯片壳体和印制电路板之间的连接，削弱两者之间因温度变化导致的尺寸变形量之差，也就减小了焊点的应变。对边缘多胶的性能参数有如下需求考虑。①胶固化后，在温度循环过程中，其线性膨胀系数应与焊点的膨胀系数接近。当胶的线性膨胀系数比焊点大或小时，必然会导致焊点受到更大的变形。②胶固化后，其弹性模量越大越好。这是因为当弹性模量越大时，其抵抗变形产生的力就越大，就会分担越多的焊点受力，使焊点产生更小的应变。

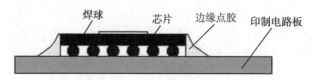

图 9-9　边缘点胶加固

1. 仿真条件

高低温度循环冲击范围：设 25℃ 为焊点零应力点，热循环温度为 –55~125℃，重复循环 500 次。

从现有胶的物理特性来看，胶的热膨胀系数一般均比焊点的膨胀系数高，而弹性模量一般比焊点小一个数量级。准备选用的两种胶及相关材料的物理特性如表 9-3 所示。工况设置：①无点胶，分析焊点中最大的应变量；②选用和焊点弹性模量最接近的胶，分析焊点中最大的应变量；③选用比焊点弹性模量大很多的胶，分析焊点中最大的应变量。通过以上仿真，得到最大应变量后，就可以按照 Coffin-Manson 模型预计出焊点的疲劳寿命。

表 9-3　相关材料的物理特性

材料类型	热膨胀系数 /（ppm/℃）	弹性模量 /MPa	泊松比	屈服强度 /MPa
乐泰 FP4531	28	7600	0.2	
乐泰 3513	63	2200	0.2	56
陶瓷	7.5	310000	0.21	400
焊料 Sn63Pb37	24.5	19800	0.35	40

2. 仿真建模

以某 CBGA 芯片为例，其芯片尺寸为 40mm×40mm，进行芯片建模；印制电路板厚度设计为 1.5mm，材料为 FR-4；焊球选用共晶锡铅焊球，焊点间距为 1.27mm，焊球直径为 0.76mm，焊盘直径为 0.9mm。

[①]　摘选自中国航空计算技术研究所焦超锋、任康、醋强一、吴慧杰等人的 "点胶对 CBGA 焊点疲劳寿命的影响分析" 一文，详见《机械工程师》2017 年第 3 期。

3. 仿真结果

在以上仿真计算过程中，虽然简化和忽略了诸多因素，如焊接工艺质量因素、焊接分散性因素等，但类比仿真计算的结果仍然可以说明一点：点胶之后，焊点内部的最大应力有所降低。具体来说，点乐泰 FP4531 胶，焊点应变由 0.00275 降低至 0.00241，降低 12.4%，寿命提升 34.8%；点乐泰 3513 胶，焊点应变由 0.00275 降低至 0.00258，降低 6.2%，寿命提升 15.5%，如表 9-4 所示。因此，点胶对焊点起到了缓解伸缩的作用，点封胶弹性模量越高，线膨胀系数越接近焊点，其缓解焊点疲劳损伤的效果越明显。

表 9-4　仿真结果

工况	焊点位移 /mm	焊点应变	应变百分比 /%	焊点寿命	寿命百分比 /%
无胶	0.0573	0.00275	—	117236.27	—
点乐泰 FP4531	0.058	0.00241	降低 12.4	158028.50	提高 34.8
点乐泰 3513	0.0578	0.00258	降低 6.2	135444.40	提高 15.5

9.4　CCGA 工艺要领

CCGA 为 Ceramic Column Grid Arrays 的缩写，通常译为陶瓷柱状阵列封装，如图 9-10（a）所示。通常用于封装尺寸比较大（35~45mm）的陶瓷封装。锡柱直径一般为 0.5mm，高度为 1.275mm~2.29mm，锡柱材料一般为 Sn10Pb90，采用 Sn63Pb37 焊接在 CCGA 上，或者直接采用 Sn10Pb90 铸造在 CCGA 上。在其他条件相同的情况下，3 种锡柱高度分别为 0.41mm（16mil）、0.76mm（30mil）、2.29mm（90mil），所对应的 CBGA 焊点疲劳寿命之比为 1 ∶ 4 ∶ 45。由于锡柱较软，贴装等处理过程容易变形损伤，因此现在有些 CCGA 对锡柱的结构进行改良，如采用弹簧加强的锡柱。焊柱类型如图 9-10（b）所示。

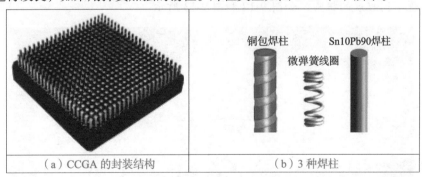

（a）CCGA 的封装结构	（b）3 种焊柱

图 9-10　CCGA 的封装结构

锡柱增加了焊点高度，分散了剪切应力，提高了焊点的可靠性。CBGA 与 CCGA 都是陶瓷阵列封装，CCGA 比 CBGA 具有更高的可靠性。

陶瓷的 CTE 大约为 6ppm/℃；有机 PCB 的 CTE 为 16~20ppm/℃。因此，在陶瓷元器件和有机 PCB 之间大约存在 10~14ppm/℃ 的整体 CTE 不匹配。为了弥补这种巨大的整体 CTE 不匹配，在大多数应用中，陶瓷元器件通常需要焊柱以确保其可靠地运行。由于角落焊点的负载大于其他焊点，所以它们首先失效。

案例 13：CBGA、CCGA 器件植球／植柱工艺可靠性研究[①]

将 24 只 CBGA 器件进行分组试验，其中 18 只器件采用 CBGA 植球工艺，其中焊球采用直径为 0.76 mm 的 Sn10Pb90 高温焊球，另外 6 只器件采用 CCGA 植柱工艺，其中焊柱采用直径为 0.51mm 的 Sn10Pb90 高温焊柱。植球／植柱完成后，采用与陶瓷基板一侧相同的焊膏将 24 只器件表贴至 4 块 PCB 上。然后，对 24 只器件进行电连接测试，测试结果均小于 300Ω，认为该 24 只器件电连接正常。随后，对表贴后的 CBGA/CCGA256 器件进行温度循环试验，试验条件为 -65~150℃，设置 10 次、100 次、200 次和 500 次 4 个检验点，取出并进行电连接测试。不同温度循环周期后电连接测试结果如图 9-11 所示。

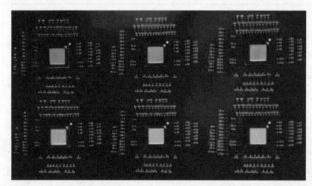

温度循环周期／个	CBGA 失效数	CCGA 失效数
10	0（18）	0（6）
100	0（18）	0（6）
200	4（18）	0（6）
500	17（18）	0（6）

图 9-11　试验样板与结果

（1）在相同条件下，温度循环过程中 CCGA 器件焊点可靠性要明显高于 CBGA 器件焊点可靠性。

（2）对于 CBGA/CCGA 焊点，温度循环过程中边角焊点应力最大，容易最先开裂并引发焊点失效，焊点开裂主要发生在接触界面处，而焊点失效前主要发生蠕变变形，外观形貌上表现为出现不同程度的扭曲，如图 9-12 和图 9-13 所示。

图 9-12　500 次循环后 CBGA256 器件焊点相貌

① 摘选自北京时代民芯科技有限公司的林鹏荣等人所著的"CBGA、CCGA 器件植球／柱工艺板级可靠性研究"一文，详细参见《中国集成电路》2013 年 12 月刊。

图 9-13　500 次温度循环后 CCGA256 器件边角处焊点横截面形貌

（3）陶瓷外壳的平整度对焊点可靠性有一定影响，容易造成局部焊点早期失效。因此，在陶瓷外壳加工中应严格控制陶瓷外壳焊盘一侧的平整度。

CCGA 工艺要领：CCGA 的工艺的核心就是，焊膏量必须足够；焊接峰值温度必须确保锡柱再流焊接时有一定强度（独特要求，很重要），控制在 220℃。

推荐工艺条件如下：

（1）钢网厚度为 0.18~0.20mm，开口应大于焊盘 0.1mm 以上，确保提供足够量的焊膏。

（2）再流焊接工艺条件：采用 Sn63Pb37 合金焊接，183℃ 以上时间 ≤ 60s，焊接峰值温度 ≤ 220℃，预热、保温时间为 2min 左右。

（3）点胶对 CBGA 焊点疲劳寿命的影响分析。

9.5　CQFP 工艺要领

CQFP 为 Ceramic Quad Flat Package 的缩写，通常译为陶瓷四边扁形封装，其封装有两种形式，即顶部出脚和底部出脚，如图 9-14 所示。

（a）顶部出脚　　　　　　　　　　（b）底部出脚

图 9-14　CQFP 的引脚类型

CQFP 的焊点可靠性：在焊点质量符合 IPC-A-610 要求且润湿良好的情况下，与自身的强度关系不大，更多地取决于负载类型、尺寸和引脚的结构。

（1）焊点的热疲劳性能在很大程度上取决于出脚方式，也就是引脚对应力的缓冲性能。对于尺寸比较大（≥ 15mm×15mm）、可靠性要求比较高的 CQFP，应禁止选用底部出脚的封装结构，而应选择顶部出脚的封装结构，如图 9-15 所示。

图 9-15　顶部出脚的 CQFP 实物照片

（2）对于抗机械应力（如振动）的性能，焊点的可靠性直接取决于 PCB 在机械性负载作用下的抗变形能力，最有效的改善措施就是提升 PCB 的强度，减少振动负载下的变形。

（3）振动负载下失效的焊点往往位于 CQFP 的四角位置，可以采用四角点胶的方式进行加固，但是效果不好，最好是将 CQFP 与 PCB 机械耦合（固定黏合在一起），这样会减少振动对焊点及引脚的损坏。

（4）CQFP 器件进行板级安装时，引线的成型方式、形状都可能对板级可靠性产生严重影响。下面以一个典型案例研究说明一下 CQFP 两种出线方式对可靠性的影响。

案例 14：CQFP 器件板级温度循环可靠性的设计与仿真[①]

1. 试验样品

试验样品为 CQFP176，引线采用底部出脚的方式，管壳面积为 20mm×20mm，引线间距为 0.5mm，如图 9-16 所示。采用 Sn63Pb37 焊料进行引线与 PCB 的焊接，印刷网板厚度为 0.15 mm，PCB 为 FR-4 材料，尺寸为 100mm×100mm，厚度为 2.0mm。

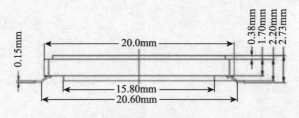

图 9-16　CQFP176 封装的外形尺寸侧视图

2. 温度循环试验条件

温度循环范围 –55~100℃，高温/低温保持时间为 15min，升温/降温时间为 15min，每个循环周期为 1h，温变速率约为 10℃/min。温度循环 100 个周期后，引线与 PCB 的焊接层未出现开裂现象，如图 9-17（a）所示，但温度循环至 130 个周期后，在引线根部与焊接界面

---

① 摘选自无锡中微高科电子有限公司的李宗亚、仝良玉、李耀、蒋长顺所著的 "CQFP 器件板级温度循环可靠性的设计与仿真"，详细参见《电子与封装》2014 年 11 月刊。

出现裂纹，如图 9-17（b）所示。

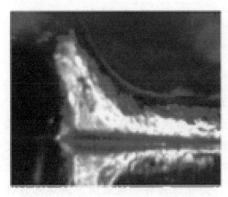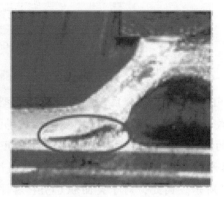

（a）温度循环 100 个周期　　　　　　　（b）温度循环 130 个周期

图 9-17　温度循环过程中引线焊接层状态图

当采用底部出脚时，引线长度较短，热应力应变无法有效释放，在温度循环过程中很容易出现可靠性问题。某 A/D 转换器采用 CQFP 封装形式，封装面积为 26.13mm×26.13mm，对引线进行了二次成型处理，如图 9-18 所示。成型后的引线总长度增加，且存在两处折弯角，有利于缓解位移的传递，有利于提高器件的抗热疲劳和抗机械疲劳性能。借鉴此种引线形状，对 CQFP176 引线进行二次成型处理（图 9-19），并将采用有限元方法对比二次成型前后的焊接层疲劳寿命。

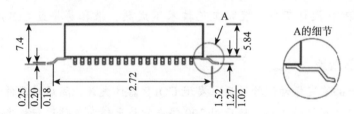

图 9-18　A/D 转换器引线二次成型示意图（单位：mm）

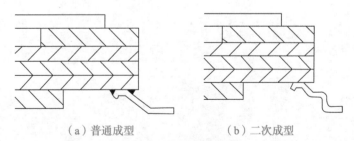

（a）普通成型　　　　　　　　　　（b）二次成型

图 9-19　CQFP176 器件普通成型与二次成型

同时，为对比引线的引出方式对器件板级可靠性的影响，对 CQFP176 器件进行引线的顶部出脚，并保证最终的外形满足航天器件成型标准，如图 9-20 所示。进一步采用仿真方法对引线顶部成型及底部二次成型的焊接层疲劳寿命进行仿真对比。

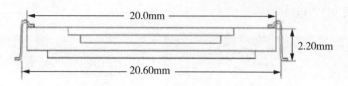

图 9-20　CQFP176 器件顶部成型外形尺寸图

CQFP 器件的引线分顶部成型和底部成型两种方式。当陶瓷壳体面积较大时，采用底部成型方式的引线焊接层在温度循环试验中易出现疲劳失效现象。仿真与试验结果显示，二次成型的方法可以有效提高底部成型类 CQFP 器件的板级温度循环可靠性。与底部成型类 CQFP 器件相比，顶部成型类 CQFP 器件引线焊接层的疲劳寿命从结构上得到了根本的改善，如表 9-5 所示。因此，对于大面积 CQFP 器件，为保证器件的板级温度循环可靠性，引线应尽量避免因插拔互换要求而采用的底部成型方式。

表 9-5　不同引线成型方式仿真结果对比

成型方式	等效应变范围	疲劳寿命 / 次数
顶部成型	0.0195	812
底部成型（二次成型）	0.0330	214

案例 15：航天大尺寸 CQFP 器件引脚断裂失效分析[①]

由于航天产品要经历各种恶劣的振动与热环境试验，CQFP 器件因其体积大、质量大、引脚细，一旦 PCB 设计不当、装联工艺技术不成熟，很容易导致 CQFP 器件引脚断裂等失效。

1. 引脚断裂现象

在某航天产品鉴定振动试验过后，发现 CQFP 器件失效，随后对器件进行了排查，在通电情况下按压器件有好转迹象，随后用 200 倍光学放大镜对器件进行检查，发现器件部分引脚根部有不同程度的断裂，如图 9-21 所示。

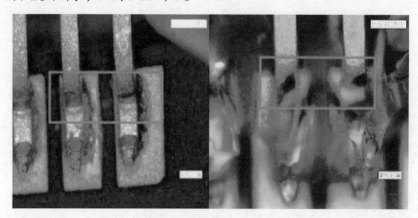

图 9-21　CQFP 振动试验，引脚断裂现象

---

① 源自《电子元件与材料》2017 年 2 月刊，慧孙慧、徐抒岩、孙守红、王威等人所著的"航天大尺寸 CQFP 器件引脚断裂失效分析"。

在排除器件批次质量问题后，对器件的引脚断裂原因进行了分析。从断裂引脚的断面可以看出，引脚断裂位置靠近器件根部，分布在器件的四角边缘，如图 9-22 所示。究竟是什么原因导致器件四角边缘的引脚根部断裂？借助 ANSYS 有限元分析软件对此 CQFP 件进行了优化模拟分析。

图 9-22　断裂引脚的位置分布

2. 有限元分析

（1）有限元模型。芯片引脚主要材料为铜，芯片与 PCB 之间不直接接触，而是通过引脚连接传力。模型共有 22521 个节点、23399 个单元，边界约束位置与实际情况相同，如图 9-23 所示。

图 9-23　PCBA 有限元模型

（2）模态分析。模态分析是航天产品研制工作的重要组成部分。为研究大尺寸 CQFP 器件引脚的动力学特性，对大尺寸 CQFP 器件和与其焊接的 PCB 进行模态分析，确保组件的基频可以避开转运以及发射过程中的外部激励频率，防止组件尤其是大尺寸 CQFP 器件发生共振，造成自身损坏。分析结果表明，组件的频率为 489Hz，远大于组件要求的 100 Hz，满足设计指标需求。组件的前 3 阶频率如表 9-6 所示。

表 9-6　组件前 3 阶频率

阶数	频率 /Hz
1	489
2	603
3	641

（3）随机振动应力分析。空间光学遥感器在发射过程中的动力学环境主要是随机振动，随机振动是卫星发射运载过程中的大量噪声引起的声致振动。空间光学遥感器的电子设备的动力学分析要计算关键电子器件在随机振动环境下的力学响应。在对大尺寸 CQFP 器件和与其焊接的 PCB 组件进行的动力学特性分析中，激励载荷由动力学环境试验条件确定，随机振动输入条件如表 9-7 所示，加载方向是 x、y、z 3 个方向。

表 9-7　随机振动输入条件

频率范围及均方根值		输入条件	
频率	10~150 Hz	功率谱密度	+3 dB/oct
	150~600 Hz	谱线密度	0.04 g²/Hz
	600~2 000 Hz	功率谱密度	−6 dB/oct
总均方根值		加速度	6.06 g
加载方向		x、y、z	

随机振动过程中的最大应力分布如图 9-24 所示。

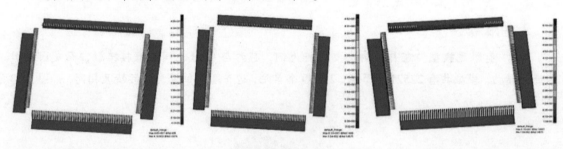

（a）x 向随机振动引脚 RMS 应力　　（b）y 向随机振动引脚 RMS 应力　　（c）z 向随机振动引脚 RMS 应力

图 9-24　随机振动引脚应力分布图

随机振动应力响应结果统计如表 9-8 所示。

表 9-8　随机振动应力响应结果

随机振动应力响应	1σ（RMS）应力 /MPa	3σ 应力 /MPa	备注
x 向随机振动应力响应	46.5	139.5	x 向两排引脚近似均匀受力 [图 9-24（a）]
y 向随机振动应力响应	46.2	138.6	y 向两排引脚近似均匀受力 [图 9-24（b）]
z 向随机振动应力响应	61.8	185.4	芯片两对角受力最大 [图 9-24（c）]

（4）模拟结果及分析，从随机振动应力响应结果可以看出以下几点。

①当 x 向随机振动时，器件 x 向两排引脚受力较大，但受力均匀，应力基本均匀地分布在两排的各个引脚上，两排引脚近似均匀受力，因此可以断定，引脚断裂失效不是发生在此振动模式下的。

②当 y 向随机振动时，器件 y 向两排引脚受力较大，但受力均匀，应力基本均匀地分布在两排的各个引脚上，两排引脚近似均匀受力，因此可以断定，引脚断裂失效也不是发生在此振动模式下的。

③当z向随机振动时，器件四角引脚的受力较大，应力主要集中在器件角边缘的几个引脚上，此时引脚3σ应力最大，达到185.4MPa，接近纯铜屈服极限（206MPa），因此可以断定，器件引脚断裂失效发生在此种振动模式下，失效模式与失效器件现象完全吻合。

从以上分析可以得出，大尺寸CQFP器件仅仅依靠自身引脚的支撑及简单的力学加固是不能满足航天产品级别的振动条件的，在z向的随机振动过程中，器件角边缘的引脚承受超负荷的应力，极易发生引脚断裂失效。因此，需要进行全面力学加固，方可保证CQFP器件安全可靠的工作。

3. CQFP器件的力学加固

（1）器件加固工艺。

①将待装联器件的底部及印制电路板表面用无水乙醇进行清洗，烘干待用。

②在焊盘图形中央点厚度为2mm、面积为400mm^{2}的GD414硅橡胶（C级），如图9-25所示。

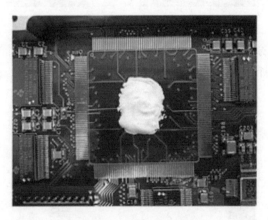

图9-25　器件底部点胶

③将待装的器件引脚"对中"后施压，确保底部固封胶接触良好，切勿溢出，在确保器件每个引脚均与焊盘对中后，在器件四角用焊接暂时固定，如图9-26所示。

④24h后对待装联器件进行焊接，并且必须对原固定引脚进行重熔，以释放应力。

图9-26　器件固定

⑤待器件清洗、检验完成后，对器件进行三防漆处理。

⑥三防漆固化后，对器件的四角进行点胶（GD414C）处理，待24h固化后，对整个器件进行灌封处理（QD231），如图9-27所示。

图9-27　器件四角点胶及灌封

（2）器件力学加固分析。

①四角点胶效果分析。当在器件的4个角边缘点GD414胶时，z向随机振动RMS应力响应如图9-28所示。

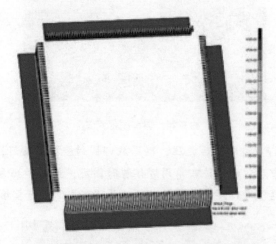

图9-28　4角点胶RMS应力响应

②器件底部点胶及灌封效果分析。当在器件底部点胶并整体灌封时，z向随机振动RMS应力响应如图9-29所示。其中引脚1应力为13.0MPa，比不点胶的情况（61.8MPa）要小很多。这说明采用硅橡胶对器件进行力学加固，措施有效，能极大改善芯片引脚受力情况。

（3）加固效果验证。

将力学加固后的器件放在振动平台上，进行宇航级鉴定振动实验，如图9-30所示。振动实验完成后对器件引脚进行检查，如图9-31所示。经过力学加固后的CQFP器件引脚完好，无任何损伤，结合有限元分析结果可以证明，此力学加固工艺对航天产品级别大尺寸CQFP器件的防护措施可行且有效。

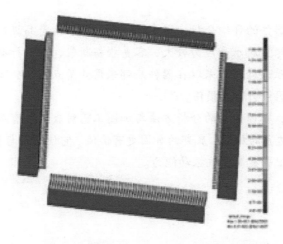

图 9-29　点胶及灌封时，z 向 RMS 应力响应

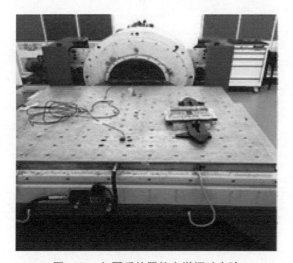

图 9-30　加固后的器件力学振动实验

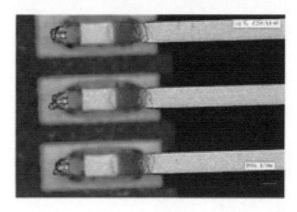

图 9-31　引脚检查

（4）结论。

通过对失效 CQFP 器件的详细分析，得出以下结论：航天产品级别的 CQFP 器件在振动条件下，器件的四角边缘引脚承受应力较大，容易损伤断裂，需进行有效的力学加固处理，经过有限元模拟分析与试验验证，采取在器件底部采用 4 角点胶、整体灌封的工艺，能有效避免宇航级振动条件对器件引脚的损伤。

之所以展示此案例，是因为它的分析方法与加固工艺对我们很有参考价值。在大多数情况下，我们见到的都是边角的加固，底部的加固更有价值。它使芯片与 PCB 固定，形成一体，极大地约束了热膨胀失配并提高了抗振动能力。

第10章

焊点可靠性仿真分析与试验评估

焊点可靠性的提升，与产品质量的提升一样，是一个"试验—分析—改进"的持续迭代过程。试验是焊点可靠性设计中的重要一环。为此，本章简要介绍焊点可靠性仿真和加速疲劳寿命试验的基本理论，以便读者对焊点的可靠性有一个概括性的了解。

10.1 可靠性试验

10.1.1 可靠性试验的分类

可靠性试验是通过施加典型环境应力和工作载荷的方式，剔除产品早期缺陷、测试产品可靠性水平、检验产品可靠性指标、评估产品寿命指标的一种有效手段。根据需要达到的目的，在产品的设计、研制、生产和使用阶段，需要开展不同类型的可靠性试验。

按照《装备可靠性工作通用要求》（GJB450A—2004）的规定，可靠性试验可分为6个工作项目，如图10-1所示。各类可靠性试验的目的、适用对象和适用时机如表10-1所示。

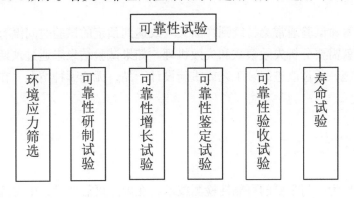

图 10-1 可靠性试验的工作项目

表 10-1 各类可靠性试验的目的、适用对象和适用时机

试验项目	目的	适用对象	适用时机
环境应力筛选	在产品交付使用前发现和排除不良器件、制造工艺和其他原因引入的缺陷造成的早期故障	主要适用于电子产品（包括元器件、组件和设备），也可以用于电气、机电、光电和电化学产品	产品的研制阶段、生产阶段和大修过程
可靠性研制试验	通过对产品施加的环境应力、工作载荷，寻找产品中的设计缺陷，以改进设计，提高产品的固有可靠性水平	主要适用于电子、电气、机电、光电、电化学产品和机械产品	产品研制阶段的前期和中期

试验项目	目的	适用对象	适用时机
可靠性增长试验	通过对产品施加模拟实际使用环境综合应力，暴露产品中的潜在缺陷，并采取纠正措施，使产品的可靠性达到规定的要求	主要适用于电子、电气、机电、光电、电化学产品和机械产品	产品研制阶段的中期，产品的技术状态大部分已经确定
可靠性鉴定试验	验证产品的设计是否达到规定的可靠性要求	主要用于电子、电气、机电、光电、电化学产品和成败型产品	产品设计定型阶段，同一产品已经通过环境应力筛选，同批产品已经通过环境鉴定试验，产品的技术状态已经固化
可靠性验收试验	验证批生产产品的可靠性是否保持在规定的水平上	主要用于电子、电气、机电、光电、电化学产品和成败型产品	产品批生产阶段
寿命试验	验证产品在规定条件下的使用寿命、储存寿命是否达到规定的要求	适用于有使用寿命、储存寿命要求的各类产品	产品设计定型阶段，产品已经通过环境鉴定试验，产品的技术状态已经固化

10.1.2 可靠性加速试验

加速寿命试验（Accelerated Life Testing，ALT）是通过对 PCBA 施加加速应力，收集其试验过程中寿命相关的数据，利用数理统计知识，结合加速累积损伤理论，外推 PCBA 在正常应力水平下的寿命与可靠性。

对于焊点长期寿命评估，通常选用加速温度循环（ATC）。试验方法与要求参考《表面贴装焊料连接的性能测试方法和鉴定要求》（IPC-9701），以及《表面贴装焊料连接加速可靠性测试指南》（IPC-SM-785）。但是，对于某些特殊应用场景产品，除了 ATC 试验，还可以结合机械冲击和 / 或机械振动试验，单个 ATC 试验不能对所有应用场景进行全面和有效的评估。

可靠性加速寿命试验通常会持续到样品失效或达到预定的试验时间没有失效，试验过程一旦发生失效，就需要分析失效模式和失效机理。如果试验结果未通过预期试验目标，就有必要采取纠正措施，通过改进组装工艺或重新设计产品，无论哪种情况，在纠正措施执行后都需要重新试验。

10.2 焊点可靠性仿真技术

可靠性仿真作为一门重要的可靠性检测技术，在焊点可靠性设计中发挥着重要作用，它正在成为产品可靠性工作中不可或缺的工具和手段。

可靠性仿真试验主要通过在产品数字样机上施加产品所经历的载荷历程（包括温度和振动等），进行应力分析和故障预计，从而找出产品（焊点）的设计缺陷和薄弱环节，提出改进措施，通过设计改进提高产品（焊点）的固有可靠性。利用物理故障模型，通过仿真预测产品（焊点）的首次故障时间。

近年来，电子产品更新换代速度加快，市场要求的研制周期越来越短，通过形成实物样机后进行检测和试验来保证可靠性水平已经变得越来越困难且不现实。基于物理的可靠性仿真试验技术正好为解决这一问题提供了有效的方法。

（1）可靠性仿真试验技术将科学的基于故障物理的可靠性理论体系与仿真分析技术实现

了有机融合，以工程分析的手段代替原有的基于经验数据的统计手段，对现有产品的可靠性工作具有理论指导意义。

（2）在工程应用中，将可靠性仿真试验技术与产品设计紧密结合，确保将可靠性设计融入产品设计中，使产品具有故障预计和预先维修的能力，对解决目前可靠性试验工作滞后于设计工作的困境探索了一条新的道路。

（3）可靠性仿真试验技术依托虚拟设计技术基于数字样机进行，使可靠性设计工作开展的时间大大提前，使得设计改进工作难度降低、工作量减少、改进周期缩短、成本降低，可以大幅提升产品可靠性工作质量，因此对提高产品研制的可靠性工作水平具有重要意义。

从本质上讲，可靠性仿真试验与传统的实物样机可靠性试验相似，都是一种对产品可靠性进行调查、分析和评价的手段，其目的都是发现产品的设计缺陷和薄弱环节及评价产品的可靠性。

10.2.1 焊点可靠性仿真分析步骤

利用有限元模拟方法对封装进行寿命预测，主要包含三个步骤。

（1）试验获得材料热物理性能参数及力学性能参数，包括应力应变关系方程。

（2）采用 ANSYS 或 MARC 有限元软件模拟求解特定结构和载荷（如热循环载荷）条件下的主控力学参量（应力、应变、累积的蠕变累积的应变能密度等），其中步骤（1）的结果可作为材料特性导入有限元模拟计算中。

（3）选择寿命预测模型，代入主控力学参量进行寿命预测分析。

10.2.2 焊点疲劳寿命模型

国内外许多学者针对焊点疲劳寿命预测进行了大量研究，提出了多种寿命预测故障物理模型，简称寿命预测模型。根据破坏信息的不同可将寿命预测模型分为 5 类：以应力为基础、以塑性变形为基础、以蠕变变形为基础、以能量为基础、以断裂参量为基础的模型。其中，以塑性变形为基础的寿命预测模型主要考虑与时间无关的塑性效应；以蠕变变形为基础的寿命预测模型则主要考虑与时间相关的效应；以能量为基础的寿命预测模型考虑了应力与应变的迟滞能量；以断裂参量为基础的寿命预测模型的破坏理论以断裂力学为基础，计算裂纹的扩展及累积过程所造成的破坏效应。

1. 基于塑性变形的焊点疲劳寿命模型

在热循环过程中，SMT 焊点主要是由于塑性变形累积而造成低周疲劳损伤，最后导致焊点疲劳失效。基于塑性变形的焊点疲劳寿命模型应用较多的是 Coffin-Manson（简称 C-M 方程）疲劳模型、Engelmaier 疲劳模型和 Soloman 疲劳模型。这些模型提供了破坏循环数与每一循环焊点塑性剪切应变大小的经验关系。焊点的塑性剪切应变可以通过理论计算、数值模拟或试验获取。

（1）Coffin-Manson 疲劳模型。

在这一模型中，焊点失效循环数 (N_f) 通过疲劳延性系数 (ε'_f) 和疲劳延性指数 (c) 与焊点每一循环的塑性变形幅 $(\Delta\varepsilon_p)$ 建立起指数关系。

$$\frac{\Delta\varepsilon_p}{2} = \varepsilon'_f(2N_f)^c$$

应该指出的是，上式仅适用于焊点的损伤完全依赖于塑性变形的情况。为了考虑弹性变形部分的影响，可将 Basquin 方程和 C-M 方程结合起来，以总应变描述损伤：

$$\frac{\Delta\varepsilon}{2} = \frac{\sigma'_f}{E}\left(2N_f\right)^b + \varepsilon'_f\left(2N_f\right)^c$$

式中，$\Delta\varepsilon$ 为总应变幅；σ'_f 为疲劳强度系数；E 为钎料的弹性模量；b 为疲劳强度指数。

这一模型通常适用于等热条件，而且模型中并未考虑温度和时间的影响。事实上，焊点的疲劳破坏是塑性变形和蠕变变形共同作用的结果。

（2）Solomon 疲劳模型。

Solomon 认为，剪切塑性变形是导致焊点疲劳破坏的主要原因，并提出了如下的疲劳模型。

$$\Delta\gamma_p N_p{}^\alpha = \theta$$

式中，$\Delta\gamma_p$ 为塑性剪切应变幅；N_p 为破坏时的循环数；θ 为疲劳延性系数的倒数；α 为材料常数。

应用 Solomon 疲劳模型对 CBGA（Ceramic Ball Grid Array）结构 Sn-Pb 钎料焊点疲劳寿命的预测结果与试验值有较好的吻合度。

Solomon 疲劳模型没有考虑蠕变和应力松弛的影响，使得这一模型在焊点上的应用也有一定的局限性。

（3）Engelmaier 疲劳模型。

Engelmaier 疲劳模型实际上是对 Coffin-Manson 疲劳模型的修正，该模型认为破坏时的循环数由总的剪切应变和修正的疲劳延性指数 c 决定。有关系式：

$$N_f = \frac{1}{2}\left(\frac{2\varepsilon'_f}{\Delta\gamma_t}\right)^{-\frac{1}{c}}$$

对疲劳延性指数的修正是为了考虑温度和循环频率的影响，即

$$c = -0.442 - 6\times10^{-4}T_{js} + 1.74\times10^{-2}\ln(1+f)$$

式中，ε'_f 为疲劳正性系数；$\Delta\gamma_t$ 为总的塑性剪应变幅；T_{js} 为焊点平均温度；f 为循环频率。如果考虑蠕变的影响，将 $\Delta\gamma_t$ 以 ΔD 取代。ΔD 是包含蠕变损伤和塑性松弛的循环疲劳损伤参量。

Engelmaier 疲劳模型在外引线连接的 TSOP（Thin Small Outline Package）封装结构和无外引线的 TSOP 封装结构中有较好的应用。

2. 基于蠕变变形的焊点疲劳寿命模型

（1）Kencht-Fox 模型。

蠕变的机制相当复杂，影响因素非常多，至今仍无模型能完全预测其整个过程。简单地说，蠕变可以分为两个机制：幂级蠕变和颗粒边界滑移蠕变。一般认为，蠕变是晶界滑移或基体位错的结果。Kencht 和 Fox 将蠕变的基体位错滑移理论应用于焊点寿命分析，提出了 Kencht-Fox 模型，能针对幂级蠕变进行预测。

$$N_f = \frac{C}{\Delta \gamma_{mc}}$$

式中，N_f 为焊点破坏时的循环数；$\Delta \gamma_{mc}$ 为基体蠕变变形幅度；C 为与钎料微观组织结构相关的材料常数。

（2）Syed 模型。

Syed 模型综合考虑了基体的蠕变和晶界的滑移，得到如下公式。

$$N_f = \left\{ \left[0.022 D_{gbs} \right] + \left[0.063 D_{mc} \right] \right\}^{-1}$$

式中，D_{gbs} 为晶界滑移引起的累积等效蠕变变形幅度；D_{mc} 为基体蠕变引起的等效蠕变变形幅度。

Kencht-Fox 模型和 Syed 模型仅将蠕变变形与焊点的寿命相关联，而忽略了塑性变形的影响。事实上，塑性变形对焊点疲劳寿命的影响非常大，忽略此变形也使得上述两种模型在电子封装焊点疲劳寿命的分析中有明显的局限。

3. 基于能量的焊点疲劳寿命模型

以能量为基础的寿命预测模型主要利用迟滞能量来预测焊点的寿命，其大致可以分为两类：①直接预测焊点的失效循环数；②先预测其裂纹开始发生的循环数，再利用断裂力学方法预测裂纹的扩展速率，推断出裂纹扩展至区域完全破坏的时间，将两者结合起来即得到焊点破坏的循环数。

（1）AKav 模型。

在这类疲劳寿命预测模型中，最典型的是 AKav 模型，用应力应变循环历史中应变能参量表征焊点的疲劳寿命。常用有限元方法计算每一循环的应变能或应变能密度，有时也用试验方法测量。

在 AKav 模型中，破坏时的平均循环数 N_f 与总的应变能 ΔW_{total} 之间有如下关系。

$$N_f = \left(\frac{\Delta W_{total}}{W_0} \right)^{1/k}$$

式中，N_f 为平均失效循环数；ΔW_{total} 为总的应变能密度；W_0 为疲劳系数；k 为疲劳指数。

（2）Darveaux 模型。

针对 BGA 和 CSP 焊点，Darveaux 提出了 4 个相关系数的寿命预测方程，目前广泛应用于新型芯片封装焊点的寿命预测。

Darveaux 将每一循环中的平均塑性功密度的累积 ΔW_{avg} 与焊点起裂时的循环数 N_0，以及裂纹扩展速率 da/dN 相关联，给出如下关系式。

$$N_0 = C_3 \Delta W_{avg}^{C_4}$$

$$da / dN = C_5 \Delta W_{avg}^{C_6}$$

式中，C_3、C_4、C_5、C_6 均为与裂纹扩展有关的常数；a 为裂纹表征长度。

Darveaux 模型曾在预测 TSOP 封装结构焊点的疲劳寿命中得到广泛应用，并获得有关的裂纹扩展常数。

与以蠕变变形和塑性变形为基础的寿命预测模型相比，以能量为基础的寿命预测模型将迟滞能量效应考虑到了寿命预测模型中，因此其对于元件的破坏循环预测比较准确。其缺点是在使用此模型分析破坏周期时，需要分成两部分：先求出裂纹发生的周期；再利用断裂力学理论，求出裂纹扩展速率，估计裂纹扩展至破坏所需要的循环数，最后将两个循环数相加，得出破坏的总循环数。

4. 基于断裂参量的焊点疲劳寿命模型

根据断裂力学原理，焊点的断裂分为裂纹萌生阶段和裂纹扩展阶段。由于此类模型能很好地显示裂纹萌生阶段和裂纹扩展阶段，所以许多研究工作采用该模型来描述焊点的失效。具体的模型有应力强度因子模型和 J 积分模型。

（1）应力强度因子模型。在应力强度因子模型中，由于很难将裂纹归类为 I 型裂纹体、II 型裂纹体或 III 型裂纹体。为简单起见，可定义焊点裂纹体的有效应力强度因子幅 ΔK_{eff}：

$$\Delta K_{\text{eff}} = \sqrt{\Delta K_1^2 + \Delta K_2^2}$$

式中，ΔK_1 和 ΔK_2 分别为 I 型裂纹体和 II 型裂纹体应力强度因子。应用 Paris 指数关系，裂纹扩展速率和有效应力强度因子幅之间有如下关系。

$$\mathrm{d}a / \mathrm{d}N = c\left(\Delta K_{\text{eff}}\right)^m$$

式中，c 和 m 均为材料常数。

（2）J 积分模型。对于低强钎料来说，疲劳裂纹尖端存在较大的塑性区，此时每个循环的 J 积分幅值都可用来描述这种大范围屈服的情况。此时，以表征循环塑性为主的裂纹扩展速率和以表征时间相关应变为主的裂纹扩展速率可分别表示为

$$\mathrm{d}a / \mathrm{d}N = c_1\left(\Delta J\right)^{m_1}$$

$$\mathrm{d}a / \mathrm{d}t = c_2\left(C^*\right)^{m_2}$$

式中，$\Delta J = \dfrac{S_p}{B(W-a)} \cdot f(a,W)$，$S_p$ 为在裂纹闭合时的载荷－位移曲线的面积，B、W 和 a 分别为裂纹厚度、宽度和长度，$f(a,W)$ 为由 a 和 W 确定的几何函数；c_1、m_1、c_2 和 m_2 分别为材料常数。

为了考虑蠕变引起的裂纹扩展，可将上式修正为

$$C^* = \frac{pV_c}{BW}\left[\frac{n}{n+1} \times \frac{2}{1-a/W} + 0.522\right]$$

式中，p 为外载荷；V_c 为加载点的位移速率；n 为蠕变指数。

10.3 温度循环试验

在工程应用中，PCBA 的焊点可靠性主要受外场环境温度变化和上电应用带来的温度变化影响，适用于工程应用温度变化的试验应力就是温度循环试验。

10.3.1 温度循环试验简介

温度循环试验是将 PCBA 组件暴露在周期性变化的温度环境中，以模拟焊点在工程应用温度变化带来的应力。

温度循环试验的典型温度变化曲线如图 10-2 所示。一般要求温度变化的速率小于 20℃/min，以避免发生热冲击，热循环的最高温度应比 PCB 材料的 T_g 值低 25℃。

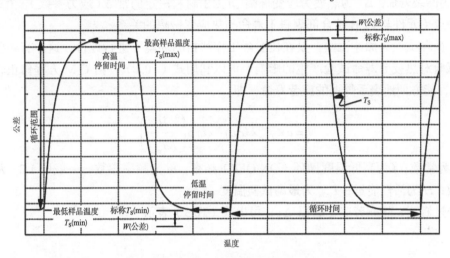

图 10-2 温度循环试验的典型温度变化曲线

温度循环可选试验应力如表 10-2 所示。循环温度在 –20℃ 以下或 110℃ 以上，或者同时包括上述两种情况时，对于锡铅合金焊点可能会发生一种以上的损伤。这些损伤机理往往会相互加速和促进，从而导致早期的失效。此外，由于多种损伤机理的混杂，在根据试验结果外推时，必须考虑多种损伤机理的影响。

表 10-2 温度循环可选试验应力（IPC-9701）

温度循环条件	温度范围
TC1	0~100℃（优选）
TC2	–25~100℃
TC3	–40~125℃
TC4	–55~125℃
TC5	–55~100℃

温度循环试验高低温下的停留时间，原则上应确保焊点应力获得完全释放，因此，一般应根据 PCBA 的热容量、焊点的热交换效率确定。一般情况下，高温 15min，低温 15min，升温 15min，降温 15min。

表 10-2 所列的试验都属于低加速试验，加速因子一般为 10~20。高加速试验，如等温的

机械循环，其加速因子一般为 100~500。加速因子越小，测试结果对现场应用的代表性越好。

10.3.2　加速系数的计算

温度循环试验主要以求得元件和 PCB 焊接结合部的温度循环寿命为目的，根据试验结果评价产品的寿命，核心就是计算加速因子 / 系数。

在探讨这个焊料结合部的热疲劳寿命时，一般都是基于 Coffin-Manson 模式进行建模。所谓 Coffin-Manson 模式，是指将导致失效的循环周数与所施加的塑性应变联系起来的一种预测模式。用数学公式表达，即

$$N \propto \left(\Delta\varepsilon\right)^{-n} \tag{10.1}$$

式中，N 为断裂寿命；$\Delta\varepsilon$ 为热疲劳应变振幅；n 为由材料决定的常数（应力参数）。由式（10.1）可知，焊点（元件与 PCB 结合部焊料）寿命与热应变振幅的关系。

温度循环试验为加速试验，是在比实际工作严格的环境下进行评价，这样有必要知道温度循环试验对热疲劳寿命试验产生的影响。可以利用式（10.1），由 C-M 方程修正转换成式（10.2），能方便地表示焊点的疲劳寿命，即

$$N = c \times f^{m} \times \left(\Delta\varepsilon\right)^{-n} \times \exp\left(\frac{H}{KT_{\max}}\right) \tag{10.2}$$

式中，c 为常数；f 为高低温度循环（ON/OFF）频率；m 为频率参数，一般取 1/3；K 为玻耳兹曼常数；H 为活性能量；$T_{\max}$ 为最高试验温度。

再经过修正，热疲劳应变振幅 $\Delta\varepsilon$，可由式（10.3）表示

$$\Delta\varepsilon = a \times \lambda \times \Delta T \times \left(\frac{V}{\pi r^2 h^{1+\beta}}\right)^{1/\beta} \tag{10.3}$$

式中，a 为线膨胀系数；λ 为离应变中心点的距离（DNP）；ΔT 为循环的温度幅度；V 为结合部焊料体积；r 为凸点（Bump）半径；h 为凸点高度；β 为剪切应变和剪切应力（近似于 $\tau = \kappa \times \varepsilon\beta$）。

由式（10.1）~ 式（10.3）可知，温度循环的加速系数 A_{F} 可由式（10.4）表示，即

$$A_{\mathrm{F}} = \frac{N_{\mathrm{f}}}{N_{\mathrm{t}}} = \left(\frac{f_{\mathrm{f}}}{f_{\mathrm{t}}}\right)^{m} \times \left(\frac{\Delta T_{\mathrm{f}}}{\Delta T_{\mathrm{t}}}\right)^{-n} \times \exp\left[\frac{H}{K}\left(\frac{1}{T_{\max\text{-}f}} - \frac{1}{T_{\max\text{-}t}}\right)\right] \tag{10.4}$$

式中，f_{f}、f_{t} 分别为在各种场地和各种试验条件下的循环频率（如 24 次 / 天）；ΔT_{f}、ΔT_{t} 分别为在各种场地和各种试验条件下的平均温差（温变幅度）；$T_{\max\text{-}f}$、$T_{\max\text{-}t}$ 分别为在各种场地和各种试验条件下的最高温度（开尔文温度）；H 为焊料的活化能量（0.123eV）；K 为玻耳兹曼常数（8.617×10^{-5}eV/K）；m 为 1/3；n 为 1.9。

对于锡铅共晶焊点，使用这个公式计算加速系数，把这些常数代进去，表 10-3 是不同温

度循环试验条件和外场应用不同温度条件下对应的加速因子。

$$A_F = \frac{N_f}{N_t} = \left(\frac{f_f}{f_t}\right)^{\frac{1}{3}} \times \left(\frac{\Delta T_f}{\Delta T_t}\right)^{-1.9} \times \exp\left[\frac{0.123}{8.617 \times 10^{-5}}\left(\frac{1}{T_{\max-f}} - \frac{1}{T_{\max-t}}\right)\right] \quad (10.5)$$

表 10-3　不同温度循环试验条件和外场应用不同温度下对应的加速因子

试验温变范围	试验温变频率	试验最高温度	待测对象温变范围	待测对象温变频率	待测对象工作最高温度	加速因子
ΔT_t	f_t	$T_{\max-t}$	ΔT_f	f_f	$T_{\max-f}$	A_F
−40~125℃	16/天	125℃	35℃	1/天	85℃	11.24
−40~125℃	16/天	125℃	25℃	1/天	85℃	21.30
−40~125℃	16/天	125℃	20℃	1/天	85℃	32.55
−40~125℃	16/天	125℃	15℃	1/天	85℃	56.22
0~100℃	16/天	100℃	35℃	1/天	85℃	3.42
从上面的加速因子计算结果对比来看，产品的实际温变范围对加速因子计算结果有重要影响。						

对于无铅焊料，大多数观点认为，Coffin-Manson 模型不适用于无铅焊料的长程有序和各向异性的 IMC 结构。

1. 有铅焊点

EIAJ ET-7407 给出的有铅 BGA 焊点可靠性寿命预估加速系数，如表 10-4 所示。

表 10-4　Sn63Pb37 焊点寿命评估方法

条件	$T_{\min}$/℃	$T_{\max}$/℃	ΔT/℃	循环次数/天	无失效循环次数		加速系数
					相当市场 5 年	相当市场 10 年	
市场	25	70	45	1	1825	3650	—
A	−40	125	165		365	730	10.0
B	−25	125	150	72	435	869	4.2
C	−30	80	110		1217	2433	1.5

2. 无铅焊点

EIAJ ET-7407 给出的无铅 BGA 焊点可靠性寿命预估加速系数，如表 10-5 所示。

表 10-5　SAC305 焊点寿命评估方法

条件	$T_{\min}$/℃	$T_{\max}$/℃	ΔT/℃	循环次数/天	无失效循环次数		加速系数
					相当市场 5 年	相当市场 10 年	
市场	25	70	45	1	1825	3650	—
A	−40	125	165		119	239	14.3
B	−25	125	150	40	135	270	13.5
C	−30	80	110		493	986	3.7

10.3.3 焊点可靠性评估试验方案

在实际工作中，依据目的的不同，焊点可靠性评估试验可划分为焊点寿命摸底试验、焊点寿命量化试验和焊点寿命鉴定性试验。

1. 基于板级焊点寿命摸底试验

寿命摸底试验适用原则是：少样本量、单板价值高，且希望快速识别风险，常用在产品研发阶段。

（1）试验样品来源。加速温度循环试验持续时间相对较长，评估单板长期应用焊点寿命风险，试验后的样品不可用于正常发货。试验样品要求通过所有测试，功能正常。

（2）样品数量说明。考虑功能单板成本高、试验持续时间相对较长，总投入较大，整机样品建议 3~8 块，对于特别贵重的单板样品，建议最少 3 块。

（3）试验应力条件。参考 IPC-9701 标准，常用应力条件为 TC1 和 TC3，TC1 更接近于真实应用场景，但试验持续时间长，TC3 应力条件相对严酷，试验持续时间相对较短，研究性质试验多采用 TC1，一般性摸底试验或鉴定性试验多采用 TC3，对于功能单板组件的风险摸底试验，建议统一采用 TC3 应力条件。

（4）取样测试说明。由于功能单板在线测试复杂，且不同的器件有不同的升温，无法保证所有器件焊点都在统一温度变化区间，因此多采用非实时监控，需要隔时取样测试。对于预期有较大风险的单板（如板厚超 2.4mm，带有大尺寸陶瓷基板器件/裸带芯片等），建议100 次温度循环取样测试一次，对于预期风险不大的样品，建议 250 次温度循环取样测试一次，具体取样频率可依据单板风险高低，进行适当调整，原则上单次取样温度循环间隔，在100~250 次温度循环区间。

考虑在取样测试过程中，如果操作不注意，可能会引入新的故障，对于尺寸大、结构复杂的单板样品，也不建议过多频次取样进行测试。

（5）试验终止条件。最少完成 500 次温度循环，如果单板损伤无法修复，则终止试验。如果有条件，建议延长温度循环次数到 1000 次。

（6）试验方案（表 10-6）。

表 10-6 焊点寿命摸底试验方案

试验项目	样品数量	温变范围	温变速率	高低温保持时间	24h 温度循环次数	监控测试要求	焊点失效判据	试验终止条件
风险摸底 TC3 试验要求	3~8 块功能单板（或整机）组件	高温 =+125℃（公差 +10℃/−0℃，推荐 +5℃/−0℃）低温 −40℃（公差 +0℃/−10℃，推荐 +0℃/−5℃）	温变速率不超过 20℃/min	30min（IPC-9701 标准规定，样品保持 10min）	16 次/天	完成 100~250 次温度循环，区间取样测试一次	因焊点开路或焊点阻值过大导致单板功能故障	累计最少完成 500 次温度循环，建议持续到 1000 次温度循环

对于焊点热疲劳摸底试验，试验样品如果因焊点热疲劳失效，未通过对应判据，需提出来对风险进行分析，并决策是否要进行改进。

2. 基于板级焊点寿命量化试验

寿命量化试验适用原则：针对新的装联材料或新的装联工艺研究，需准确地评估焊点寿命，量化试验需要较多样本量和较长试验时间。考虑到单板组件成本，可设计专用测试板进行试验。

（1）试验样品来源。试验样品可以是功能单板组件，也可以是专用测试板。

（2）取样数量说明。参考 IPC-9701 标准，单个器件样品建议为 33 颗（其中 1 颗为破坏性分析焊点质量）；从 Weibull 参数分布分析结果准确性考虑，建议最少选取 12 块单板组件。样本量越多，样品出现失效的概率越高，Weibull 参数分布分析成功的概率与可信度也就越高；对于价值较低且体积较小的单板，建议 25 个样本。

（3）试验应力条件。为获得较精确的风险评估结果，建议优先选用 IPC-9701 标准中的 TC1 条件。

（4）取样测试说明。功能单板试验过程采用非实时监控，需要隔时取样测试，建议 50 次温度循环取样测试一次。最优方案是设计专用测试板，并对样品进行实时监控。

（5）试验终止条件。考虑 Weibull 参数分布分析的有效性，最少需要 4 个失效样品，且在 4 个不同试验时间点，焊点热疲劳失效采用定数截尾试验，试验持续时间可能较长。

（6）试验方案（表 10-7）。

表 10-7　焊点寿命量化试验方案列表

试验项目	样品数量	温变范围	温变速率	高低温保持时间	24h 温度循环次数	监控测试要求	焊点失效判据	试验终止条件
寿命评估 TC3 试验要求	最少 12 个（条件相同的单组样品）	高温 =+125℃（公差 +10℃/–0℃，推荐 +5℃/–0℃）低温 =–40℃（公差 +0℃/–10℃，推荐 +0℃/–5℃）	温变速率不超过 20℃/min	30min（IPC-9701 标准规定样品保持 10min）	16 次 / 天	建议完成 50 次温度循环取样测试一次，最优方案为实时监控	因焊点开路或焊点阻值过大导致器件功能故障	最少有 4 个样品在 4 个不同试验时间点因焊点热疲劳失效
风险评估 TC1 试验要求	最少 12 个（条件相同的单组样品）	高温 =+100℃（公差 +10℃/–0℃，推荐 +5℃/–0℃）低温 =0℃（公差 +0℃/–10℃，推荐 +0℃/–5℃）	温变速率不超过 20℃/min	15min（IPC-9701 标准规定样品保持 10min）	24 次 / 天			

（7）试验数据处理。假设完成 500 次温度循环，收集到 4 个试验失效样品，统计数据如表 10-8 所示。

表 10-8　试验失效数据

失效样品编号	样品失效对应循环区间	假设加速因子	对应产品运行时间
1	350~400	21.30	20.4~23.3 年
2	401~445	21.30	23.3~26.0 年
3	446~470	21.30	26.0~27.4 年
4	471~500	21.30	27.4~29.2 年

表 10-8 中的数据通过 Weibull 参数分布分析结果如图 10-3 所示，特征寿命循环数为 565.5 次，60% 置信度，通过 171 次温度循环累积失效率上限为 0.06%。

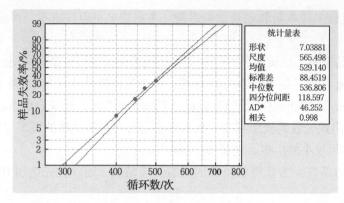

图 10-3　Weibull 参数分布

3. 基于板级焊点寿命鉴定性试验

寿命鉴定试验适用原则：依据产品对可靠性具体的要求，以多样本量、较短试验时间得到鉴定性试验结果，适用于试验判据和试验结束时间明确的场景。

（1）试验样品来源。试验样品可以是功能单板组件，也可以是专用测试板。

（2）取样数量说明。鉴定试验取样数量依据 JESD47I 标准，样本数量选取与规定时间内可接受的预期失效率相关。假设规定时间内可接受的预期失效率为 2%，建议最少 46 块单板组件或 46 个器件样本。

（3）试验应力条件。鉴定试验一般是希望短时间内得到试验结果，建议采用 TC3。

（4）取样测试说明。鉴定试验多用于预期试验结果通过概率较高的情况，如果是非实时监控测试，试验过程前期，可以适当增加取样温度循环数间隔，建议在 200 次温度循环左右开始取样测试。

（5）试验终止条件。鉴定试验采用定时截尾试验，完成预期的循环数即终止试验。

（6）试验方案（表 10-9）。

表 10-9　焊点寿命鉴定试验方案

试验项目	样品数量	温变范围	温变速率	高低温保持时间	24h 温度循环次数	监控测试要求	焊点失效判据	试验终止条件
寿命鉴定 TC3 试验要求	46 个（规定时间内可接受的预期失效率为 2%）	高温 =+125℃（公差 +10℃/−0℃，推荐 +5℃/−0℃）低温 =−40℃（公差 +0℃/−10℃，推荐 +0℃/−5℃）	温变速率不超过 20℃/min	30min（IPC-9701 标准规定样品保持 10min）	16 次 / 天	试验过程取样 1~2 次测试	因焊点开路或焊点阻值过大导致器件功能故障	完成预设温度循环次数时即终止试验

（7）试验数据处理。假设产品要求 10 年累积失效率小于 2%，采用单比率检验，要求最少 46 个样本量，完成预定循环数，且有 0 个样品失效，单比率检验和置信区间如表 10-10 所示。

表 10-10　单比率检验和置信区间

样本	X	N	样本 P	60% 置信失效上限
1	0	46	0.000000	0.019722

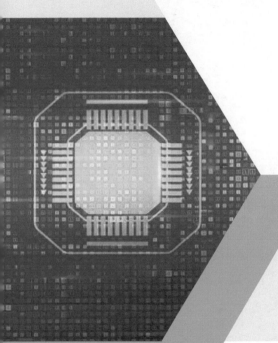

第三部分

环境腐蚀与三防处理

第 11 章

环境因素引起的失效

环境因素引起的失效，大概位列 PCBA 失效模式的前 3 位。在今天免清洗的时代，环境因素特别是高温、高湿、高硫、高盐等环境所导致的失效，仍然占有相当大的比例。我们常见的枝晶生长、导电阳极丝（Conductive Anodic Filament，CAF）、硫化、爬行腐蚀，事实上是很多产品较普遍的失效形式，所以有必要介绍这些失效模式，以便在电子产品失效分析时想到这些失效类型。

11.1 环境引起的失效

电子产品的腐蚀按照形成机理，可以归为两类。

（1）电化学腐蚀：包括枝晶生长（如银迁移）、导电阳极丝（CAF）、爬行腐蚀、助焊剂残留物。

（2）化学腐蚀：包括硫化、爬行腐蚀、清洗液 / 助焊剂直接引起的腐蚀。

爬行腐蚀属于复合型腐蚀，既有电化学腐蚀也有化学腐蚀。化学腐蚀与电化学腐蚀的比较如表 11-1 所示。

表 11-1　化学腐蚀与电化学腐蚀的比较

项目	化学腐蚀	电化学腐蚀
条件	金属与接触的物质反应	不纯金属与电解质溶液接触
现象	不产生电流	有微弱的电流产生
反应	金属被氧化	较活泼的金属被氧化
影响因素	随温度升高而加快	与原电池的组成有关
腐蚀速度	相同条件下较电化学腐蚀慢	较快
相互关系	化学腐蚀和电化学腐蚀同时发生，但电化学腐蚀更普遍	

11.1.1 电化学腐蚀

电化学是研究电能与化学能相互转换的科学。电化学反应主要有两类，即电解反应与原电池反应。相应地，电子产品的电化学腐蚀现象也可以分为两类，即电解腐蚀与原电池腐蚀。

1. 电解腐蚀

由电解原理引起的腐蚀，称为电解腐蚀。

电解腐蚀需要3个条件：导体、电位差与电解液（水即可）。根据电解腐蚀发生形态和状况，可以分为枝晶（Dendrite）生长和导电阳极丝两大类。

枝晶生长是根据绝缘表面导体间析出的金属和其化合物呈树枝状而命名的。而导电阳极丝是根据沿着 PCB 的绝缘基板内部的玻纤束所析出的金属或其化合物呈纤维状延伸状态而命名的。

2. 原电池腐蚀

当不纯的金属或相连的不同金属与电解质溶液接触时，会发生原电池反应。比较活泼的金属会失去电子而被氧化，这种腐蚀称为原电池腐蚀，是电化学腐蚀的一类。在 PCB 的化学镀银过程中，裸露的 Cu 与首先沉积在 Cu 表面的 Ag 在电镀液中构成原电池。在阻焊边缘，由于药水的交换不充分，阻焊下面的 Cu 被腐蚀掉，形成著名的"贾凡尼沟槽"。这就是典型的原电池腐蚀，在金属腐蚀领域也称为电偶腐蚀和界面电化学腐蚀。

金属活性顺序与 PCB 表面处理常见的贾凡尼效应如图 11-1 所示。

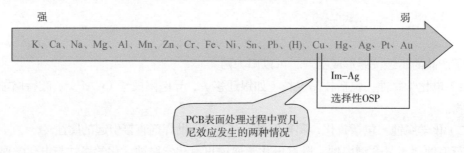

图 11-1　金属活性顺序与 PCB 表面处理常见的贾凡尼效应

11.1.2　化学腐蚀

化学腐蚀，一般指与金属直接发生化学反应而引起的腐蚀。

常见的硫化腐蚀就属于化学腐蚀。不同的腐蚀现象其形貌也不同，如 Ag 的硫化腐蚀呈莲花状，而 Cu 的腐蚀（爬行腐蚀）呈鱼鳞状，如图 11-2 所示。

 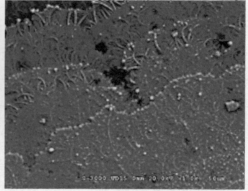

（a）片式电容硫化腐蚀现象　　　　　　（b）化银单板爬行腐蚀现象

图 11-2　化学腐蚀现象

助焊剂与金属直接反应造成的腐蚀也属于化学腐蚀，如图 11-3 所示。

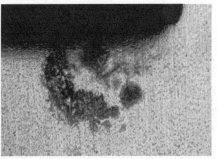

图 11-3　助焊剂引起的化学腐蚀现象

11.2　枝晶生长

枝晶生长，是指在导体、电位差与电解液存在的前提下，金属离子从阳极溶出，然后在阴极聚集还原成金属，还原的金属呈枝晶状向阳极生长的现象。在 IPC/J-STD-004B 中，这种现象被定义为电化学迁移（Electrochemical Migration，ECM），也称为离子迁移。

11.2.1　枝晶形貌

PCB 表面有许多焊点，其中一些焊点之间存在电位差，这些存在电位差的相邻焊点就构成阴极与阳极。另外，我们加工的 PCB 上通常会留有助焊剂残留物、灰尘等异物，它们具有一定的活性，当 PCB 在潮湿的环境中，板上有水分子沉积时，助焊剂残留物溶于水中，水和助焊剂残留物就成了电解液，焊点上的 Cu 在电解液中变成带正电的 Cu 离子，它们向阴极跑去，与阴极的电子形成 Cu 原子，沉积在阴极端，这样以树枝的形状从阴极向阳极生长，最后导致产品失效。这就是电子产品中的电化学迁移现象。枝晶生长是电子产品电解腐蚀最典型的一类。枝晶形貌如图 11-4 所示。

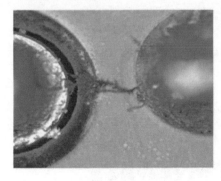

图 11-4　枝晶形貌

11.2.2　枝晶生长的 3 个要素

枝晶生长有 3 个要素或条件：离子污染物、偏压、湿度。枝晶要形成，这 3 个要素都至少以最低量呈现，并基于距离和电压而产生。图 11-5 对于理解这 3 个要素之间的关系非常有用。

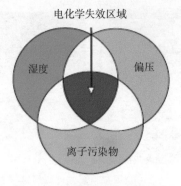

图 11-5　枝晶形成的 3 个要素

图 11-5 解释了如果要"诱发"枝晶生长测试环境应力中湿度存在的必要性。在既没有偏压也没有湿度时，失效是不会发生或显现的，而且也无法建立与清洁度的关系。

图 11-5 将离子污染物作为强制性条件是正确的，但非离子污染物对失效的机理也是同样具有影响。非离子污染物，如表面活性剂或手指上的油渍，经常具有亲水性，能将水吸引到污染物附近，也会加速枝晶生长。

11.2.3　枝晶生长的 3 个阶段

根据枝晶生长的定义，可以把枝晶生长过程分为 3 个阶段，即阳极金属溶解、离子迁移和沉积，如图 11-6 所示。

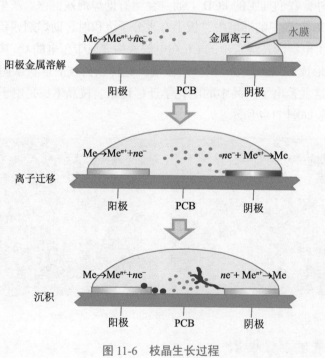

图 11-6　枝晶生长过程

1. 阳极金属溶解

阳极金属在电解液中的溶解是枝晶生长的第一步，它是 PCB 板材、板面形貌、离子污染物、离子分布和环境条件共同作用的结果。表面多孔、划痕、凹坑会导致更高的表面能，也增加了它们吸附单层水分子的亲水性。表面污染，如在板面上的阻助焊剂残留物和纤维，增加了吸潮的趋势。

离子污染物的特性往往能够影响金属溶解的速度或触发电解质的形成。氯和溴的残留物与水结合后可以形成弱酸，弱酸更容易溶解金属，从而促成金属细丝的形成。其他的离子污染物，如硝酸盐，与水结合后，会形成电解质溶液，但并不会导致金属细丝的形成。在这种情况下，有时难以确定失效的原因。

2. 离子迁移

在潮湿环境中，焊剂的残留物会吸引单层水分子，形成导电盐并覆盖相邻导体，成为导电路径。

在直流偏压作用下，金属阳离子从阳极迁移到阴极（离子传输过程），阴极获得电子后，形成中性的金属，并沉积到阴极（电镀沉积）。当越来越多的金属沉积在阴极，枝晶的"树枝"从阴极向阳极生长。

3. 沉积

这种"树枝"的生长依赖于金属离子的反复沉积。由于溶解和沉积较慢，低电压下需要更长的时间生长。高电压使得通过导体间的电流增加，这会导致发热，加快迁移速度。

在高电压下，树突现象变得更细，比在低电压下生长速率快很多，并且分支更少。这种现象被认为是高电压作用的结果，这导致金属沉积在树突的顶端而不是分支上。

11.2.4 影响枝晶生长的因素

1. 电压和导体间距对枝晶生长的影响

导体间距将影响离子的迁移和潜伏时间，而施加的电压大小直接关系到离子迁移的动力。

研究表明，当电场强度从 0.4V/mil 增加到 1.6V/mil 时，树枝状结晶物出现的概率会显著增加。

有研究表明，在低氯离子污染水平（0~0.31µg/cm² ）时，6.25mil 梳形结构间距处发现枝晶生长，在 11.5mil 梳形结构间距处少见枝晶生长，在 25mil 梳形结构间距也罕见。在 0.78~3.1µg/cm² 氯离子污染水平时，6.25mil、12.5mil 梳形结构间距都发现枝晶生长。在 7.8µg/cm² 氯离子污染水平时，6.25mil、12.5mil、25mil 梳形结构间距的枝晶生长几乎没有差异。

根据上述的结论，在低于二级离子污染度的水平下（<2.33µg/cm² ），当电场强度为 2.5V/mil 时会出现电化学迁移现象。

2. 氯化物离子对枝晶生长的影响

氯化物离子在金属溶解时起催化作用，氯离子具有最强的效果。许多失效案例都显示有氯离子污染的迹象。这些 PCB 上的污染物可能来自含氯助焊剂的使用、人员操作或维修操作。

3. 枝晶生长其他影响因素

枝晶生长其他影响因素如表 11-2 所示。

表 11-2　枝晶生长其他影响因素

影响因素	对枝晶生长的影响
电极材料	（快）Ag ≥ Cu > Pb > Sn-Pb > Sn > SAC > Sn-Bi > Sn-Zn（慢）（水滴试验评价）
温度	在常温到 90° 时依存性大
湿度	在 80%RH[①]以上发生，覆盖的水膜越厚（至少 3 个分子层厚），枝晶生长越快
附加电压	电压越高枝晶生长越快
pH 值	酸性越强，析出速度越大
离子性不纯物	如助焊剂中卤素、SO_4^{2-}、NH_4^+ 浓度越高，枝晶生长速度越快
水中溶解氧	氧溶解越多，枝晶生长速度越快
基材	吸水性越大，枝晶生长速度越快

注：① "80%RH" 表示相对湿度 80%，RH（Relative Humidity）表示相对湿度。

在同样的条件下，银的迁移率是铜的 1000 倍，不同金属物质的迁移速率比较为：银≥铜＞铅＞锡＞金。

11.2.5　枝晶生长测试

枝晶生长测试应当按照 IPC-TM-650 测试方法 2.6.14.1 进行。测试温度为 65℃ ± 2℃，相对湿度为 88.5% ± 3.5%。测试样品应当按照 IPC-TM-650 测试方法 2.6.3.3 进行，采用具体产品的再流焊接或波峰焊接曲线制备。

图 11-7 所示为某品牌两款焊膏在 2 种不同测试条件下进行的 ECM 测试结果，从图中可以看到，有些条件下会发生短路现象，这是由于枝晶生长所致。

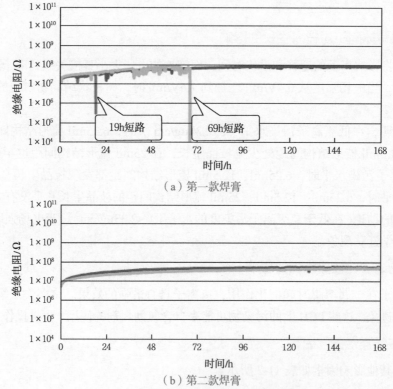

（a）第一款焊膏

（b）第二款焊膏

图 11-7　某品牌两款焊膏的 ECM 测试结果

案例 16：在高温、高湿环境下出现绝缘电阻下降

图 11-8 所示的应用场景，是一种容易发生电化学迁移的应用场景——相邻焊点之间高偏压且被助焊剂残留物贯通。这种应用场景，如果要进行高温、高湿老化试验，一般超过 30min 就可能出现绝缘电阻下降的现象。

在 85℃/85%RH 条件下，松香残留物会软化，水膜很容易渗进助焊剂残留物，并把离子型物质溶解出来，形成电解质溶液。在偏压下很容易发生水解反应或电化学迁移现象。随着时间的延长，最终将出现枝晶生长，直到短路。在此短路之前，电化学迁移表现为绝缘电阻下降现象。

图 11-8 所示插件焊点因采用"通孔再流"焊接技术，焊膏量大，使得相邻焊点间被焊剂残留物贯通。

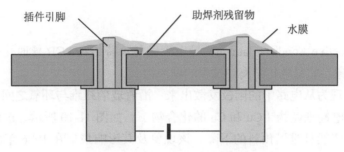

插件引脚　　助焊剂残留物　　水膜

图 11-8　SIR 下降常见应用场景

绝缘电阻下降现象常见于"湿"的助焊剂残留物和高的偏压（≥ 25V 直流电压）存在的情况，也常见于助焊剂残留物较多并覆盖相邻导体的高温高湿试验场景下。

案例 17：常见的枝晶生长现象

常见的枝晶生长现象如图 11-9 所示。

枝晶生长是一种与时间有关的电化学腐蚀现象。根据笔者的经验，这种腐蚀非常常见，即使像家用的遥控器、门铃等间歇性使用的电子产品，在我国南方潮湿地区使用 10 年后基本上都会因这种腐蚀而失效。由于这些产品的组装密度不高且间歇使用，因此腐蚀现象通常不是表现为典型的枝晶形貌，而是灰黑带绿的局域性色斑。

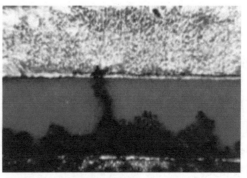

（a）Ag 迁移现象　　　　　　　　（b）Cu 迁移现象

图 11-9　常见的枝晶生长现象

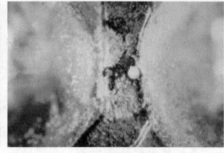

（c）Pb 迁移现象　　　　　　　　　　　　　（d）Sn 迁移现象

图 11-9　常见的枝晶生长现象（续）

11.3　CAF

CAF（Conductive Anodic Filament，导电阳极丝）特指在 PCB 导通孔间沿玻璃纤维发生的电化学迁移现象，它是电化学腐蚀过程的副产物。

CAF 通常表现为从电路中的阳极发散出来，沿着玻璃纤维与环氧之间的界面朝着阴极方向迁移，形成导电性细丝物（Cu 和 Cu 的化合物），如图 11-10 所示。这种现象会导致导体间绝缘电阻发生突然且难以预料的下降。该现象及其影响最早在 1976 年由 Bell 实验室的科学家发现并确认。

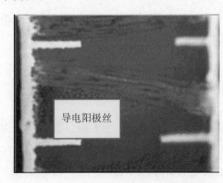
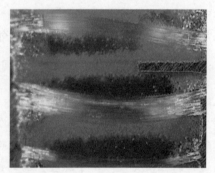

导电阳极丝

图 11-10　CAF 现象

导电阳极丝通常发生在通孔与通孔之间、通孔与内外层导线之间、外层与内层之间、导线与导线之间，从而造成两个相邻的导体之间绝缘性能下降，甚至造成短路。CAF 的失效模式如图 11-11 所示。

导电阳极丝的形成首先是玻璃纤维 / 环氧的物理性破坏，然后吸潮导致了玻璃纤维 / 环氧分离界面出现水介质，这为电化学提供了通道，促进了腐蚀产物的运输。腐蚀产物在电场作用下从阳极向阴极定向移动，最终形成从阳极到阴极的导电丝（因为通道极小，无法迁移到阴极，所以只能从阳极堆积）。导电阳极丝的形成与基材、导体结构、助焊剂和电场强度等因素相关。

CAF 的形成过程有以下两个阶段。

阶段 1：在高温、高湿的环境下，环氧树脂与玻璃纤维之间的附着力出现劣化，并促成玻璃纤维表面硅烷偶联剂的化学水解，从而在环氧树脂与玻璃纤维的界面上形成了泄露的通路。

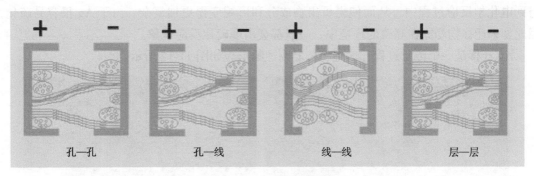

孔—孔　　　　　孔—线　　　　　线—线　　　　　层—层

图 11-11　CAF 的失效模式

阶段 2：铜腐蚀并形成铜盐的沉积物，在偏压的驱动下，形成了 CAF 生长，其化学反应式如下。

（1）
$$Cu \longrightarrow Cu^{2+}+2e^-（Cu 从阳极发生溶解）$$
$$H_2O \longrightarrow H^++OH^-$$
$$2H^++2e^- \longrightarrow H_2$$

（2）
$$Cu^{2+}+2OH^- \longrightarrow Cu(OH)_2（Cu 从阳极向阴极方向迁移）$$

（3）
$$CuO+H_2O \longrightarrow Cu(OH)_2 \longrightarrow Cu^{2+}+2OH^-（Cu 在阴极沉积）$$
$$Cu^{2+}+2e^- \longrightarrow Cu$$

11.4　银离子迁移

银（Ag）是容易发生离子迁移的元素，但是 Ag 在键合线材中的工业价值巨大。由于 Ag 容易发生离子迁移，因此相当多的有关离子迁移的研究都是围绕着 Ag 展开的，从而使 Ag 迁移现象的本质得以掌握，这一现象可以分步表示。

（1）在电场和水汽的作用下，阳极 Ag 电离为 Ag 离子。其化学反应式为
$$Ag-e^- \longrightarrow Ag^+$$

（2）电离出来的 Ag^+ 离子可以和水汽电离的 OH^- 结合在阳离子附近生成 AgOH 胶体。其化学反应式为
$$Ag^++OH^- \longrightarrow AgOH$$

（3）AgOH 分解形成弥散的 Ag_2O。其化学反应式为
$$2AgOH \longrightarrow Ag_2O+H_2O$$

（4）Ag_2O 和水汽反应，释放出 Ag^+。其化学反应式为
$$Ag_2O+H_2O \longrightarrow 2Ag^++2OH^-$$

（5）负极库伦力作用下离子移动并金属化。其化学反应式为
$$Ag^++e^- \longrightarrow Ag（树枝状生长）$$

AgOH 和 Ag_2O 在标准环境状态下不稳定，在负极移动的过程中可能不断发生步骤（2）、（3）、（4）的反应，其他金属的离子迁移过程也几乎相同。随着反应的不断进行，阳极的

银不断溶解电离，并在电场作用下向阴极迁移，迁移过程中又不断有 Ag、Ag_2O 析出，形成枝晶。大气中的 H_2S、SO_2、CO_2，以及环境中存在其他污染物（如助焊剂残留物），很容易参与到电化学反应过程中，从而使得析出物成分和形貌变得更加复杂。由于 Ag 很容易硫化，因此如果迁移物暴露在高硫的环境中，一般都会出现硫化反应现象。

Ag 迁移是一个传质过程，典型的枝晶腐蚀物形貌如图 11-12 所示。

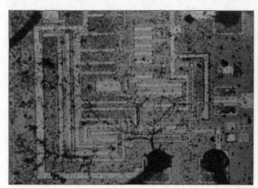

图 11-12　典型的枝晶腐蚀物形貌

在步骤（2）中，虽然水的电解需要一定的电压，但在电解电压以下，离子迁移也会发生。图 11-13 的横轴为电场强度，纵轴为离子迁移引发短路需要经过的时间。pH 值的变化对离子迁移有一定的影响，当施加电压超过 0.8V 时，短路时直线的倾斜率发生改变：0.8V 电压以下离子迁移同样发生，但这一范围不受 pH 值的影响。低电压侧离子迁移不受 pH 值影响的原因可能是 Ag 离子的生成也不受 pH 值的影响。

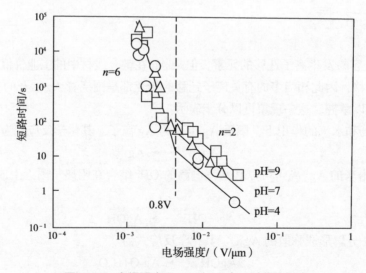

图 11-13　电场强度和 pH 对 Ag 离子迁移的影响

无铅焊料较 Ag 和 Sn-Pb 焊料更不容易发生离子迁移。图 11-14 是各种无铅焊料通过简易试验方法评价获得的结构示意图。按易发生离子迁移的顺序，有 Cu > Sn-Pb > Sn95.75Ag3.5Cu0.75 > Sn42Bi58 > Sn91Zn9。除 Pb 和 Zn 元素之外，大多数条件下 Sn 均为溶出元素。虽然 Ag 单独存在时容易发生离子迁移，但 Sn-Ag-Cu 焊料中 Ag 以 Ag_3Sn 的形态存在而被束缚住，固溶的 Ag 几乎没有，因此离子迁移也被抑制。

与离子迁移有关的因素很多，除去温度、湿度的影响，电化学活性、pH 值、施加电压、合金元素、助焊剂残留物、基板离子溶出元素、杂质等都能够对离子迁移产生影响。助焊剂和基板中对焊点有不利影响的元素有 Cl、Br、S 和 Sb，这些元素仅极微量存在都有可能导致故障。无卤素阻燃材料中的红磷元素的存在，会导致在高湿环境下发生 Ag 离子迁移。

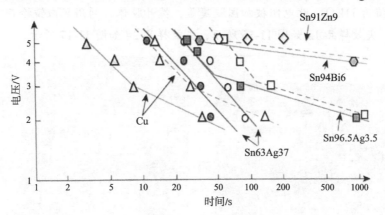

（JIS 型梳状图形电极，实线为初期值，虚线为短路）

图 11-14　水滴试验（WDT）的离子迁移评价

11.5　Ag 的硫化腐蚀

S 和 Ag 在接触时极易发生反应。当环境中不存在其他活性硫化物时，只要硫元素在空气中的浓度达到 $50\mu g/m^3$ 时，就会引起银硫化腐蚀，如图 11-15 所示。

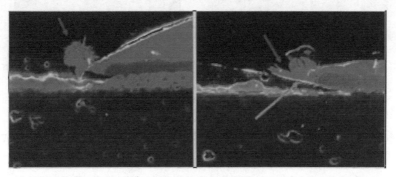

图 11-15　片式电阻硫化腐蚀

潮湿的环境，特别是潮湿的酸性环境，可以加速硫化反应，也就是加速电阻电极的腐蚀。

$$4Ag+2H_2S+O_2 \rightleftharpoons 2Ag_2S（黑色产物）+2H_2O$$

硫化腐蚀是大家比较熟悉的一种腐蚀现象，其产生的条件与爬行腐蚀类似——空洞或间隙外露 Ag（爬行腐蚀为外露 Cu）。其本质就是缝隙容易吸附水膜，而大面积、外露的 Ag 表面较难生成 Ag_2S 结晶，因为难以形成长时间的水膜覆盖。

因此，元器件或 PCB 的硫化腐蚀主要是由元件或 PCB 本身的质量引起的。另外，环境与湿度也是一个重要的因素。

片阻电阻值变大也是电阻硫化的表现。不管是普通安装的片式电阻还是灌封式电阻，只要电阻值变大，基本可以判定为电阻硫化腐蚀。

案例 18：片式电阻上硅胶覆盖导致硫化腐蚀

某电源模块，使用 3 年后出现故障，确认位号 R69 片式电阻值增大，R69 正常值应为 10.2kΩ，失效值为 11kΩ。此电阻被加固胶覆盖，拔开胶体，利用显微镜检查，从外观看没有明显的异常。失效样品 1# 如图 11-16 所示，失效样品 2# 如图 11-17 所示。

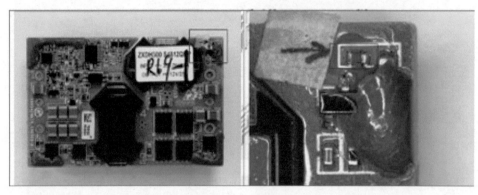

图 11-16　失效样品 1#

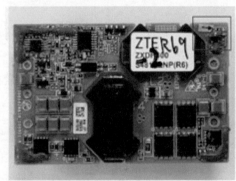

图 11-17　失效样品 2#

分析过程如下。

（1）外部检查。通过显微镜对外观进行检查，未发现样品外观有异常，如图 11-18 和图 11-19 所示。

图 11-18　失效样品 1# 外观分析　　　　图 11-19　失效样品 2# 外观分析

（2）X 射线检查。通过 X 射线对焊接端进行检查，发现样品 2# 焊接端镀层有表面电极不连续现象，如图 11-20 所示。正常样品 X 射线图如图 11-21 所示。

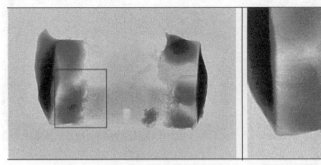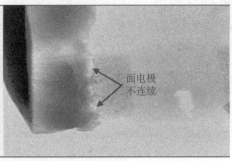

（a）样品 2#R69 的 X 射线形貌　　　　　（b）图（a）方框区域 X 射线形貌

（c）图（b）切片图

图 11-20　样品 2# 焊端 X 射线图

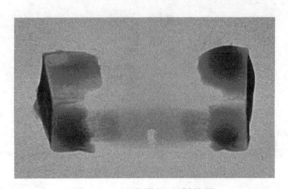

图 11-21　正常样品 X 射线图

（3）SEM 检查与 EDS 分析。为了检查电阻表面是否存在异常，对表面进行 SEM 观察和 EDS 分析。结果发现，失效样品端电极与包封层交接处存在硫和银的化合物，根据其形貌判断应该为硫化银（Ag_2S）。样品的典型 SEM 和 EDS 分析结果如图 11-22 和图 11-23 所示。

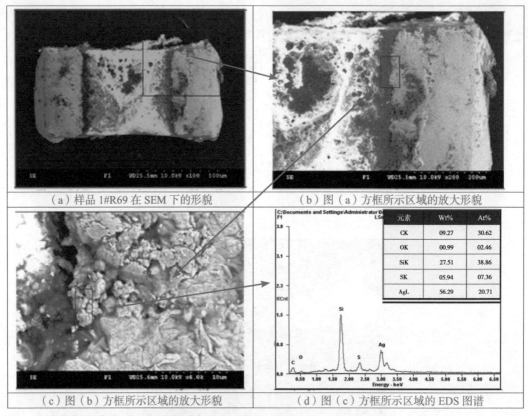

（a）样品 1#R69 在 SEM 下的形貌　　　　（b）图（a）方框所示区域的放大形貌

（c）图（b）方框所示区域的放大形貌　　　　（d）图（c）方框所示区域的 EDS 图谱

元素	Wt%	At%
CK	09.27	30.62
OK	00.99	02.46
SiK	27.51	38.86
SK	05.94	07.36
AgL	56.29	20.71

注：wt% 表示质量百分比；At% 表示原子百分比。

图 11-22　样品 1# 的 SEM 和 EDS 分析结果

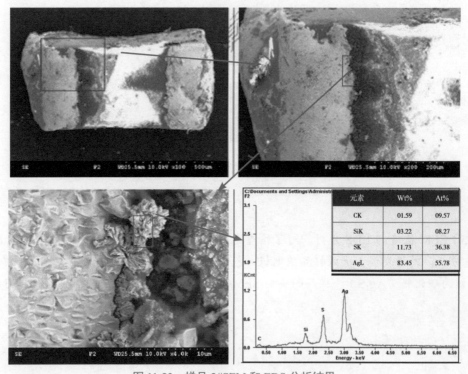

元素	Wt%	At%
CK	01.59	09.57
SiK	03.22	08.27
SK	11.73	36.38
AgL	83.45	55.78

图 11-23　样品 2#SEM 和 EDS 分析结果

（4）切片分析。为了检查内部是否存在异常，对样品固封并做切片分析，如图 11-24 所示。

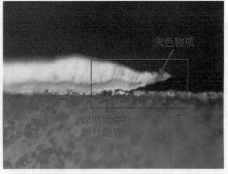

（a）样品 1# 切片图

（b）样品 2# 切片图

图 11-24　失效样品切片分析

　　此分析流程可以作为片式电阻硫化分析的参考。通常情况下，电阻阻值增大很可能是硫化腐蚀造成的。由于腐蚀程度不同，有些往往从外观难以看出，必须借助切片和电子显微镜（≥4000 倍）才能观察到硫化产物。如果不采用 SEM 和 EDS 进行分析往往看不到。

　　这个案例具有典型意义。凡是具有吸附效应的灌封胶（硅胶有附硫效应，会吸附硫化气体，加速硫化，外加机械应力会进一步加速硫化速度）或固定胶覆盖的片式电阻应用场景，都可能存在发生片式电阻硫化的风险，这是一种典型的失效模式。产品使用一段时间后（如2~3 年）就可能出现硫化问题。这种失效往往不易被识别，人们普遍认为覆盖了胶会有更好的保护作用。但是，必须认识到，如果采用的胶在固化后具有微孔特性或还有游离的硫，电阻硫化的风险就比较大。

11.6　爬行腐蚀

11.6.1　爬行腐蚀的概念

　　爬行腐蚀是指腐蚀产物（主要为 Cu_2S，还有少量的 Ag_2S）在不需要电场的环境下，从印制电路板裸露铜表面开始腐蚀并不断向四周扩展的腐蚀现象，如图 11-25 所示。其主要诱因是日常生活环境中的硫化物等外来因子。

由于腐蚀产物会在阻焊层表面爬行，导致相邻焊盘和线路间出现短路。一旦出现爬行腐蚀现象，将导致电子产品提前失效，影响产品的寿命与可靠度。

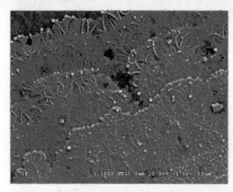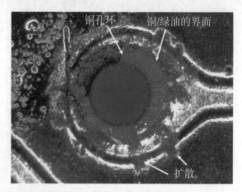

图 11-25　爬行腐蚀现象

11.6.2　发生场景

爬行腐蚀产生于 PCB 或元件微孔、缝隙外露铜上，常发生的地方为 Im-Ag 阻焊下贾凡尼沟槽及塑封器件的引脚根部，如图 11-26 所示。

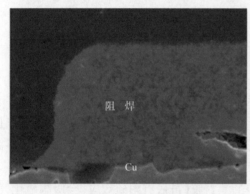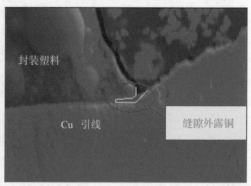

（a）Im-Ag 板贾凡尼沟槽外露铜现象　　　　　（b）QFP 引线根部露铜现象

图 11-26　爬行腐蚀常发生的地方

11.6.3　爬行腐蚀机理

马里兰大学的 Ping Zhao 等人认为，爬行腐蚀过程中首先发生的是电化学反应，同时伴随着微小的体积膨胀以及腐蚀产物的溶解、扩散和沉淀，如图 11-27 所示。先是铜基材被氧化失去一个电子（可能伴有贵金属如 Au 等的电偶加速作用），生成一价铜离子并溶解在水中。由于腐蚀点附近离子浓度高，在浓度梯度的驱动下，一价铜离子会自发地向周围低浓度区域扩散。当环境中相对湿度降低、水膜变薄或消失时，部分一价铜离子会与水溶液中的硫离子等结合，生成相应的盐化合物并沉积在材料表面。

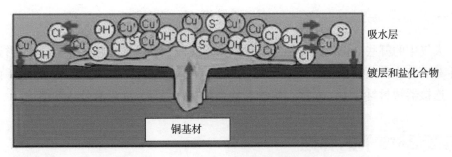

右侧标注：
吸水层
镀层和盐化合物

图中标注：铜基材

图 11-27　爬行腐蚀机理

爬行腐蚀的产物以硫化亚铜（Cu_2S）为主，还有少量的硫化银（Ag_2S），这是一种 P 型半导体，不会立即造成短路；但随着其厚度的增加，其电阻会减小。此外，该腐蚀产物的电阻随温度的变化急剧变化，可从 $10M\Omega$ 下降到 1Ω。

11.6.4　爬行腐蚀与枝晶、CAF 的对比

与电化学迁移（包括枝晶、CAF）类似，爬行腐蚀也是一个传质的过程，但它们发生的场景、生成的产物以及导致的失效模式并不完全相同。具体对比如表 11-3 所示。

表 11-3　爬行腐蚀与枝晶、CAF 的对比

项目	爬行腐蚀	枝晶	CAF
基材种类	铜	铜、银、锡铅等	铜
腐蚀产物	硫化亚铜	金属单质	铜的氧化物或氢氧化物
迁移方向	无	阴极向阳极	阳极向阴极（因通道受阻）
造成的失效模式	多为短路，也有开路	短路	微短（一般短路电阻较大）
是否需要一定温度	是	是	是
是否必须电压驱动	否	是	是

爬行腐蚀属于硫化腐蚀的一种，之所以将其单独命名，是因为它具有显著的特性——腐蚀产物向四周扩散。与电阻、排阻、电容的硫化现象和失效现象不一样，这些硫化物为 Ag_2S，腐蚀产物呈莲花状黑色结晶物，既不溶于水也不导电。

11.6.5　硫化亚铜的危害

硫化亚铜（Cu_2S）具有半导体性质，虽然不会立即引发短路，但随着硫化物浓度的增加，其电阻会逐渐减小，并造成短路失效。

此外，该腐蚀产物的电阻值随着温度的变化而急剧变化，可以从 $10M\Omega$ 下降到 $1M\Omega$。

11.6.6　防护措施

（1）采用三防涂敷无疑是防止 PCBA 腐蚀的最有效措施。

（2）设计和工艺上要减小 PCB 和元器件露铜的概率。

（3）组装过程中要尽力减少热冲击及污染离子残留物。

（4）整机设计要加强温度和湿度的控制。

（5）机房选址应避开明显的硫污染源。

11.6.7　关于爬行腐蚀的研究

目前，大气中的哪些硫化气氛（如二氧化硫、单质硫、有机硫化物等）会导致爬行腐蚀，腐蚀的发生是否存在湿度门槛值，产物爬行的机理和驱动力是什么，物质表面特性（如不同表面处理、连接器塑封材料等）对爬行腐蚀有什么影响，等等，尚未有公认的结论。

11.7　实际环境下的腐蚀

实际环境下的腐蚀往往是一种复合性的腐蚀，如潮湿灰尘腐蚀就属于这样的类别。灰尘中含有各种腐蚀性物质，再加上吸潮后的水分，其腐蚀程度往往比单纯的环境腐蚀严重得多。例如，做过"三防"涂覆的单板，如果安装在机柜的进风口，其上就会堆积灰尘，就会发生腐蚀。此类腐蚀往往有偏压的作用，也有灰尘中盐雾或酸性物质的作用。从腐蚀的机理看，起因是灰尘沉积，沉积的灰尘中含有大量的腐蚀性物质，如盐分、硫化物等，这些灰尘容易吸潮，潮湿的灰尘对三防漆膜具有破坏作用，容易使之溶胀、开裂，在相邻引脚或导体的偏压作用下就会发生电解反应。裸露的铜、锡也会发生化学腐蚀。

案例 19：充电桩单板的"湿尘"腐蚀

图 11-28 是一个充电桩单板，该单板安装在室外，使用一年多后出现腐蚀现象。腐蚀主要出现在进风口以及灰尘多的地方。

图 11-28　充电桩单板腐蚀现象

案例 20：电源单板的"湿尘"腐蚀

图 11-29 所示的单板为两种电源单板，在用户那里使用了多年。电源单板通常安装在机柜/插件箱体的进风口，以及容易沉积灰尘的地方，这些灰尘中含有大量的有害物质。

图 11-29　电源单板积尘现象

案例 21：阻焊层（绿油）内 Cu 迁移

白荣生先生在《印制电路资讯》2019 年 12 月、2020 年 1 月刊上介绍了绿漆内 Cu 迁移的案例，也就是绿油内 Cu 迁移的问题。这是笔者首次看到这样的案例，对于解释经常遇到的相邻导线间腐蚀现象很有帮助。

图 11-30 所示为某四层板面的左右两组 Vcc/Gnd 线对，是其分别发生电化学迁移的俯视图（正负间距为 112.5mil）。其中蓝色 V^- 表示接地线，红色 V^+ 表示电源线，而阳极变黑（Cu^+）变黄（金属铜粒与绿油复合色）的两个区域正是间距（Space）上绿油的呈现。

图 11-30　绿油内 Cu 迁移现象

在图 11-30 中，中间图说明左线对绿油间距的反应，是自右 V^+ 往左 V^- 进行 Cu 迁移；下图说明右线对绿油间距的反应，是自左 V^+ 往右 V^- 进行 Cu 迁移的画面，都是从阳极向阴极迁移。

绿油内为什么会发生电化学迁移呢？其机理与 CAF 基本一样。

现行感光成像的绿油为了提高强度，均加入了较多的粉粒状填料（如 $BaSO_4$）。为了确保其分散性与亲和力，各式粉料表面事先均需要进行亲水性的耦合剂（如 Silane）处理，这样使得其表面具有极性，容易吸水。然而，在长时间偏压与高湿环境下，耦合剂发生水解，形成通道，导致 Cu 迁移。

这个案例给我们一个启示：绿油有可能成为印制电路板腐蚀的一个诱因。为了避免此类现象的发生，我们必须在设计上管控好相邻导线的间隔，特别是电压差比较大的相邻导线的间隔。

第 12 章

锡须

随着无铅焊接工艺的广泛应用，锡须已经成为一种常见的互连失效模式。为了深入了解电路互连的失效模式，锡须作为一个关键因素，受到高可靠性电子产品行业高度关注。本章将介绍锡须的形态、产生机理及防控措施。

12.1 关于锡须

锡须，顾名思义，与锡镀层有关，它最有可能出现在纯锡镀层上。它的外观像胡须，不过这种胡须有各种形状与尺寸，如纤维细丝的螺旋状、结节状、柱状和小丘状，如图 12-1 所示。锡须通常都是单晶体，具有导电性。其质地非常脆，且只能形成很细的长丝。

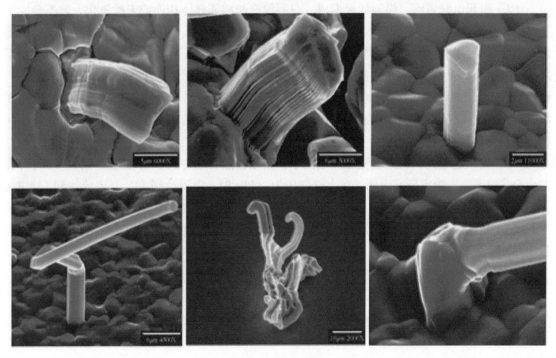

图 12-1　锡须的形态

锡须具有晶体结构，有时会长到几毫米，但是，一般不会长到 50μm（图 12-2），直径一般也只有几微米。日本焊膏厂家千住所进行了助焊剂对锡须影响的研究，从图 12-2 中可以看到锡须的生长情况。

锡须可能从各种表面上生长出来，这些表面经过镀锡处理（特别是电镀锡）。"有时"是一个微妙的词，意味着出现锡须的情况不是始终遵守一种模式，基本上属于一种难以捉摸的现象。

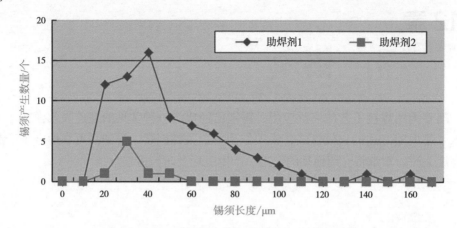

图 12-2　85℃/85%RH 条件下锡须生长试验数据

锡须会生长，但也会自行消失。如果电流强度足够大，电流可能把锡须熔化掉。使锡须熔化的电流，会随着锡须的长度与直径的变化而变化（往往需要超过 50mA）。

锡须的危害主要有以下几点。

（1）引起电路短路。锡须如果形成，只要没有与相邻导体相连或未被氧化，就不会发生短路。短路的危害取决于电压大小或应用环境（震动）。在低电压下，由于电流比较小，锡须可以在临近的不同电势表面产生稳定持久的短路；在高电压下，如果电流足够高而超过锡须的熔断电流（通常为 30mA），锡须将被电流熔断，也不会造成永久性的短路。在震动环境中，锡须会脱落或震断，不但会引起短路，还可能导致精密机械出现故障。总之，锡须的短路现象具有不确定性，总体上表现为临时性短路。2003 年丰田凯美瑞汽车车速控制的意外加速问题，就是由锡须导致的。

（2）锡须起电弧。在大电流和高电压下，锡须会蒸发成为离子化的金属气体，这时可能发生金属电弧。实验室研究表明，在大气气压为 20kPa 时，电压达到 13V 且电流达到 15A 时，会出现锡须电弧。

（3）折断的碎片。易碎的锡须在性质上具有导电性，它会从所在的平面上折断，可能导致电路功能失效。

（4）多余的天线。锡须很像微型天线，可能影响电路的阻抗并导致反射。

12.2　锡须产生的原因

在了解锡须产生的原因之前，我们先看一些调查数据。

有试验报告指出，通过控制电镀工艺（相当于控制材料中的应力），可以消除锡须。此外，还观察到，在锡晶格结构中，有机元素会促进锡须生长。由于亮锡镀层含碳量非常高（≥0.8%），很容易长锡须，而雾锡就不容易长锡须。这两种锡对应两种镀锡工艺，即酸性电镀产生雾锡，晶粒尺寸一般比较大（1~5μm），碳含量一般为 0.005%~0.05%；碱性电镀产生亮锡，晶粒尺寸一般比较小（＜1μm），碳含量一般≥0.8%。由于亮锡晶粒尺寸小，镀锡层有更大的应力以及更高的含碳量，因此容易长锡须。

在对比铜基板与镍基板时，发现镍基板倾向于阻止锡须的形成。这种现象与相互的扩散率和金属间化合物的形成有关。铜在锡中的扩散率高于镍在锡中的扩散率，因此，锡的晶格是扭曲的，并且改变了锡晶格中原子的间距，使镀层产生应力。

此外，还观察到，施加到锡镀层上的各种外力，如弯曲、拉伸、扭转、划痕、挤压、刻痕，都可能在局部产生额外的应力，在这些有应力的区域，锡须生长会加剧。

还有一个实验显示，锡须和"存放"时间有关系，这里存放时间与温度、湿度或其他环境条件没有直接的相关性。数据显示，室温条件会滋生锡须，但是，高于150℃的温度会抑制锡须的形成与生长。

此外，还有报告指出，锡须的生长速度通常从0.03mm/年到0.9mm/年，但是，在特定条件下，生长速率可能会增加到100倍甚至更高。

虽然几十年来获得的数据千差万别，难以比较；但是，总体来看，有两点很明确：一是促使锡须生长的因素与应力有关，内部应力（拉应力或压应力）对锡须的形成和生长起着重要作用；二是各种关于锡须的测试是在温度循环和电场中进行的，但是测试结果缺乏一致性，表明工艺中产生的应力性质是非常复杂的。

尽管测试结果随观察的情况而变化，但是，人们认为内部应力是锡须形成和生长的主要原因。因此，在镀锡时导致内部应力的因素以及电镀后可能在镀层中造成残余应力的条件，正是需要研究的重点。

业界公认的锡须生长机理如图12-3所示。铜基板上直接镀锡，由于锡与铜的互相扩散，在界面形成金属间化合物 Cu_6Sn_5；随着 Cu_6Sn_5 的生长，镀层中产生压应力，从而导致锡须的形成和生长。

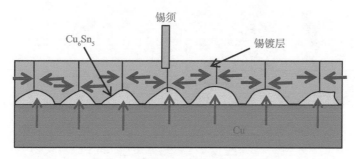

图 12-3　铜基板上锡须的生长机理

Sn基合金容易长锡须，这与其本身的性质有关。一般来说，当绝对温度达到金属熔点的一半时，元素扩散速度明显加快。Sn的绝对温度熔点为505K（232℃），因此即使是室温300K（27℃），也已超过熔点的一半。这相当于将钢铁材料（熔点1400℃）置于900℃的高温下。所以，Sn基焊料形成的焊点在室温下组织的变化很快。我们把这类室温绝对温度超过金属熔点一半的金属称为低熔点金属。虽然Sn基合金作为镀层材料和连接材料广泛应用于电子设备的制造，但也因其熔点低的特性，容易产生锡须，最终导致产品出现故障。

低熔点金属生长锡须的原因在于，低熔点金属的原子扩散即使在室温下也异常快，会在镀层内产生应力。通常认为这种应力是导致锡须产生的原因。产生应力的原因与电子产品所处的环境有关，如温度、湿度、机械应力等。因此，锡须问题从根本上说是一种"偶发、突发及无法预测"的现象。

12.3 锡须产生的 5 种基本场景

锡须的生长主要原因是内部应力。根据导致应力产生的环境条件进行分类，锡须的生长情况大致可以归为以下 5 类。

（1）室温下产生的锡须。

（2）温度循环引起的锡须。

（3）氧化、腐蚀引起的锡须。

（4）外界压力导致的锡须。

（5）电化学迁移引起的锡须。

这些条件下生成的锡须的共同点是都产生了镀层内应力，从而促进元素扩散。锡须的生长机理如图 12-4 所示。

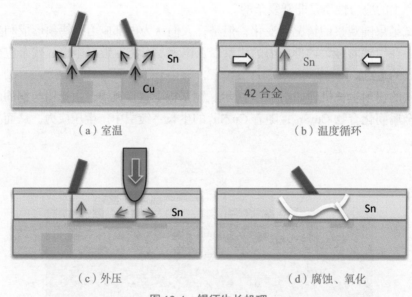

（a）室温　　　　　　　　　（b）温度循环

（c）外压　　　　　　　　　（d）腐蚀、氧化

图 12-4　锡须生长机理

12.4 室温下锡须的生长

室温下出现的锡须主要呈直线生长，但有时也会弯曲。图 12-5 所示就是在没有加速因素条件下（仅处于 25℃ 左右的室温）就能很快生长出锡须的例子。室温锡须是由于 Sn 镀层与 Cu 界面发生反应，形成 Cu_6Sn_5 化合物，发生体积膨胀，从而导致镀层内压力增大，进而长出锡须。此外，生成的锥形 Cu_6Sn_5 晶粒也促进了锡须的生长。

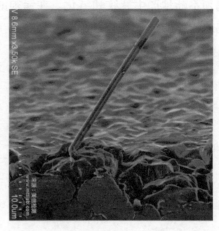

图 12-5　室温下 Cu 基表面锡镀层上的锡须

Ni 与 Sn 的反应速度远小于 Cu 与 Sn 的反应速度，因此在 Ni 基上镀锡长锡须的概率要远小于在 Cu 基上镀锡的概率。但是，在 Ni 基上镀锡形成的镀层，在高低温度循环试验条件下，也观察到长锡须的现象（图 12-6），只是锡须更短、更小，发生的概率也更小，说明有阻止锡须形成的倾向。图 12-6 所示为片式电容镍 / 锡镀层在 –55~85℃ 条件下温度循环 500 次时看到的锡须生长情况。

黄铜和 42 号合金与 Sn 很难发生反应，因此一般不会在此类材料上看到锡须。

为防止 Cu 基材上锡须的产生，可以进行热处理，使整个界面形成层状化合物，减慢 Cu 的扩散，具体做法就是在 150℃ 进行热处理或再流焊处理，这样可以有效抑制室温锡须的生长。

图 12-6　片式电容有 Ni 阻挡层的锡须生长情况

12.5　温度循环（热冲击）作用下锡须的生长

在温度循环和热冲击作用下产生的锡须，是使用与 Sn 镀层的热膨胀率相差较大的材料（如 42 号合金电极和陶瓷基板等）时常常遇到的问题。

这些材料由于膨胀率低，在锡镀层中容易引起压应力（升温过程中），进而导致锡须的生长。

温度循环条件下发生的锡须并不是呈直线生长的，其生长方向呈大弧度弯曲延伸。这一生长机理在很长时间内得不到合理解释，详细的组织分析如图 12-7 所示。从图 12-7 中可以看出，锡须不断地产生裂纹和氧化。在锡须的侧面可以看到形成了年轮状的纹路，这是温度循环下锡须的特征，如图 12-8 所示。

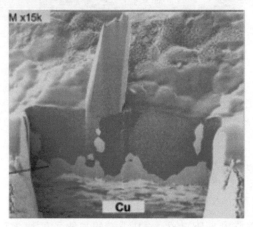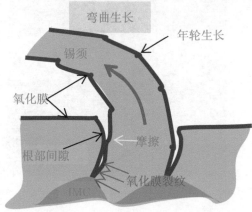

（a）锡须根部 SEM 图　　　　　　　　　（b）锡须生长机理

图 12-7　大气中温度循环锡须生长机理

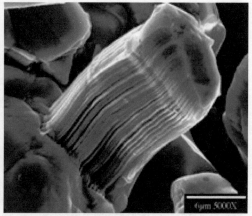

图 12-8　大气中温度循环锡须表面的"年轮"现象

12.6　氧化腐蚀引起的锡须生长

轻微的湿度变化不会对锡须的生长产生显著影响，但环境中湿度过大也会导致 Sn 的异常氧化，形成的不均匀氧化膜会在镀层中产生应力。这一氧化腐蚀导致的锡须生长有时会与室温锡须混淆，因此进行室温锡须试验时必须予以注意。

在无结露的条件下，经过各种条件的高温高湿试验后统计的锡须最大长度试验结果如图 12-9 所示。有趣的是以下几种情况。

（1）在室温条件下不出现锡须的试样，在 85℃/85%RH 的严酷条件下也未观察到锡须生长。

（2）锡须生长最明显的是在 60℃/93%RH 条件下。

（3）锡须生长在很多情况下有潜伏期，有的经过 2000h 的毫无变化期后才开始生长锡须。

（4）一定湿度条件下 Sn-Pb 合金镀层同样会产生锡须，因为 Pb 对抑制氧化没有作用。

（5）有些试样单独测试时可以观察到锡须，但焊接在基板上则无法观察到锡须，可能因为锡须被助焊剂覆盖了（有待进一步研究）。

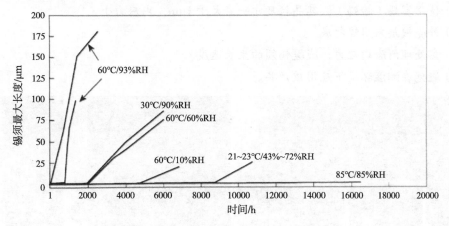

图 12-9　不同环境条件下锡须生长的时间变化

INEMI（国际电子生产商联盟）对氧化腐蚀锡须的各种条件进行了评价，其温度和湿度的影响结果如表 12-1 所示。虽然尝试建立腐蚀锡须的生长模型，但还不完善，无法预测锡须的生长最大长度。助焊剂和合金元素对氧化的影响很大，有望作为抑制氧化腐蚀的对策。

表 12-1　INEMI 评价的腐蚀锡须发生条件

温度 /℃	湿度 /%			
	10	40	60	85
30	N	—	N	C,W
45	—	—	C,W	—
60	N	N	C,W	C,W
85	—	—	—	C,W
100	—	—	C,W	—

注：N 表示腐蚀与锡须不发生；C 表示腐蚀发生；W 表示锡须生长。

另外，有资料报道，温度在 90℃ 以上时，锡须不会生长，室温比 85℃ 更容易导致锡须生长。这些说法与上述的情况不完全相符。这说明锡须问题的确比较复杂，还有很多需要研究的地方。不过，大多数的研究都认为高温高湿容易诱发锡须，且湿度的影响更大些。根据大多数研究成果以及案例，总体来说，温度 60℃、湿度 90% 可能是锡须最容易生长的条件，以下案例也说明了这一点。

案例 22：某轻触开关因锡须短路

某产品应用于全球很多地方，2 年后，独在一个地方出现了 2 例故障。经分析确认为某单板上的轻触开关失效——外壳与信号引脚之间出现了锡须，如图 12-10 所示。进一步分析，确认为外壳上长锡须，外壳为 Cu 合金，其表面直接镀有锡。

据调查，发生故障的地区，夏天湿度很大，经常达到90%，有理由认为此锡须生长属于氧化腐蚀类别。

防止措施如下。

（1）使用雾锡（暗锡），其晶粒尺寸一般大于1μm，内应力小。

（2）外壳镀层采用镍打底。

（3）热处理消除内应力，减缓锡须的生长速度。

（4）避免在潮湿环境下应用该产品。

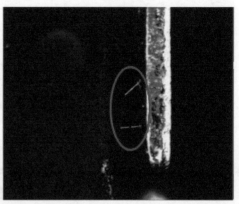

图 12-10　轻触开关上的锡须

12.7　外界压力作用下的锡须生长

锡须作为无铅化过程中的问题，突出表现在微小间距的封装互联中。带有锡（Sn）或Sn-Cu镀层端子的柔性电缆插头的连接处经常因此出现故障。

图 12-11 是带 Sn-Cu 镀层的插头侧发生的锡须生长现象。首先可以看到插头前端部分的Sn 镀层组织发生了很大的塑性变形，接触点附近出现了绳状的锡须。这种锡须的特征是：除了变形区的绳状锡须，在距离接触点一定距离的无变形表面上也大量存在。

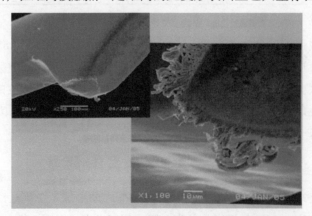

图 12-11　带 Sn-Cu 镀层的插头侧发生的锡须生长现象

图 12-12 总结了镀层种类、内应力、再流焊接处理对锡须生长的影响。

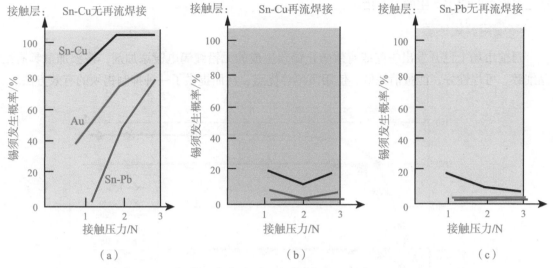

图 12-12　镀层种类、内应力、再流焊接处理对锡须生长的影响

12.8　控制锡须生长的建议

锡须的解决方案目前仍然没有定论。比较有效的方法包括：在电镀后进行退火处理使锡层晶粒变大，Cu 基镀锡层采用镍打底，优化调整电镀液配方，采用无锡电镀以减少锡须的产生。目前，最常用的抑制锡须生长的方法就是镀锡层镍打底，并在 150℃下加热 1~2h 进行退火处理，使锡晶粒维持适当尺寸，以减少锡在材料晶界内的流动。

1. 镍阻障层

无论是纯锡还是锡合金镀层，都应在电镀前先镀 1μm 以上厚度的镍作为阻挡层，以降低基底铜与锡的扩散。

2. 增加镀锡层厚度

这一建议主要针对元器件电极镀锡层，因为元器件引脚不像 PCB 焊盘，焊接时不能保证引脚表面全部被锡须生长倾向较小的非纯锡焊料所覆盖，所以自身必须具有抑制锡须生长的能力。

图 12-13 所示为德国英飞凌公司对于铜基底上镀雾锡的锡须生长研究结果。当镀锡层厚度小于 3.5μm 时，暴露在空气中 50 天后，锡须生长长度均超过 120μm；当镀锡层厚度大于 10.1μm 时，暴露在空气中 80 天后才有锡须产生，暴露在空气中 750 天后锡须生长长度均维持在 10μm 以内。因此，提高镀锡层的厚度，有助于锡层应力的释放，只要镀锡层厚度大于 10μm，就能够大大降低锡须带来的风险。这就是建议镀锡层厚度应大于 10μm 的原因。

3. 退火处理

锡须通常会在电镀之后经过数千小时的潜伏期后产生。此潜伏期的时间长短取决于镀锡层厚度、镀锡层的晶格结构以及基底金属的晶格结构。参考美国国家半导体的做法，对锡合金镀层产品进行退火处理，即在完成电镀后的 24h 之内，在 150℃下进行 1~1.5h 的热处理。

这是目前控制锡须产生的主要措施。

4. 使用雾锡镀层

目前市场上已开发出一些能有效防止锡须生成的无铅纯锡电镀添加剂，该添加剂具有结晶细致、可焊性好、能量消耗低、使用简单等优点，从而提供了一种抑制锡须的有效方法。

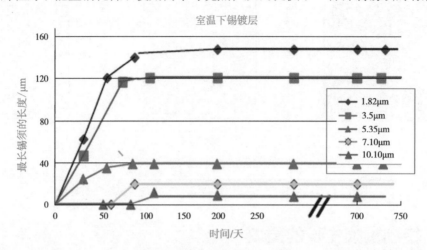

图 12-13　锡层厚度对锡须生长的影响

5. 采用无锡替代材料

在为电子元器件电极选择无铅涂层时，首先要考虑无铅焊料涂层与锡铅（Sn-Pb）及无铅焊料的兼容性。Ni-Pd-Au 焊料可以和锡铅（Sn-Pb）及业界标准的无铅焊锡合金 Sn-Ag-Cu 一起焊接，它具备向前和向后的兼容性。

其次，要考虑锡须的倾向。Ni-Pd-Au 焊料涂层由于无锡成分存在，因此不会产生锡须，这是一个彻底的解决方案。这虽然成本稍高，但在航空、航天等高可靠性要求的应用方面是值得考虑的。

6. 采用 Sn-Pb 焊料

对于那些仍然豁免使用 Pb 的产品，可以通过对封装结构的审慎评估来消除锡须风险。如果具有"自我抑制效应"，就可以通过采用 Sn-Pb 焊料进行再流焊接来消除生成锡须的风险。其原理是：Sn-Pb 焊料的良好润湿性能可以"吃掉"或混熔掉那些纯 Sn 镀层，使纯 Sn 镀层转换为含 Pb 超过 3% 的 Sn 镀层，有人把这种 SMT 再流焊接中替代纯 Sn 的现象称为"自我抑制效应"。替代的置信度取决于封装的结构，具体来讲，就是引脚或焊端的高度比较高时，Sn-Pb 焊料爬不了那么高。David Pinsky 等人的研究表明，现有各类封装中，低于 97% 含锡量的置信区间为 0.6~0.9。

7. 三防涂覆

三防涂层能够有效减缓或屏蔽锡须生长带来的风险，其有效性取决于涂层的厚度。实践表明当涂层厚度达到 2mil（≥50μm）以上时，就可以减缓锡须生长带来的问题。

第13章

清洗工艺

自"蒙利特尔议定书"实施以来，免洗助焊剂被大多数电子制造厂使用，使电路板组装的清洗几乎只在军工、航天、医疗等高可靠性电路板上采用。但是随着电子产品的小型化，I/O 数量不断增加，元器件间距变得越来越小，特别是 QFN、LGA 等 BTC 类封装器件的广泛应用，免清洗助焊剂的相对可靠性受到前所未有的挑战。在一些高可靠性要求产品的生产中，清洗工艺有可能重新回归到必备的工艺位置，或者至少在特定封装（如 QFN）、特定工艺（如选择性波峰焊接）、特定应用（精密电路）领域将重新得到应用。

本章将简要讨论清洗工艺的几个核心问题：清洗的作用，清洗剂的选择，清洗设备的选择，助焊剂的选配等。

13.1 清洗的作用

为了更好地满足客户不断提出的高质量和高可靠性的要求，必须将 PCBA 的助焊剂残留物、锡球、杂质、灰尘、油渍等有害污染物清除，以提高产品的使用寿命。

清洗的作用主要有 3 个。第一，可防止电缺陷的产生。最常见的电缺陷就是漏电，它降低了抗绝缘性能，造成这种缺陷的主要原因是印制电路板上存在离子污染物、有机材料和导电屑（如焊料球）。第二，可消除腐蚀的危害。概括来讲，腐蚀一方面会造成印制导线的腐蚀；另一方面会造成较大型元件的脆化。另外，腐蚀产物本身在水分子存在的情况下经常能够导电，它们也是产生短路的一个潜在因素。第三，可提高 PCBA 的外观清晰度。通过清洗，像分层与起泡等热损伤缺陷在清洁的表面映衬下显得十分突出，使检测易于进行，同时提高了 PCBA 的外在质量，使之清洁美观。

13.2 清洗剂的选择

清洗剂的选择主要应根据 PCBA 的封装情况以及其上污物的类型来进行。用一句通俗的话讲，就是"对症下药"，针对不同的污物类型、不同的 PCBA（如组装密度、是否安装有 BTC 类器件等），选用不同的溶剂。

13.2.1 常见污物类型

焊接完成后，PCBA 表面会留下各种物质，这些残留物来源于助焊剂、胶黏剂、设备上的润滑油和人的汗渍。它们主要有 3 类，即极性污物、非极性污物和粒状污物。

（1）极性污物。极性污物主要来自助焊剂的反应产物以及未完全反应的活化剂，如有机酸盐、有机酸、卤化物等，它们能降低导体间的绝缘电阻，甚至完全腐蚀掉电路。它们理论上最适合选用极性溶剂型清洗剂，随着新型环保清洗剂的开发，也有很多适合的水基清洗剂。

（2）非极性污物。非极性污物主要是松香残渣，此外还有来自波峰焊接时用的防氧化油、设备的润滑油以及操作者的手汗等。这类污物如不除去，会吸附尘埃并带来极性污物，在潮湿的环境中很可能导致电子迁移。这类污物需用非极性溶剂清洗。

（3）粒状污物。粒状污物，如灰尘、纤维屑和焊料球等，是 SMT 生产中必然会产生的污物。它们的清洗与清洗剂关系不大，必须用喷射或超声清洗等具有机械冲刷作用的清洗方法予以清除。它们的存在有可能因设备的振动而引起短路故障。

13.2.2 清洗剂选择的考虑因素

选择清洗剂时，首先要考虑其对污物的溶解能力、化学和热稳定性，以及与 PCBA 上材料的兼容性，其次要考虑其经济性以及对环境和人体的危害性。

（1）溶解能力。任何物质在溶剂中的溶解度都取决于溶质和溶剂二者溶解度参数的接近程度。这就要求所选的清洗剂要与助焊剂残留物种类相匹配，能够有效地清洁干净被清洗件表面的助焊剂残留物，同时不会留下污染，满足电路板清洁度要求。

同时要求清洗剂能有效渗透，低表面张力的清洗剂能够渗透到任何有助焊剂残留物的地方。LGA、QFN、片式元件等封装类型，对清洗剂的可渗透性提出了更高的要求。

（2）化学和热稳定性。稳定性对于清洗剂来说是一个不可缺少的参数。化学分解常常产生有害的（有毒的、腐蚀性的、易燃的）化学物质，因此，作为一个可用的清洗剂，必须具备化学和热稳定性，这是选择溶剂时必须考虑的一个因素。

（3）兼容性。所谓兼容性，即共存性，就是与共存的物质不发生反应的能力。作为清洗剂，必须与设备、PCB、SMD 以及印刷标记相容，不能发生任何化学反应。

（4）经济性。一般而言，用高纯水（去离子水）进行清洗的成本比用有机溶剂贵约 200%。如果市场上有多种选择，经济性也要予以考虑。

（5）对环境和人体的危害性。在电子制造中，使用清洗剂清洗 PCBA，一个主要的问题就是清洗剂的安全性，包括对环境的安全性和对人体的安全性。环境的安全性主要考虑它对臭氧层的破坏能力，人体的安全性主要考虑人体与清洗剂每天接触的最高限量值。

13.2.3 清洗剂的种类及特点

清洗剂一般分为两大类：溶剂型和水基型清洗剂。水基型清洗剂进一步被分成反应型的和非反应型的，以及分离的和非分离的。溶剂型清洗剂可以分为易燃的、可燃的和共沸化合物等类型。具体来说，可以将清洗剂分为以下 8 种基本类型。

（1）纯水——基于纯度级别而变化（通过蒸馏法、离子交换法、反渗透法获得）。

（2）水基高反应性 / 低溶解能力清洗剂——皂化的水基清洗剂。

（3）水基中等反应性 / 中等溶解能力清洗剂——由溶解能力和皂化作用共同驱动。

（4）水基低反应性 / 高溶解能力清洗剂——由高溶解能力和低级别皂化作用共同驱动。

（5）中性水基清洗剂——由溶解能力和稳定清洗槽的低级别反应性共同驱动。

（6）半水基Ⅰ型清洗剂——有机溶剂稳定在水中的比例小于 50%（长期使用过程中不会分离出来）。

（7）半水基Ⅱ型清洗剂，有机溶剂稳定在水中的比例大于等于 50%（长期使用过程中会分离出来）。

（8）有机溶剂及化合物清洗剂——大于 50% 有机溶剂含量。

传统的甲基氯仿和 CFC 的溶剂型清洗剂，曾一度控制市场，但是，因为它们对臭氧层的潜在破坏力，已被其他各种溶剂型清洗剂取代。新的环保型清洗剂的特点如表 13-1 所示。

表 13-1 新的环保型清洗剂的特点

类型	产品代号或类别	生产商	特点
溶剂型	异丙醇		（1）主要用于手工清洗 （2）对免洗助焊剂清洗能力有限，常留下白色残留物 （3）闪点低，挥发性有机化合物含量高
	IONOX13955	KYZEN	气相清洗剂，内含活化剂和阻蚀剂。可有效去除免洗及松香助焊剂残留物，包括低底部间隙部件
	氢氟化碳（HCFC）		对臭氧层仍有破坏，限用到 2030 年
水基型	中性水基清洗剂 合明 W1000	深圳合明科技有限公司	由水、表面活性剂、有机溶剂、螯合剂等配置而成，是水基清洗剂的发展方向，十分环保。清洗效果良好，与材料的兼容性较好（源自添加剂的使用）
	中性水基清洗剂 AQUANOX A4703 AQUANOX A4625 IONOX 13302（半水）	KYZEN	
	碱性水基清洗剂		可有效去除各类助焊剂，但需要增加清洗温度和时间
	MPC（微相清洗剂）	ZESTRON	新型水基清洗剂，采用剥离原理进行清除。无闪点，挥发性有机化合物含量很低，使用寿命更长，成本更低

13.3 清洗设备的选择

13.3.1 清洗方法与工艺

清洗工艺类似手工洗衣物的过程（浸泡、搓洗、漂洗和晒干），主要由清洗、漂洗和干燥等工序组成。其核心是根据清洗液、清洗物的特性来选择清洗方法。

PCBA 的清洗方法一般有浸泡清洗、超声清洗、气相清洗和喷淋清洗等几种。SMT 的清洗一般为几种方法的组合。清洗设备的操作方式有两种类型：间歇式和连续式。根据使用的清洗剂可分为水清洗机和溶剂清洗机。

1. 浸泡清洗

把要清洗的组装板浸泡在清洗剂中，使助焊剂残渣溶解脱落，达到清洗的目的。该方法设备简单，操作方便，但是清洗效果较差，需要经常更换新鲜的清洗剂。

2. 超声清洗

超声清洗的原理是利用超声波发生器产生的高频振荡信号，通过换能器转换成高频机械振荡，传播到清洗液中。超声波在清洗液中疏密相间地向前辐射，使液体流动而产生数以万计的小气泡，这些气泡在超声波纵向传播成的负压区形成、生长，而在正压区闭合，这种现象称为"空化"效应。气泡的闭合可形成超过 1000 个大气压的瞬间高压。超声清洗过程中连续不断产生的瞬间高压就像一连串小的"爆炸"，不断地轰击被清洗件表面，使被清洗 PCBA 表面及缝隙中的污物迅速剥落，从而达到清洗的目的。

超声清洗对于清除不溶性或难溶性助焊剂残渣效果显著，但是由于超声清洗过程会形成 1000 个大气压的瞬间高压，因此有可能损坏元器件，如片式电容开裂。所以，美国军用标准明确规定禁止使用超声清洗。

3. 气相清洗

气相清洗是在清洗剂沸腾的状态下将清洗物放入清洗液中浸泡，然后提至气相区，在气相区进行气洗、干燥。由于清洗液处于沸腾状态，其润湿性、渗透性、清洗性都比较好，清洗件也比较洁净，取出后可直接包装，不需要再进行干燥。其不足之处就是对于不溶性或难溶性助焊剂残渣的清洗不够彻底。

4. 喷淋清洗

喷淋清洗是通过泵将清洗液喷射到被清洗的 PCBA 上，通常压强在 3.5~7kg/cm² 范围内。此方法的特点是冲刷力强，能够把元器件底部洗干净。但是，喷淋清洗在液体冲刷板子的过程中易产生静电，有时产生的静电高达 30V。如果板子上装有耐压 30V 以下的元器件，不宜使用喷淋清洗。

13.3.2　清洗设备的选择要求

清洗设备的选择主要取决于清洗剂和 PCBA 的清洗难度。清洗剂决定了清洗设备和漂洗液的选择，PCBA 的清洗难度决定了设备的物理清洗方法及其工艺参数。

目前，对印制电路板的清洗主要以超声清洗为主，这与目前高密度组装的特点有关，如 BTC 类器件，采用喷淋清洗就很难进行有效的清洁。

超声清洗的能力超过一般的常规清洗方法，特别是当 PCBA 的表面比较复杂、有一些凹凸不平的焊点，以及封装元器件的底部有无法触及的污物等时，使用超声清洗就能达到理想的效果。

13.4　超声清洗工艺流程与参数设置

1. 超声清洗的作用机理

超声清洗的作用机理主要有以下几个方面。

（1）空化气泡破灭时产生强大的冲击波，使污垢层在冲击波作用下被剥离下来，并分散、乳化、脱落。

（2）超声清洗中清洗液超声振动对污垢形成冲击。

（3）超声能够加速化学清洗剂对污垢的溶解过程，这种化学力与物理力相结合，进一步加速了清洗过程。

2. 超声清洗的基本工艺流程

超声清洗的基本工艺流程：超声清洗—超声漂洗—烘干（水洗后的必备工位，防止锈蚀）。

3. 超声清洗工艺参数

超声清洗主要工艺参数如下。

（1）功率密度：功率密度 = 发射功率 (W) ／发射面积 (cm^2)。该值通常大于 0.3W/cm^2。超声波的功率密度越高，空化效果越强，清洗速度越快，清洗效果越好。对于精密的或表面光洁度甚高的物件，采用长时间的高功率密度清洗会对物件表面产生"空化"腐蚀。

（2）超声波频率：超声波频率越低，在液体中越容易产生空化，产生的力度越大，作用也越强，这适用于 PCBA 的初洗。频率高的超声波方向性强，适用于 PCBA 的再次清洗。

（3）清洗温度：一般来说，超声波在 30~40℃ 时空化效果最好。清洗剂温度越高，作用越显著。综合需求，实际通常采用 50~70℃ 的工作温度（以清洗效果为主）。

表 13-2 所示为某一 7 槽超声清洗机的清洗工艺参数设置（举例）。

表 13-2　7 槽超声清洗机的清洗工艺参数设置（用于 PCBA）

槽数	温度 /℃	采用工艺	时间 /min
1	50	频率 28kHz	5
2	50	频率 40kHz	5
3	50	风切水	5
4	50	空气（气泡）搅拌漂洗	5
5	50	超声波漂洗	5
6	50	超声波漂洗	5
7	50	风切水	5

13.5　助焊剂的选配

或许有人说，我们要选的是清洁掉助焊剂的清洗剂，为何反过来要重新去评估使用的助焊剂？这不是将问题复杂化了吗？其实清洗工程本来就不简单，有时少数的助焊剂难以找到能有效清洁的清洁剂。在完全满足焊接的前提下，选择能与清洁剂匹配的助焊剂不失为简单和明智的做法。选择助焊剂时，一般应考虑几个问题：焊接是否理想、清洁是否彻底、清洗效率是否够高、综合成本是否最低。

13.6　清洗要求与常见不良

13.6.1　清洗要求

清洗的评判标准只有一个——离子污染度，如表 13-3 所示。

表 13-3　清洗后离子污染度要求

等级	当量 NaCl 含量 / (μg/cm²)
1	< 1.5
2	1.5~3.0
3	> 3.0~5.0

13.6.2　常见的清洗不良现象

关于清洗不良现象，下面举几个例子加以说明。

案例 23：清洗不干净，有明显可见的松香残留物

如果清洗后还能够目检到助焊剂残留物，如图 13-1（a）、（b）、（c）所示的情况，说明清洗完全没有达标，这种情况下清洗比不清洗危害更大。

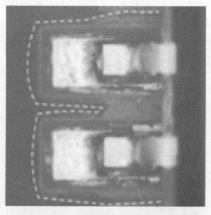

（a）无效的清洗，有大量残留物存在　　　　（b）残留物仅少量被清洗，危害最大

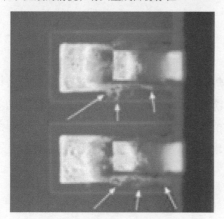

（c）残留物大部分被清洗，危害较小　　　　（d）残留物被彻底清洗，这是我们的目标

图 13-1　清洗效果不完全情况

案例 24：清洗剂与镀层不兼容或漂洗不干净，引起镀层变色腐蚀

图 13-2 所示的照片为某一单板清洗后出现的变色、腐蚀现象。目前所用的清洗剂大多为

水基型清洗剂，如碱性水基清洗剂，具有较强的腐蚀性，必须针对镀层、阻焊层进行兼容性评估。如果不兼容，就可能导致镀层被清洗剂腐蚀的现象，如果漂洗不干净则会更加严重，受潮后会导致持续的腐蚀发生。

图 13-2　清洗剂导致镀层变色、腐蚀的现象

案例 25：元器件损坏

使用超声清洗，如果时间过长，对元器件的损伤会比较大。图 13-3 所示为 1210 片式电容，在超声清洗中造成电极镀层与元件本体分离而脱落。其产生的原因有以下几个。

（1）功率密度大，使得空化强度过大，清洗液的超声振动冲击对陶瓷电容的本体与端电极间的连接产生影响。

（2）陶瓷电容本体与端电极间的连接比较脆弱，不能经受长时间的超声清洗。

图 13-3　片式电容本体脱落

13.7　关于人工清洗

人工清洗助焊剂残留物在清洁度、一致性和操作人员安全性等方面的表现都非常差。

在这种清洗工艺中，通常先把 PCBA 浸入清洗液中浸泡或把清洗剂喷洒到 PCBA 上，再用刷子把残渣刷去，最后把 PCBA 浸在水中，或者把它放在水龙头下面冲洗。

几乎所有的人工清洗都是将助焊剂残留物稀释，并散布到整块 PCBA 上。因为人工清洗往往无法使清洗剂渗透到元器件下面，所以助焊剂经常会留在元器件下面。在大部分的人工清洗中，清洗往往不够充分。

因此，应尽可能避免采用人工的方法进行 PCBA 的清洗。虽然军工行业因批量小经常使用人工清洗，但存在不意味着合理，表面的干净往往只是表象。任何的清洗，必须清楚清洗的主要目的——去除 LGA、QFN 底部的助焊剂残留物，如果这些部位的助焊剂残留物清洗不干净，必须从免洗助焊剂的选择上、PCB 的设计上入手，确保助焊剂残留物符合应用需求。

第 14 章

敷形涂覆工艺

敷形涂覆（Conformal Coating）工艺是指在 PCBA 的表面涂覆一层漆膜，由于漆膜层均匀覆盖在元器件和 PCB 的表面，因此被称为敷形涂覆。此涂覆层主要用来增强表面的绝缘性及隔离恶劣环境对 PCBA 的影响。由于敷形涂覆大多数时候用于 PCBA 的防潮、防霉、防盐雾，因此国内习惯上也把敷形涂覆称为"三防处理"，把用于这种目的的绝缘涂料称为"三防漆"。

14.1　敷形涂覆的目的

环境因素引起的 PCBA 失效，主要有以下几种类型。

（1）湿度导致的失效。

（2）电化学迁移。

（3）漏电流。

（4）高频电路中的信号失真。

（5）腐蚀。

（6）锡须。

要解决这些问题，比较有效且最广泛采用的措施就是对 PCBA 进行敷形涂覆。但是，必须了解的是，敷形涂覆的有效性取决于涂覆层的完整性。如果涂覆层分层、脱落或开裂，将导致涂覆层的三防功能失效。此外，也必须了解，敷形涂覆层也吸潮，如图 14-1 所示。三防漆膜至多是一种隔水层，防水不防潮。如果敷形涂覆层下面有间隙通道，仍然会发生电化学迁移现象。

因此，可以说，敷形涂覆的目的就是隔离环境对 PCBA 的影响。

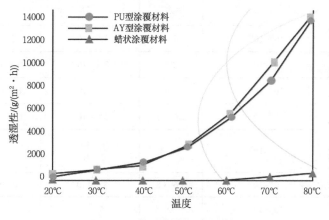

图 14-1　敷形涂覆层的透湿性

14.2 敷形涂覆材料的分类与特性

14.2.1 敷形涂覆材料的分类

根据 MIL-I-46058C、BS5917、IPC-CC-830 的要求，敷形涂覆材料分为以下几类。

（1）AR：丙烯酸酯树脂。

（2）ER：环氧（改性）树脂。

（3）SR：有机硅树脂，主要就是硅酮类（Silicone）。

（4）UR：聚氨酯。

（5）XY：聚对二甲苯（气相沉积）。

（6）FC：氟碳树脂。

（7）其他：如无溶剂丙烯酸聚氨酯光固化涂覆材料，这是目前一般产品广泛采用的一类涂覆材料，兼具良好的工艺性与防护性。

此外，也可根据涂料中的溶剂情况进行分类。一般可以分为以下几类。

（1）传统型的溶剂基涂覆材料。这类材料在市场上仍然占有很大的比例，特别是在军用产品生产中。这类产品存在环保问题，属于禁限类。

（2）水基涂覆材料。水基涂覆材料的应用也有十多年了，它的主要缺点是固化时间比较长，往往超过 15min（溶剂型涂覆材料一般只需要 10~12min 就可以完成）。另外，水基涂覆材料需要 24h 排出内部湿气，所以 PCB 的电性能测试不能在固化后马上进行，对于大批量生产而言，这是不能接受的。与溶剂型涂覆材料相比，水基涂覆材料更适合小批量生产。

（3）新型的无溶剂型涂覆材料。无溶剂涂覆材料意味着 100% 涂料涂覆在 PCB 上，工艺过程中 100% 转化为薄膜而无挥发，而且运输要求不高，储存、操作方便。

14.2.2 常用敷形涂覆材料的物理性能

常用敷形涂覆材料的物理性能如表 14-1 所示。

表 14-1 常用敷形涂覆材料的物理性能

材料	体积电阻率 ρ_v/($\Omega \cdot cm$)	介电系数 ε	损耗角正切值 $\tan\delta$	CTE/℃	耐热性/℃
丙烯酸	$10^{12} \sim 10^{14}$	3.8~6.2	3.5×10^{-2}	$(5 \sim 9) \times 10^{-5}$	120
聚氨酯	$10^{11} \sim 10^{14}$	3.8	3.4×10^{-2}	$(6 \sim 9) \times 10^{-5}$	120
环氧	$10^{12} \sim 10^{15}$	3.4	2.3×10^{-2}	$(6.5 \sim 6.5) \times 10^{-5}$	130
有机硅	$10^{13} \sim 10^{15}$	2.6~2.8	3.5×10^{-3}	$(10 \sim 20) \times 10^{-5}$	180
聚对二甲苯 N 聚对二甲苯 C	$10^{13} \sim 10^{15}$	2.6~3	8×10^{-4} 2×10^{-2}	—	130
光固化丙烯酸聚氨酯	$10^{12} \sim 10^{14}$	3.6~3.8	3.5×10^{-2}	$(6 \sim 9) \times 10^{-5}$	120
改性聚丁二烯	$10^{12} \sim 10^{14}$	2.8	5×10^{-3}	—	120

14.2.3 敷形涂覆材料的性能特性

（1）AR 型（丙烯酸树脂）：具有出色的电性能和防潮性能，非常适合在温、湿度受控环境中的 PCBA 涂覆。其工艺性极佳，易于涂覆也易于去除，可采用喷涂、浸涂和刷涂等多种工艺。涂覆后会迅速干燥（表面干燥，可以触摸），几分钟内就能达到最佳的物理性能。此外，它还具有抗真菌特性，并且储存期很长；固化过程中不会收缩或产生过多热量，因此广受欢迎。

（2）ER 型（改性环氧）：具有良好的电性能和附着力，工艺性也很好。但由于聚合时可能产生应力，因此需要对一些易碎的元器件进行特殊保护。可采用浸涂、喷涂和刷涂等工艺进行涂覆。

（3）UR 型（聚氨酯）：有单组分配方和双组分配方两种类型，两者的防潮性能都很好，且耐化学性能远超丙烯酸树脂。单组分聚氨酯树脂涂覆方便，储存期长；但不足之处是涂覆后需要很长时间才能完全固化或达到最佳固化状态。双组分聚氨酯树脂可以通过热固化方式在 1~3h 内达到最佳固化效果，但相较于单组分类型，其储存期较短。由于聚氨酯树脂属于交联聚合材料，因此具有出色的抗化学性、抗潮性和抗溶性。聚氨酯涂层坚硬且耐磨，在温度变化时其弹性模量变化很小。此外，聚氨酯树脂的黏性好、对大多数材料的附着力强、涂覆工艺稳定可靠。

（4）SR 型（有机硅树脂）：电性能优秀、损耗和介电常数值低于其他类型涂料、耐湿热性能好、适用于高频和微波电路板的涂覆；也适用于在高温环境下工作的电路板涂覆。可采用喷涂、浸涂和刷涂等工艺进行涂覆操作。

（5）XY 型（聚对二甲苯）：在特定的真空设备中，对二甲苯的环二体通过气相沉积方式覆盖在 PCB 和组件上，形成厚度为 6~12μm 的涂层，这种涂层特别适用于高频电路板。聚对二甲苯涂层具有化学惰性和良好的抗潮湿性能；均匀且极薄的涂层无针孔现象，并具备出色的绝缘性能；其工艺特点是不产生挥发物；但这种涂层的返工较为困难，通常需要通过研磨方式去除涂层。

（6）AR/UR 型（丙烯酸聚氨酯树脂）：多数属于光/湿固化体系类型，在电性能和工艺性方面表现出色；专门为选择性涂覆工艺设计制造而成，非常适合大规模流水线生产模式下的涂覆作业。

14.2.4 敷形涂覆材料的认证

1. 涂覆材料认证的必要性

（1）PCBA 敷形涂覆涂料是一种特殊用途的涂料。

（2）PCBA 敷形涂覆涂料必须符合 MIL-I-46058C 的特殊要求。

（3）目前我国没有统一的认证机构，国内供应商无法进行敷形涂覆材料的认证（技术和资金所限）。通常由使用单位自行测试认定。

2. 涂覆材料的认证标准

（1）美国军用标准 MIL-I-46058C；IPC-CC-830。

（2）SJ 20671—1998。

3. 主要检测项目

（1）相容性。

（2）固化时间和温度。

（3）外观。

（4）涂层厚度（试样）。

（5）防霉。

（6）寿命（涂覆材料）。

（7）绝缘电阻。

（8）介质耐压。

（9）Q 值。

（10）温度冲击。

（11）耐湿。

（12）柔韧性。

（13）湿热老化（水解稳定性，褪色）。

（14）阻燃性。

4. 试验方法及结果的判定

（1）能通过 MIL-I-46058C 鉴别试验的涂层是可用的，但不一定是最好的。

（2）选择敷形涂覆材料需注意以下几个问题。

①采用平行试验方法，选择最好的材料。

②有一组参比试样共同测试对比。

③试验时，应有一组空白（不涂覆试样）。

5. 测试电极

（1）采用条形电极（俗称 Y 形电极）。

（2）选用 FR-4 阻燃基材。

（3）测试样板的一致性（一次加工 200 件以上，以保证多次试验基板材料的一致性）。

（4）按规范清洗试验样板，保持一致的清洁度。

14.3 敷形涂覆材料的选择

在选择敷形涂覆材料时，应考虑以下因素。

（1）PCBA 的工作温度范围，如 –40~125℃、–65~150℃。

（2）国际标准、客户标准或国家标准。

（3）环境因素，如密封环境、高湿度环境、盐雾环境、腐蚀性气体环境、浸渍环境等。

（4）抗化学腐蚀性能。

（5）对表面涂层进行返工的要求。

（6）涂覆方法或工艺、固化工艺。

（7）供应商及价格。

1. 关于工作温度范围的考虑

选择敷形涂覆材料时首先需要考虑 PCBA 的工作温度范围。例如，如果 PCBA 是一个不能加热的飞机零件，飞机在空中飞行时，它的温度会很快下降到 -65℃；而飞机在跑道上时，它的温度可能上升到 100℃。这就必须考虑受热对 PCBA 的影响，板上的某些局部位置的温度最高可能达到 125℃。因此，表面敷形涂覆材料的工作温度变成了 -65~125℃。

如果工作温度范围低于 -65℃ 或高于 150℃，你的选择很简单，只有硅基的表面涂料可以使用。

2. 关于环境因素的考虑

PCBA 可能面临多种不同类型的有害环境。在密封环境中的 PCBA，敷形涂覆可以被视为第二道防护屏障，以确保该单元能在密封壳体内温度变化时承受冷缩和湿度变化。

（1）高湿度环境。在高湿度条件下，硅基材料的防潮性能相对较差（具有较高的可渗透性）。相较之下，丙烯酸和聚氨酯的防潮性能更佳，尤其是双组分材料和化学交联程度高的材料，其防潮性能更为出色。

尽管硅基材料的防潮性差，但这并不意味着其保护性也差。硅基材料的一个独特性能是它与水的相互作用。水蒸气在硅基材料中具有强大的渗透力，同时硅基材料还具备出色的拒水性能。从保护的角度来看，这是一个非常理想的材料。它不仅可以有助于消除基底表面的潮气，还可以防止任何液态水渗入表面。这一特性带来了另一个有趣的性能：在平衡状态下，硅基材料吸收的水分不到 0.1%，而一般的有机材料吸收的水分则在 0.3% 到百分之几之间。这一显著差异影响了氯离子穿过保护性基体的扩散速度，而氯离子的迁移速度又会影响盐雾暴露下的电子迁移过程。值得注意的是，在干燥材料中，氯离子的迁移速度比在水中低几个数量级，这基本上可以确定氯离子的迁移是在水分子中进行的，这也是在盐雾环境下选择使用硅基材料的原因之一。

（2）盐雾环境。在许多客户的产品规范中，对盐雾环境的适应性是一个常见要求。表面涂层能否成功抵抗盐雾环境的关键在于其能否均匀、无孔隙地覆盖在板面上。在这种环境应用中，硅基涂料和聚氨酯涂料常被使用，尽管丙烯酸涂料也能通过大多数测试标准。

（3）腐蚀性气体环境。存在腐蚀性气体的环境可能是最为苛刻的，因为腐蚀性气体会暴露出涂层中的任何缺陷或空洞。此外，不同种类的敷形涂覆材料对气体的保护能力也各不相同。

丙烯酸树脂、单组分醇酸树脂或聚氨酯树脂都非常容易受到腐蚀性气体的影响。而双组分聚氨酯树脂和环氧树脂则表现出良好的抗腐蚀性能。此外，一些单组分紫外光固化材料和单组分硅化学材料也具备良好的抗腐蚀性能。紫外光固化材料由于具有明显的化学交联结构，因此耐腐蚀性能良好，这很容易理解。而硅化学材料之所以具有良好的抗腐蚀性能，似乎是通过与金属表面发生化学反应形成化学键来提供保护的。

（4）浸渍环境。当 PCBA 需要浸在水中时，切实可行的选择是使用聚对二甲苯基材料，因为它能提供出色的覆盖和绝缘性能。如果涂层足够厚，液态硅基涂层也可以提供充分的保护。

若 PCBA 浸渍在溶剂中或受到溶剂飞溅的影响，涂层的保护效果在很大程度上取决于所使用的具体化学涂料和溶剂。通常情况下，双组分材料是最佳选择。

3. 关于可返工性考虑

在需要时，大多数类型的涂层都可以进行返工，但表面涂层的返工过程可能较为困难。如果 PCBA 的使用寿命很长，并且在其使用期间需要进行多次升级和维护（这种情况在军用和航天应用中很常见），那么丙烯酸材料无疑是最合适的选择，因为它们的耐化学性相对有限，便于后续的更改和修复。

对于单组分的聚氨酯树脂和醇酸树脂材料，可以通过化学方法去除敷形涂覆涂层以进行返工。

而使用 ESD 安全的介质喷射（俗称喷砂）可以有效地去除双组分化学材料、硅基树脂、聚对二甲苯以及紫外光固化材料。但需要注意的是，这种方法对涂层的硬度有一定要求；如果涂层太软，则可能不适用此方法。

4. 涂覆工艺

除了聚对二甲苯，大多数材料都可以通过各种方法进行涂覆。

（1）溶剂基材料。除了某些潮湿固化的聚氨酯材料，所有的单组分溶剂基材料都可以使用常见的涂覆工艺进行施工。对于双组分的溶剂基涂料，最好采用喷雾或刷涂工艺进行涂覆；不推荐使用浸渍涂布工艺。

（2）紫外（UV）光固化材料。紫外光固化涂料是为大批量生产环境而设计的理想材料。使用选择性涂覆设备进行施工，效果最佳。但请注意，在进行紫外光固化涂料施工时，应包括遮蔽操作，以确保涂料的均匀固化。

（3）水基材料。无论是浸渍涂布、喷涂，还是刷涂方式施工，水基材料都是最适合手工涂覆的材料之一。它们易于操作且环保性较好。

（4）硅基材料。在没有惰性气体系统的情况下进行施工时，硫化硅酮（RTV 硅）并不适合采用浸渍涂布方式；理想的材料是热固化的硅基材料。

（5）浸渍涂布。一般来说，所有的敷形涂覆材料都可以采用浸渍涂布工艺进行施工。但对于采用潮湿固化机制的涂料来说，应尽可能避免使用浸渍涂布工艺进行施工，除非愿意投资昂贵的惰性气体系统来确保涂层的均匀性和质量稳定性。

14.4 敷形涂覆工艺与方法

14.4.1 免洗工艺条件下涂覆前是否需要清洗

一般来讲，大多数的免洗助焊剂残留物对敷形涂覆工艺并无明显的影响（在润湿与黏结力方面），尽管业界对此有不同的看法。因此，采用免清洗工艺进行敷形涂覆时，大多数不需要进行清洗作业（前提是涂覆厚度 ≥ 100μm）。但是，对于一些环境比较恶劣、要求比较高的产品，这样做存在一定风险，因此对这类产品，推荐在敷形涂覆前进行清洗。其原因有以下几点。

（1）涂覆材料在未清洗的 PCB 上的黏结性较差，甚至可能发生脱落。特别是现实应用比较广泛的紫外（UV）光固化无溶剂涂料很容易皲裂或剥离。一方面，因为无溶剂型涂料没有去脂作用，只是附着在 PCB 表面，其附着性由涂料与 PCB 之间的吸引力决定；另一方面，紫外光固化的涂料通常没有弹性，其热膨胀系数比需要保护的 PCB 热膨胀系数大很多，容易脆断。因此，为了得到可靠的涂覆效果，应事先进行清洗。通过清洗能够增加 50% 的涂覆黏结力，如图 14-2 所示。清洗后，PCBA 表面的张力会提高，因而涂覆材料的黏结性提高，如图 14-3 所示。

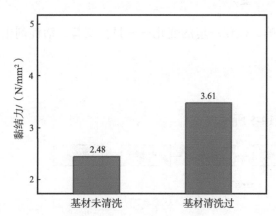

图 14-2 清洗与不清洗漆膜的黏结力对比

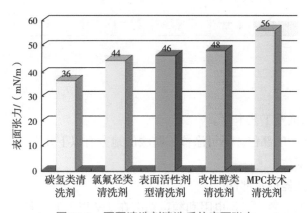

图 14-3 不同清洗剂清洗后的表面张力

（2）敷形涂覆层下的助焊剂残留物吸潮后会发生湿涨并引发涂覆层开裂，如图 14-4 所示，从而导致涂覆层失效。

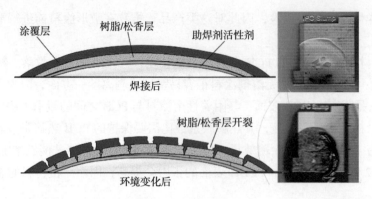

图 14-4　涂覆层开裂

即使没有湿度的影响，仅仅环境的变化——日夜交替，活性剂也会影响环境可靠性并且引发漏电现象。

14.4.2　涂覆工艺

涂覆工艺流程如图 14-5 所示。

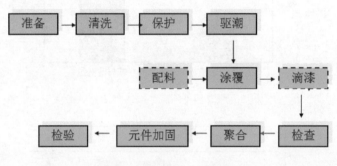

图 14-5　涂覆工艺流程

1. 准备

（1）仔细研究图纸及工艺卡片。

（2）确定局部保护的部位。不可涂覆三防漆的地方有以下几个。

①接插件的插接部位。

②有灌封要求的元器件及部件。

③微调电容、可调电感、可调电阻和额定功率在 2W 以上的电阻。

④开关、波段开关的滑移接点、非密封型继电器的接点（触点）、电池座、保险座（管）、IC 座、轻触开关。

⑤减振器、密封橡胶垫圈。

⑥线束活动部位。

⑦电机、步进电磁铁、步进器的滑动刷片。

⑧散热器。

⑨蜂鸣器。

⑩发光二极管、数码管。

⑪其他由图纸规定的不可使用绝缘漆的部分及器件。

（3）确定关键工艺细则，如允许的最高驱潮温度，以及采取哪种涂覆工艺等。

2. 清洗

（1）焊接后应尽快清洗，以防焊剂残留物难以清洗。

（2）确定主要污染物的极性，以便选择合适的清洗剂。

（3）如果采用醇类清洗剂，必须有良好的通风环境，及洗后晾干的工艺细则，防止残留的溶剂挥发引起爆炸。

（4）水清洗，用偏碱性的清洗液（乳化液）冲洗助焊剂，再用纯水冲洗干净，达到清洗标准。此方法的优势是安全；不足之处是清洗液偏碱性，会对某些材料产生腐蚀，如铝合金，导致其变色。

3. 遮蔽保护

（1）胶带保护。

①应选择不干胶膜不会转移的纸胶带。

②应选用防静电纸胶带，用于 IC 的保护。

③有时在清洗之前需要进行保护，以防止清洗液进入某些敏感的器件。此时需考虑溶剂与压敏胶带的相容性。

（2）遮蔽保护。

①按图纸要求对某些器件进行遮蔽保护。

②操作者应知悉需要保护器件，如印制电路板插头、微调磁芯、可调电位器及 IC 插座等不准涂漆的部位必须使用胶带保护。

4. 驱潮

（1）经过清洗和遮蔽保护的 PCBA（组件）在涂覆之前必须进行预烘驱潮处理。

（2）根据 PCBA（组件）所能承受的温度确定预烘的温度和时间。

（3）预烘的温度和时间，可采用 55℃/6h、60℃/4h、70℃/3h、80℃/2h。

5. 涂覆

敷形涂覆工艺的方法选择取决于 PCBA 的防护要求、现有的工艺装备及技术储备。

（1）喷涂。喷涂是使用最广且易于为人们接受的工艺方法，适用于元器件不十分稠密且遮蔽保护需求不多的 PCBA。喷涂的涂料黏度调配到 15~22s（4 号杯），合适的黏度对于喷涂的工艺性、流平性和覆盖性非常重要。

喷涂需注意的事项：漆雾会污染某些器件，如 PCB 插件、IC 插座、某些敏感的触点及一些接地部位，这些部位需注意遮蔽保护。另外，操作者在任何时候不要用手触摸印制电路板插头，以防弄脏插头触点表面。

（2）浸涂（或流浸涂）。

①浸涂工艺可以得到最好的涂覆效果，可在 PCBA 任何部位形成一层均匀、连续的涂层。浸涂的关键工艺参数有以下两个：

· 调整合适的黏度。

· 控制提起 PCBA 的速度，以防止产生气泡。（通常提速不超过 1m/s 的）。

②浸涂工艺不适用于包含可调电容、微调磁芯、电位器、杯形磁芯及某些密封性不好的器件的 PCBA。

③对于大批量生产，可采用流浸涂工艺。

（3）刷涂。

①刷涂是适用范围最广的工艺，适用于小批量生产以及结构复杂而稠密的 PCBA。由于刷涂可以随意控制涂层，所以不允许涂漆的部位受到污染。

②刷涂所消耗的材料最少，适用于价格较高的双组分涂料。

③刷涂工艺对操作者要求较高，施工前要仔细研究图纸及涂覆要求，能识别 PCBA 元器件的名称；对不允许涂覆的部位应贴有醒目的标示。

④刷涂时，对焊点、元器件引线必须有序地施工，以避免遗漏。

⑤操作者在任何时候，都不允许用手触摸印制插件，以避免污染。

上述 3 种工艺都需要良好的通风和送风条件，应该有防火、防爆措施。

（4）自动喷涂。采用选择性喷射涂覆机进行喷涂，适合光固化涂料。图 14-6 所示为某公司的自动涂覆线。

图 14-6 自动涂覆线

（5）真空气相沉积成膜。20 世纪 60 年代中期，美国 Union Carbide Corp 研制出通过对二甲苯环二体在真空下裂解聚合成聚对二甲苯，沉积于产品表面形成 8~12μm 均匀的薄膜。这种薄膜在电子领域可作为特殊的防护涂层。

6. 检查

（1）在涂漆之后应重点检查有无误涂部位，即不允许涂漆的部位是否被误涂或某些插件的触点是否被污染。

（2）元器件是否有变形、移位、碰线或者短路。

（3）如果涂层表面已经干燥（需涂二次的，在第二次涂后），应在聚合前除去保护膜，以防压敏胶层转移。

7. 聚合

（1）聚合的温度与时间。涂层聚合温度的确定，一是根据涂层聚合物本身的要求，二是PCBA 考虑元器件所能允许的最高温度。通常不超过 80℃，常用的有 80℃、70℃、65℃、60℃、55℃。

聚合物固化时间原则上按厂家给出的温度和时间确定，当降低温度时，每降 10℃，聚合时间要增加一倍。

（2）对加有光引发剂的光固化涂料，需严格按厂家给出的要求进行操作。

（3）当需要涂覆两次涂层时，必须在完成第一次聚合后再涂第二次，以防未聚合的涂层溶蚀、膨胀或起皱。

14.4.3　常见的涂覆不良

常见的涂覆不良有厚度异常、起皱、发白、气泡、气孔、异物黏附、剥离、龟裂等。

1. 涂覆厚度

不同的涂料应满足下述厚度要求：

（1）AR/ER/UR：0.03~0.13mm。

（2）SR：0.05~0.21mm。

（3）XY：0.01~0.05mm。

2. 发白

涂覆固化后，焊点附近漆膜会出现发白现象，如图 14-7 所示。这种漆膜非常脆，稍一触动就会掉落。在高倍显微镜下观察，可以看到膜层中有海绵样的密孔。

这种发白现象，通常是由涂覆和固化过程中环境湿度较大引起的。对于已经发白的漆膜，可以通过对发白的电路板进行烘烤来解决（90~120℃，1h）。烘烤处理后的漆膜，黏结力恢复，对可靠性没有影响。

这种发白的地方往往位于焊点附近，这是因为这些地方在喷涂时容易出现涂覆液的聚集，形成较厚的涂层，固化时间比较长，同时受湿气影响比较大。

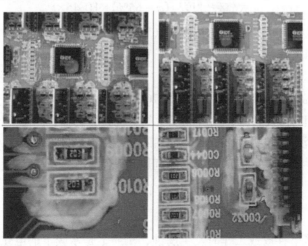

图 14-7　发白现象

3. 起皱

漆膜表面有时呈现凹凸不平状，看起来像橘子的外皮，这种现象称为起皱，如图 14-8 所示。起皱的原因一般有以下几个。

（1）漆膜黏度过大，导致流平性差。

（2）没有选用配套的稀释剂，而是用了劣质稀释剂，挥发速度过快。

（3）喷涂方法不当，如喷涂距离太远或压缩空气的压力过大。

（4）喷涂后流平时间不足，过早升温。

（5）在夏季施工时，涂装环境温度过高，在 35℃ 以上。

（6）喷涂后表面未干燥时接着进行第二次喷涂。

图 14-8　起皱现象

14.5　PCBA 常见的环境失效模式

14.5.1　影响 PCBA 的环境因素

1. 温度

温度能够加速化学腐蚀的进程。在洁净的大气中，金属腐蚀与温度、湿度的关系为

$$大气侵蚀度 = (\varphi - 65\%) \times 10.45 \times t$$

式中，φ 为大气的相对湿度，t 为大气的温度（℃）。

由上式可知，当大气相对湿度等于或小于 65% 时，在任何温度下金属不易腐蚀；当相对湿度大于 65% 时，即使在洁净的大气环境下，金属也会腐蚀。实验室测试结果表明，Fe 的腐蚀临界湿度为 65%，Zn 的腐蚀临界湿度为 70%。

温度下降，而相对湿度升高，则可能发生凝露现象。例如，在湿热地区，夜间温度较低，导致水汽凝结，而在温带地区，寒冷的夜晚可能引起结霜。户外机柜 PCBA 的温度受环境影响，实际处于交变状态，很容易出现凝露或结霜问题，从而影响甚至破坏设备的电气性能或加速腐蚀。

2. 湿度

产品在大气环境下存放或工作时发生腐蚀，实质上是水膜下的电化学腐蚀。因此，水汽总要侵蚀金属和非金属，促进微生物的生成。潮湿是引起电子设备腐蚀的最主要因素。

潮湿对 PCBA 的环境效应有以下几种。

（1）金属氧化或电化学腐蚀。

（2）绝缘材料的性能和热性能降低，如介电常数、点火电压、绝缘电阻、损耗角正切值增加等。

（3）表面有机涂层化学或电化学破坏。

（4）加速电化学反应。

（5）为微生物繁殖提供条件，对金属、有机材料产生侵蚀。

（6）降低绝缘电阻，或者造成短路或断路。

3. 盐分

盐分与潮湿空气结合会形成盐雾。盐雾中所含的 Cl^- 离子活性很强，可以穿透金属保护膜，加速点蚀、应力腐蚀、晶间腐蚀和缝隙腐蚀等局部腐蚀，影响设备性能。

溶解在水中的盐分是电子设备加速腐蚀的另一个重要因素，特别是沿海地区和海洋环境。空气中的含盐量与离海岸距离有关，如表 14-2 所示。

表 14-2　空气中含盐量与离海岸距离的关系

离海岸距离 /km	空气中含盐量 /（mg/m³）		
	极地	温带	热带
0.01~0.1	1.92	21.2	195.4
0.1~1	—	1.92	49.6
>1.0	—	例外	0.96

根据长期的测试研究，一般距离海边 20km 以内的区域大气环境具有明显的海洋大气环境特征，因此对安装在距离海边 20km 区域内的通信设备应该考虑防腐蚀措施。

海洋大气环境是最具腐蚀性的环境。

4. 霉菌

霉菌生长会改变设备的物理性能，损害设备的使用功能。

5. 腐蚀气氛

大气中的主要腐蚀性气氛是 SO_2，它与水分子结合形成 H_2SO_4，对金属具有很强的腐蚀性。表 14-3 所示为全世界大气中含有的有害物质总量分布，供参考。

表 14-3　全世界大气中含有的有害物质总量分布

污染物质	污染源	有害气体总量 /t
一氧化碳	汽车、工厂设备，不完全燃烧时排放的废气	2.20×10^9
二氧化硫	烧煤、烧油设备	1.46×10^9
煤粉尘	烧煤设备	1.00×10^9
碳氢化合物	汽车、烧煤、烧油设备和化工废气	0.88×10^9
硫化氢	化工厂排放的废气	0.03×10^9
氨	烧煤、烧油设备	0.04×10^9

14.5.2 典型的失效模式

在无涂覆情况下，环境引起的电路失效或破坏形式主要有以下几种。

1. 绝缘电阻下降

很多电路特别是高频电路、高工作电压的模拟电路，对绝缘电阻的要求非常严格，通常要求其阻值在 100MΩ 以上。这些电路在潮湿的环境下往往还没有发生短路就已经失效（不能正常工作），原因就是电阻值发生了漂移。此类失效的典型特征是，用热风干燥后功能又恢复正常。

比较典型的案例是，单板在储存一段时间后，启用时无法正常工作，但经过热风干燥后又恢复正常。

绝缘电阻下降引起 PCBA 功能失效的情况，还发生在手工焊接的 PCBA 上，特别是手工焊接的细间距器件和片式阻容元件上。图 14-9 是一个失效案例局部图，失效的原因就是手焊贴片电阻的绝缘电阻因受潮而变小。

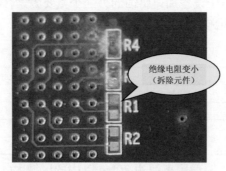

图 14-9　电阻变小失效案例局部图

2. 电迁移引起短路

PCBA 在潮湿的环境下往往具备电化学腐蚀的 3 个条件，即一对导体、电解质、偏压。导线间或焊点间有电位差，这些电位差就形成了阴极和阳极，助焊剂残留物在水膜作用下就变成了电解质。在这 3 种条件下，电解液中的离子会在电位差的作用下发生迁移，从阳极向阴极移动并沉积，以枝晶方式生长，机理如图 14-10 所示。从图 14-10 中可以看到，只有形成连续的水膜，才能导致枝晶的生长。枝晶生长的结果导致两极短路甚至起火，从而导致产品完全失效。

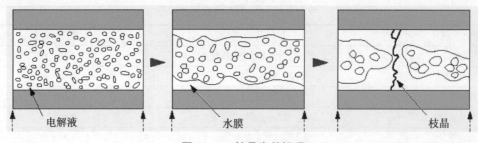

图 14-10　枝晶生长机理

3."打火"烧毁

"打火"主要发生在两导线或焊点间存在高电位差的情况下，多见于电源产品板和背板。

常见的"打火"主要有两种情况：线间爬电/击穿和腐蚀短路（包括电迁移）。图 14-11 所示为某一单板电源插座因使用强活性助焊剂腐蚀引起的短路"打火"。

"打火"多发生于 PCBA 上灰尘堆积的地方。因为灰尘中含有腐蚀性物质，如各类硫化物，如果这些灰尘被"打湿"，就会腐蚀元器件引脚以及阻焊膜，从而导致腐蚀短路并起火。

图 14-11　腐蚀引起的短路"打火"

4.金属腐蚀

海洋大气环境、工业大气环境中的 Cl^- 离子、SO_2 对金属具有很强的腐蚀性，在这些环境条件下工作的设备，很容易受到腐蚀。

现在的 PCBA 上很少有裸 Cu 导线出现，铜引线/导线不是被助焊剂覆盖就是被电镀层覆盖，自身具有较好的保护性。发生腐蚀的情况多因为 PCB 或元器件的质量不合格，如镀层太薄有针孔，或者 PCB 上的腐蚀性残留物超标、阻焊层有裂纹、导通孔露 Cu 等。图 14-12 是某单板在湿热环境条件下腐蚀的图片，测试通孔焊盘、某些元器件引脚变黑（显微镜下可以看到从针孔长出的突出物，外观似木耳）。

图 14-12　腐蚀案例

5. 硫化

硫化是 PCBA 最常见的腐蚀问题。片式电阻的硫化以及 PCB 的硫化较为多见。图 14-13 是一个实际案例，即单板上的某排阻失效——排阻硫化失效。原因是机房所在地方有一个较大的烟囱，导致 PCBA 上吸附的灰尘中硫的含量高达 4% 以上。

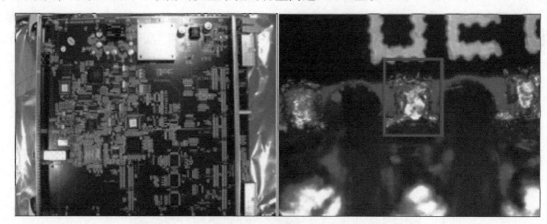

图 14-13　排阻硫化案例

6. 设计不当导致的失效

图 14-9~ 图 14-13 所示案例，都是在没有涂覆时发生的。如果对裸露的焊点进行涂覆，这些失效都可以避免。此外，还有一种情况，就是涂覆后仍然出现腐蚀失效，如图 14-14 所示。这些失效并非涂覆造成的，而是由设计造成的。如果不涂覆，就会更早、更快地失效。

导线被腐蚀

图 14-14　三防后常见的失效模式

涂覆后发生腐蚀失效，主要发生在相邻导体存在高压差的情况下。如果这些电路上有灰尘堆积并时常吸潮，就会很快发生腐蚀引发的失效，因此，导电间隙的设计必须符合电气间距要求，可参考 IPC-2221A 的要求。

为什么敷形涂覆后有些高压差的相邻导线会发生腐蚀呢？主要是在电场的作用下，富集在灰尘中的腐蚀性物质加速向阳极聚集，离子的穿透机理如图 14-15 所示，这里水分子为 Cl⁻

迁移的载体。一旦电路被腐蚀，阻焊层等就会受到破坏，后续发生腐蚀就是必然的了。图 14-15 说明了湿灰尘是导致电路腐蚀的典型场景，Cl⁻ 离子穿透敷形涂覆层。

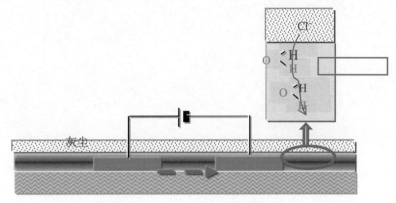

图 14-15   Cl⁻ 离子穿透敷形涂覆层

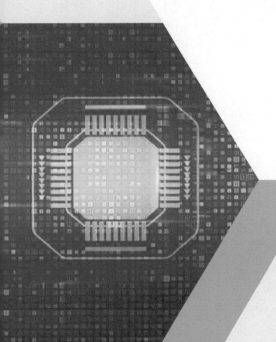

第四部分
高可靠性产品的制造

第15章

潮敏元器件的应用

塑封器件对吸潮和再流焊接热敏感，因此 IPC 对塑封器件的包装、运输、储存、使用和再流焊接的操作进行了规范。主要的措施就是对塑封器件的潮湿敏感度进行分级，并对车间寿命进行标准化。本章将介绍与之相关的两个重要问题——潮湿敏感度等级的评定方法，以及湿度超标后的处理方法与条件。

15.1 概述

与波峰焊接不同，再流焊接的元器件要经受高温。当元器件暴露在再流焊接的高温中时，非密封型封装内的蒸气压力会大幅增加。在特定状况下，该压力会造成封装材料内部界面分层，从而脱离芯片及（或）引线框/基板，或者出现未扩展到封装外面的内部裂缝，或者是绑定损伤、金属线细化、绑定翘起等损伤。严重时会造成封装外部裂缝，我们一般把此现象称为"爆米花"现象。

封装的破坏是在潮湿和高温两种因素的作用下发生的，因此 IPC 标准中把这种封装定义为潮湿/再流焊接敏感元器件（Moisture/Reflow Sensitive Surface Mount Devices，MSD），工厂里通常简称为潮湿敏感元器件或潮敏元器件。

为了避免再流焊接时潮湿敏感元器件受热损伤，IPC/JEDEC J-STD-020 和 J-STD-033 两个标准对塑封 IC 类元器件的处置、包装、运输、储存、使用和再流焊接的操作进行了规范（有关非 IC 类元器件、PCB 的潮湿敏感材料的管控分别见 IPC/J-STD-075、IPC-1601）。为了更好地理解标准的内容，笔者把这两个标准的内容通过图 15-1 做了一个简要汇总，以便读者了解标准的架构和内容上的逻辑性。

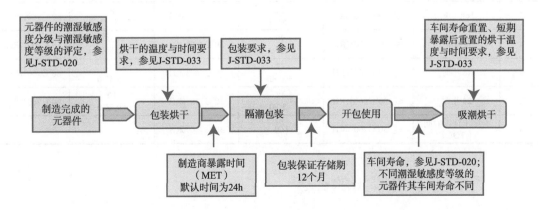

图 15-1　元器件的潮湿敏感度等级分级与使用有关标准的框架结构

从图 15-1 可以清楚地了解到，对于潮湿敏感元器件的管理，我们需要了解以下几个问题。

（1）哪些封装是潮湿敏感元器件？

（2）潮湿敏感等级的分类与对应的车间寿命。

（3）潮湿敏感等级的评定方法。

（4）元器件在干燥包装前的烘干温度与时间。

（5）干燥包装。

（6）车间寿命的重置。

15.2 潮湿敏感度等级

对潮湿敏感元器件的吸湿敏感度进行等级划分，目的是标准化车间寿命（Floor Life），以便组装厂家可以识别并采取适当的措施安全地进行焊接。

J-STD-020 标准为非密封型固态表面贴装元器件的再流焊接工艺应用确定了潮湿敏感度等级，一共分为 6 个等级，如表 15-1 所示。

业界常用的为 MSL1 级、MSL2 级和 MSL3 级。MSL1 级的集成电路（IC）不需要烘烤和真空包装；MSL2 级产品，在温湿度 ≤ 30℃ /60%RH 的条件下，从打开真空包装到再流焊接的时间限定为一年；而对 MSL3 级产品，限定时间缩短到 168 小时。除 MSL1 级的产品外，其他所有等级的塑封表面贴装集成电路都必须在规定时间内完成再流焊接，否则有可能出现失效或可靠性问题。

表 15-1　潮湿敏感元器件的分级

等级	车间寿命		环境要求			
			标准		自然曝晒	
	时间	条件	时间 /h	条件	时间 /h	条件
1	无限的	≤ 30℃ /85%RH	168 +5/–0	85℃ /85%RH		
2	1 年	≤ 30℃ /60%RH	168 +5/–0	85℃ /60%RH		
2a	4 周	≤ 30℃ /60%RH	696 +5/–0	30℃ /60%RH	120 +1/–0	60℃ /60%RH
3	168 小时	≤ 30℃ /60%RH	192 +5/–0	30℃ /60%RH	40 +1/–0	60℃ /60%RH
4	72 小时	≤ 30℃ /60%RH	96 +2/–0	30℃ /60%RH	20 +0.5/–0	60℃ /60%RH
5	48 小时	≤ 30℃ /60%RH	72 +2/–0	30℃ /60%RH	15 +0.5/–0	60℃ /60%RH
5a	24 小时	≤ 30℃ /60%RH	48 +2/–0	30℃ /60%RH	10 +0.5/–0	60℃ /60%RH
6	标贴上注明时间 （TOL）	≤ 30℃ /60%RH	TOL	30℃ /60%RH		

15.3 潮湿敏感度等级的评定

非密封固态表面贴装元器件（SMD）潮湿敏感度等级的评定流程如图 15-2 所示。其中样品的处理 / 试验是最重要的环节，必须确保评定的样品合格、充分烘干、按等级规定的渗浸要求吸潮，按照标准温度曲线进行 3 次再流焊接，以确保评定的潮湿敏感度等级有效。

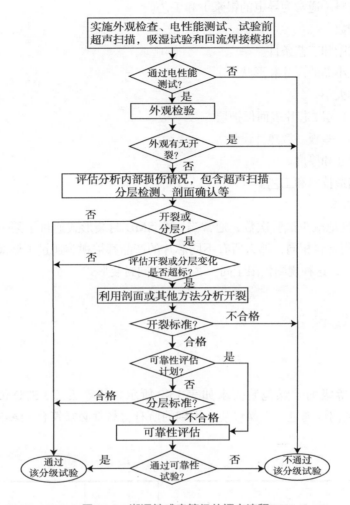

图 15-2　潮湿敏感度等级的评定流程

潮湿敏感度等级的评定，主要依据试验样品是否出现不可接受的分层。分层是指再流焊接之后测得的分层与吸潮之前测得的分层相比较而出现的新变化。

只要样品在潮湿敏感分级试验后不符合以下任何一条，则判定该批产品不能通过该潮湿敏感度等级试验。

对于金属引线框架塑料封装 IC，有以下几种情形。

（1）在芯片有源面没有任何分层。

（2）引线框小岛打引线时，小岛上分层的变化不能超过 10%。

（3）引脚上没有贯穿性的分层。

（4）对依靠装片胶导电和导热的 IC，装片胶区域分层或裂纹不能超过 50%（如 F-BGA 是不允许的）。

如果 SMD 出现上述情形，将被认作不能通过此潮湿敏感度的检查，除非它能够通过由试验申请人按客户的规范申请的可靠性评估。

以下材料和工艺可能影响 IC 的潮湿敏感度。也就是说，如果这些材料或工艺发生了变化，则制造出来的 IC 的潮湿敏感度等级需要重新评估。

（1）装片材料（通常为导电的银浆）和工艺。

（2）引线脚数。

（3）塑封树脂和工艺条件。

（4）引线框小岛的尺寸和形状。

（5）塑封体大小。

（6）芯片钝化层 / 芯片表面保护层。

（7）引线框、基板、散热片设计。

（8）芯片尺寸和厚度。

（9）圆片制造技术和工艺。

（10）打线方式。

为了最大限度地减少试验次数，通常当一个 SMD 封装形式通过了某一潮湿敏感度等级评定时，只要所用材料相同，那么所有不同芯片的产品都被视为通过了该潮湿敏感度等级评定。在实际生产中，这种规则仅限于同一客户的相同封装形式。

15.4 干燥包装

1. 要求

潮湿敏感度等级的干燥包装要求如表 15-2 所示。各等级按 J-STD-020A 或 JESD22-A 113 标准加可靠性测试确定。干燥包装中用到的所有材料都必须符合 EIA-541 和 EIA-583 标准规定。

表 15-2　干燥包装要求

等级	装袋前干燥	隔潮袋内放置 HIC	干燥剂	MSID[1]标签	警示标签
1	可选	可选	可选	不要求	如果在 220~225℃下分级，不要求；如果在其他温度下分级，要求[2]
2	可选	要求	要求	要求	要求
2a~5a	要求	要求	要求	要求	要求
6	可选	可选	可选	要求	要求

注：① MSID：潮湿敏感标志。
② 如果在最小级别运输包装上的条形码，以目视可读的格式标示出了等级和再流焊接温度，则不要求警示标签。

2. 密封到隔潮袋（MBB）之前，SMD 封装和载体材料的干燥

（1）分类为 2a~5a 级别的元器件在封入隔潮袋（MBB）前必须进行干燥。干燥与封口之间的时间必须小于制造商规定的暴露时间（MET），并且 MET 剩余时间应足够分销商打开以及重新包装。

（2）放置在隔潮袋内的载体材料，如托盘、卷盘、盛料管等，都会影响隔潮袋内潮湿敏感度等级。因此，这些材料也必须进行烘烤。

（3）如果烘烤后到封口的时间超过允许的时间范围，则必须重新烘烤。

3. 干燥包装

（1）干燥包装，是指将干燥剂、湿度指示卡（HIC）与 SMD 封装一起密封在 MBB 内的包装方式。常见的干燥包装形式如图 15-3 所示。

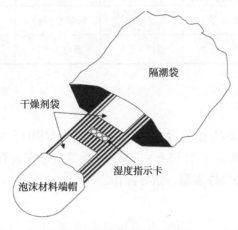

图 15-3　常见的干燥包装形式

（2）隔潮袋应符合 MIL-B-81075 标准类型 I，满足柔韧性、ESD 保护、机械强度和防渗透要求。

（3）干燥剂材料应符合 MIL-D-3464 标准类型 II 的要求。干燥剂应无尘、无腐蚀性，且达到规定的吸湿量。干燥剂应包装在可渗透湿气的小袋子里。每包隔潮袋干燥剂的用量，应视隔潮袋的表面积和 WVTR（水蒸气透过率）而定，确保 25℃时能保持 MBB 内部的相对湿度小于 10%。

（4）湿度指示卡（HIC）上应至少有 3 个敏感值，即 5%RH、10%RH 和 60%RH 的色点。图 15-4 所示为一个湿度指示卡的示例。色点应该通过明显的、易辨识的颜色（色调）变化指示湿度，如表 15-3 中的说明。

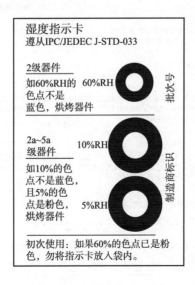

图 15-4　湿度指示卡示例

表 15-3　典型的湿度指示卡色点对照表

色点	2%RH 环境下的指示	5%RH 环境下的指示	10%RH 环境下的指示	55%RH 环境下的指示	60%RH 环境下的指示	65%RH 环境下的指示
5%RH 色点	蓝色（干）	淡紫色(色点值)色调变化≥ 7%	粉红色（湿）	粉红色（湿）	粉红色（湿）	粉红色（湿）
10%RH 色点	蓝色（干）	蓝色（干）	淡紫色（色点值）色调变化≥ 10%	粉红色（湿）	粉红色（湿）	粉红色（湿）
60%RH 色点	蓝色（干）	蓝色（干）	蓝色（干）	蓝色（干）	淡紫色（色点值）色调变化≥ 10%	粉红色（湿）

注：可使用其他颜色的组合方案。

4. 标签

（1）与干燥包装相关的标签是潮湿敏感标志（MSID）标签（图 15-5）和 JEDEC JEC113 标准中定义的警示标签（图 15-6）。MSID 标签应贴在装有隔潮袋的最小级别运输包装上；警示标签应贴在隔潮袋外表面，指导操作。

图 15-5　潮湿敏感标志标签（示例）

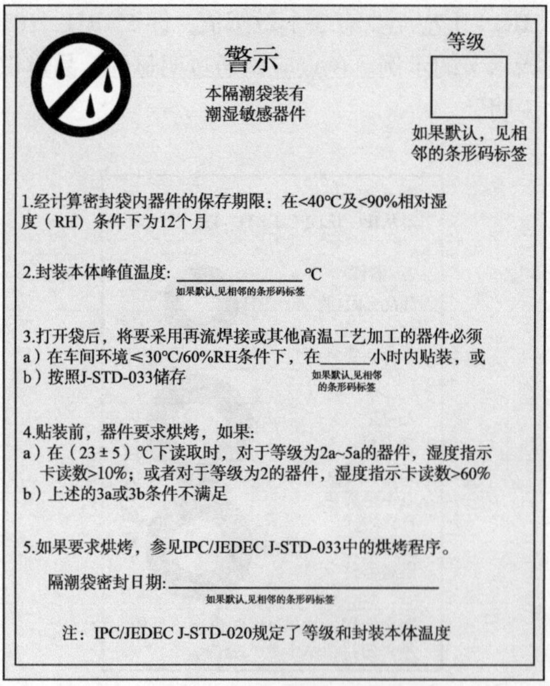

图 15-6　警示标签（示例）

（2）对于未放置在 MBB 中运输的等级为 6 的器件，应该在最外层运输箱上贴上 MSID 标签和适当的警示标签。

如果不允许采用通常定义的最高再流焊接峰值温度进行焊接，应在警示标签上注明再流焊接的最高温度。

5. 隔潮袋密封

为了不损伤隔潮袋或造成隔潮袋分层，应当用热封方法来封闭隔潮袋口。不推荐全真空包装，因为全真空包装容易损坏隔潮袋，也不利于干燥剂发挥作用。

6. 保存期限

当产品存储在温度低于 40℃、相对湿度不超过 90% 且不结露的大气环境中，其保存期限应从包装封口日起至少 12 个月。

15.5 烘干

表 15-4 给出了在车间寿命过期后或发生其他显示潮湿暴露过度的情况下，用户在自己的场所重新烘烤器件的条件（用户清楚超期的时间，可以依据此表缩减时间进行烘干）。表 15-5 给出了供应商或分销商在干燥包装前的烘干条件（这是最保守的烘干条件，如果用户不清楚超期时间，也应按此表给出的条件进行烘干）。表 15-6 总结了用户端重置或暂停"车间寿命"计时的条件。

表 15-4　已贴装或未贴装的 SMD 封装的烘干参考条件（用户烘干，车间寿命重新计时）

封装本体	等级	在 125℃ 条件下的烘烤时间		在温度 90℃、相对湿度小于 5% 条件下的烘烤时间		在温度 40℃、相对湿度小于 5% 条件下的烘烤时间	
		超出车间寿命 >72 小时	超出车间寿命 ≤ 72 小时	超出车间寿命 >72 小时	超出车间寿命 ≤ 72 小时	超出车间寿命 >72 小时	超出车间寿命 ≤ 72 小时
厚度 ≤ 1.4mm	2	5 小时	3 小时	17 小时	11 小时	8 天	5 天
	2a	7 小时	5 小时	23 小时	13 小时	9 天	7 天
	3	9 小时	7 小时	33 小时	23 小时	13 天	9 天
	4	11 小时	7 小时	37 小时	23 小时	15 天	9 天
	5	12 小时	7 小时	41 小时	24 小时	17 天	10 天
	5a	16 小时	10 小时	54 小时	24 小时	22 天	10 天
1.4mm< 厚度 ≤ 2.0mm	2	18 小时	15 小时	63 小时	2 天	25 天	20 天
	2a	21 小时	16 小时	3 天	2 天	29 天	22 天
	3	27 小时	17 小时	4 天	2 天	37 天	23 天
	4	34 小时	20 小时	5 天	3 天	47 天	28 天
	5	40 小时	25 小时	6 天	4 天	57 天	35 天
	5a	48 小时	40 小时	8 天	6 天	79 天	56 天
2mm< 厚度 ≤ 4.5mm	2	48 小时	48 小时	10 天	7 天	79 天	67 天
	2a	48 小时	48 小时	10 天	7 天	79 天	67 天
	3	48 小时	48 小时	10 天	8 天	79 天	67 天
	4	48 小时	48 小时	10 天	10 天	79 天	67 天
	5	48 小时	48 小时	10 天	10 天	79 天	67 天
	5a	48 小时	48 小时	10 天	10 天	79 天	67 天
BGA 封装 > 17mm × 17mm 或任何堆叠晶片封装[2]	2~6	96 小时	根据封装厚度和潮湿等级，参考以上要求	不适用	根据封装厚度和潮湿等级，参考以上要求	不适用	根据封装厚度和潮湿等级，参考以上要求

注：①表 15-4 针对的是最严苛条件的模制引线框架 SMD 封装。如果技术上有据可查（如吸潮／去湿数据等），用户可以减少实际的烘烤时间。大多数的案例可以应用于其他非气密表面贴装 SMD 封装。

②对于大于 17mm×17mm 的 BGA 封装，如果基材内没有阻挡湿气扩散的内层，可以根据表格中厚度／潮湿等级部分，确定烘烤时间。

③如果封装厚度 >4.5mm，烘烤要求参见 IPC/JEDEC J-STD-033B。

表 15-5　在相对湿度低于 60% 的环境中，干燥包装前采用的默认烘干条件

封装本体厚度	等级	在 125℃条件下烘烤时间	在 150℃条件下烘烤时间
$d \leqslant 1.4mm$	2	7 小时	3 小时
	2a	8 小时	4 小时
	3	16 小时	8 小时
	4	21 小时	10 小时
	5	24 小时	12 小时
	5a	28 小时	14 小时
$1.4mm{<}d \leqslant 2.0mm$	2	18 小时	9 小时
	2a	23 小时	11 小时
	3	43 小时	21 小时
	4	48 小时	24 小时
	5	48 小时	24 小时
	5a	48 小时	24 小时
$2mm{<}d \leqslant 4.5mm$	2	48 小时	24 小时
	2a	48 小时	24 小时
	3	48 小时	24 小时
	4	48 小时	24 小时
	5	48 小时	24 小时
	5a	48 小时	24 小时

注：①如果要求烘烤的封装本体厚度 >4.5mm，参考 IPC/JEDEC J-STD-033B。

表 15-6　用户端重置或暂停"车间寿命"计时条件

MSL 等级	在一定温度 / 湿度条件下的暴露时间	车间寿命	在一定相对湿度条件下的干燥器时间	烘烤	重置保存期限
2、2a、3、4、5、5a	任何时间 ≤ 40℃ /85%RH	重置	不适用	表 15-4	干燥包装
2、2a、3、4、5、5a	> 车间寿命 ≤ 30℃ /60%RH	重置	不适用	表 15-4	干燥包装
2、2a、3	>12 小时 ≤ 30℃ /60%RH	重置	不适用	表 15-4	干燥包装
2、2a、3	≤ 12 小时 ≤ 30℃ /l60%RH	重置	5 倍的暴露时间 ≤ 10%RH	不适用	不适用
4、5、5a	>8 小时 ≤ 30℃ /60%RH	重置	不适用	表 15-4	干燥包装
4、5、5a	≤ 8 小时 ≤ 30℃ /60%RH	重置	10 倍的暴露时间 ≤ 10%RH	不适用	不适用
2、2a、3	累计时间≥车间寿命 ≤ 30℃ /60%RH	暂停	任何时间≤ 10%RH	不适用	不适用

15.6　使用

一旦打开隔潮袋包装，车间寿命就开始计时。

1. 来料包装检查

（1）隔潮袋检查。对于干燥包装的元器件，应检查警示标签或条形码上的封袋日期。同时，应检验包装袋并确保没有洞、凿孔、撕破、针孔或任何会暴露内部或多层包装袋内层的开口，如果发现有开口，应参照湿度指示卡（HIC），决定采取哪种适当的恢复措施。

（2）元器件检查。将完好的密封袋在接近封口处的顶部割开，检查元器件。如果包装袋在车间环境中打开不超过 8h，可再与活性干燥剂一起重新装入密封袋中并封口，或者将元器件放置在一个空气干燥箱里再次干燥，要求再次干燥的时间至少是暴露时间的 5 倍。

2. 车间寿命

如果车间环境条件为 ≤ 30℃ /60%RH，车间寿命如表 15-7 所示。

如果环境条件不是 30℃ /60%RH，要修改表 15-7 中的 SMD 的车间寿命。再次烘烤前，可参考表 15-8，以确定最长的允许时间。

表 15-7　潮湿敏感度等级和车间寿命

等级	在车间环境 ≤ 30℃ /60%RH 条件下或规定条件下的车间寿命（袋外）
1	在 ≤ 30℃ /85%RH 条件下不受限
2	1 年
2a	4 周
3	168 小时
4	72 小时
5	48 小时
5a	24 小时
6	产品包装上注明的时间

注：摘取 IPC/JEDEC J-STD-033B 中表 8-1 部分内容，详细见原文。

表 15-8　酚醛树脂、联苯或多功能环氧树脂封装器件在不同温度和湿度条件下的推荐等量总车间寿命

封装类型和本体厚度	潮湿敏感度等级	温度	不同湿度下的总车间寿命 / 天									
			5%RH	10%RH	20%RH	30%RH	40%RH	50%RH	60%RH	70%RH	80%RH	90%RH
本体厚度 ≥ 3.1mm 包括：引脚数 >84 的 PQFP；PLCC（方形）；所有 MQFP；大于 1mm 的所有 BGA	2a 级	35℃	∞	∞	94	44	32	26	16	7	5	4
		30℃	∞	∞	124	60	41	33	28	10	7	6
		25℃	∞	∞	167	78	53	42	36	14	10	8
		20℃	∞	∞	231	103	69	57	47	19	13	10
	3 级	35℃	∞	∞	8	7	6	6	6	4	3	3
		30℃	∞	∞	10	9	8	7	7	5	4	4
		25℃	∞	∞	13	11	10	9	9	7	6	5
		20℃	∞	∞	17	14	13	12	12	10	8	7
	4 级	35℃	∞	3	3	3	2	2	2	2	1	1
		30℃	∞	5	4	4	4	4	3	3	2	2
		25℃	∞	6	5	5	5	5	4	3	3	3
		20℃	∞	7	7	7	7	7	6	5	4	4
	5 级	35℃	∞	2	2	2	2	1	1	1	1	1
		30℃	∞	4	3	3	2	2	2	1	1	1
		25℃	∞	5	5	4	4	3	3	2	2	2
		20℃	∞	7	7	6	5	5	4	3	3	3
	5a 级	35℃	∞	1	1	1	1	1	1	1	1	1
		30℃	∞	2	1	1	1	1	1	1	1	1
		25℃	∞	3	2	2	2	2	2	1	1	1
		20℃	∞	5	4	3	3	3	2	2	2	2
2.1mm ≤ 本体厚度 <3.1mm，包括：PLCC（矩形）；引脚数为 18~32 的 SOIC（宽体）；引脚数 >20 的 SOIC；引脚数 ≤ 80 的 PQFP	2a 级	35℃	∞	∞	∞	∞	58	30	22	3	2	1
		30℃	∞	∞	∞	∞	86	39	28	4	3	2
		25℃	∞	∞	∞	∞	148	51	37	6	4	3
		20℃	∞	∞	∞	∞	∞	69	49	8	5	4
	3 级	35℃	∞	∞	12	9	7	6	5	2	2	1
		30℃	∞	∞	19	12	9	8	7	3	2	2
		25℃	∞	∞	25	15	12	10	9	5	3	3
		20℃	∞	∞	32	19	15	13	12	7	5	4

续表

封装类型和本体厚度	潮湿敏感度等级	温度	不同湿度下的总车间寿命/天									
			5%RH	10%RH	20%RH	30%RH	40%RH	50%RH	60%RH	70%RH	80%RH	90%RH
2.1mm ≤ 本体厚度 <3.1mm，包括: PLCC(矩形)；引脚数为18~32的SOIC(宽体)；引脚数>20的SOIC；引脚数≤80的PQFP	4 级	35℃	∞	5	4	3	3	2	2	1	1	1
		30℃	∞	7	5	4	4	3	3	2	2	1
		25℃	∞	9	7	5	5	4	4	3	2	2
		20℃	∞	11	9	7	6	6	5	4	3	3
	5 级	35℃	∞	3	2	2	2	2	1	1	1	1
		30℃	∞	4	3	3	2	2	2	1	1	1
		25℃	∞	5	4	3	3	3	3	2	1	1
		20℃	∞	6	5	5	4	4	4	3	3	2
	5a 级	35℃	∞	1	1	1	1	1	1	1	0.5	0.5
		30℃	∞	2	1	1	1	1	1	1	0.5	0.5
		25℃	∞	2	2	2	2	1	1	1	1	1
		20℃	∞	3	2	2	2	2	2	2	1	1

如果一批元器件中部分已使用，剩下的元器件在打开包装 1h 内必须重新封口或放入相对湿度低于 10% 的干燥箱中。

3. 安全存储

安全存储是指元器件保存在一个湿度可以控制的环境中，这样车间寿命可维持在"0"时间纪录。以下列出了 2~5a 级的元器件可接受的安全存储分类。

（1）干燥包装。在隔潮袋中的元器件，应该有一个预期的存储寿命，警示标签或条形码上标示的从袋封日期算起至少有 12 个月。

（2）空气干燥橱。散装元器件应放置在空气干燥橱中，橱内的温度和湿度条件应维持在 25 ± 5℃和小于 10%RH。橱内可使用氮气或干燥空气。

4. 再流焊接

再流焊接包括大面积再流焊接和返修过程中单个元器件的拆除与焊接。

（1）在打开干燥包装后，干燥袋中所有元器件在标注的车间寿命前，必须完成包括返修在内的所有高温再流焊接过程。如果车间寿命超期，应进行烘干处理；若车间环境超过标准，应按表 15-8 要求降级使用。

（2）在再流焊接过程中，元器件体温度不得超过标注在警示标签上的设定值。在再流焊接过程中，元器件体的温度将直接影响元器件焊接的可靠性。

（3）在再流焊接过程中，不应超出 IPC-7530 中推荐的温度曲线参数。虽然封装体的温度在再流焊接中是最关键的参数，但其他曲线参数，如高温中总的暴露时间和加热速率，也会影响元器件焊接的可靠性。

（4）如果使用多次再流焊接，必须确保在最后一次再流焊接前，所有潮湿敏感元器件，无论是贴装的还是没有贴装的，都不能超过它们的车间寿命。

（5）每个元器件最多能经过 3 次再流焊接过程。如果超过 3 次，应向供应商咨询。

5. 湿度指示卡（HIC）

湿度指示卡显示元器件的吸湿情况。

（1）干燥包装内湿度过高。HIC 会提示干燥包装内湿度过高。这是由误处理（如缺少干燥剂或干燥剂量不足）、误操作（如 MMB 撕裂或割裂）或存储不当引起的。

（2）HIC 从 MMB 中取出后应立即读数。在（23±5℃）条件下可获得最精确的读数，后续的应用情况与存储时间无关，如库存寿命是否过期等。

① 如果 10%RH 点为蓝色，表示元器件干燥仍然合适。若干燥袋要再次封口，应更换活性干燥剂。

② 如果 5%RH 点为粉红色且 10%RH 点不为蓝色，那么元器件已超过了潮湿敏感度等级，必须按照表 15-4 或表 15-5 的规定进行干燥处理。

（3）车间寿命或温度 / 湿度环境超标。

① 如果车间寿命或温度 / 湿度条件超出规定，在再流焊接或安全存储前，元器件必须按照表 15-8 的要求进行干燥处理。

② 如果车间温度和 / 或湿度条件没有满足要求，那么应以减少元器件车间寿命作为补偿。

（4）第 6 级元器件。划分为第 6 级的元器件必须烘烤干燥，然后在标签指定的限制时间内完成再流焊接。

15.7 吸潮失效案例

案例 26：BGA 芯片与载板之间分层

某单板上 BGA 出现焊球桥连现象，其发生概率为 6.2%。通过超声波扫描发现失效样片出现分层现象。进一步进行切片分析，观察到芯片（Die）与 BGA 载板间出现分层，并使载板鼓起变形，从而导致再流焊接时 BGA 锡球桥连，如图 15-7 所示。追溯生产工艺过程，因生产批量小，客户提供的物料没有进行干燥包装。在生产时，上线前也没有进行检查和烘干。这是一个非常典型的由于吸潮导致 BGA 分层的案例。

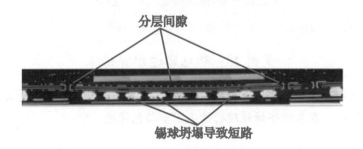

图 15-7　分层失效

塑封 IC，如 P-BGA、QFP 等，芯片与载板或框架的安装连接界面常常存在空洞，这些空洞可能是引发分层的起爆点。在多数情况下，如果吸潮量超标不多，再流焊接时往往会出现封装基板中心底部鼓包的现象，如图 15-8（a）所示。如果吸潮量达到饱和，再流焊接时升温速率和再流焊接峰值温度又比较高，就可能引发封装体开裂，如图 15-8（b）所示。

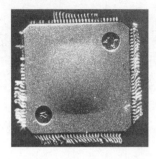

（a）封装分层　　　　　　　　　　（b）封装体开裂

图 15-8　分层与爆米花现象

案例 27：塑封 BGA 载板分层现象

BGA 载板分层也是吸潮导致的常见不良现象之一。

BGA 载板通常为一阶 HDI 四层板，由于埋孔的存在，很容易吸潮和分层。图 15-9 所示为一 BGA 基载板分层的案例。此 BGA 返修前单板没有进行过烘烤，因而出现了局部分层现象。

由于 HDI 单板内存在密集孔埋孔设计，因此分层往往表现为局部的多个圆形分层鼓包现象，这可能是埋孔所用填孔树脂容易吸潮导致的。

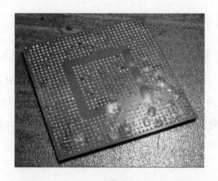

图 15-9　BGA 载板分层的案例

案例 28：钽电容过炉冒锡珠

某单板在焊接后，部分电容周围出现锡珠（图 15-10），锡珠位于钽电容侧面。据调查，此批物料之前拆过包，在未做烘烤处理的情况下重新包装过。

图 15-10　有机高分子钽电容冒锡珠现象

从冒锡珠位置就可以推测到锡珠的来源——阴极与 Ag 浆界面。通常，Ag 浆层容易吸潮，如果吸潮遇到高温，就会产生很大的内部蒸汽压力，将钽电容包封材料挤破，从而出现锡珠。结合本案例所用批次钽电容之前的开包历史记录，基本可以确定这是钽电容吸潮所致的。

钽电容的结构如图 15-11 所示。引脚电镀是在包封后进行的，也就是钽电容内没有 Sn 存在。而本案例的钽电容制造工艺与之不同，引线框架先期做过镀 Sn 处理，因此包封后内嵌部分引脚也是镀 Sn 的，如图 15-12 所示。

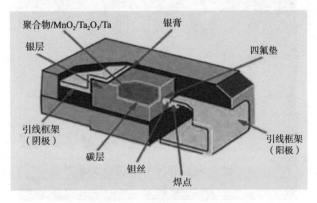

图 15-11　钽电容的结构

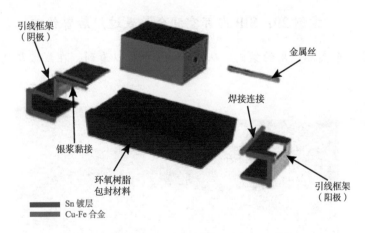

图 15-12　本案例结构示意图

分层位置如图 15-13 所示。

图 15-13　分层位置

从冒出的锡珠位置可以确定分层的地方——阴极与 Ag 浆界面。通常，Ag 层容易吸潮，至此原因已经很清楚了。通过切片分析，也可以发现 Ag 浆与介质层间存在空洞，这也是分层的原因之一，如图 15-14 所示。

此案例可能只出现在这种封装上，对今后钽电容的认证有意义。引线框架如果全部镀Sn，再流焊接时镀层会熔化，成为分层的触发点。

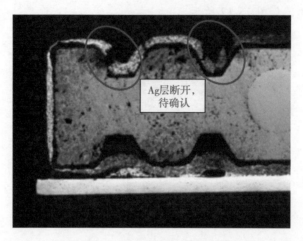

Ag层断开，
待确认

图 15-14　钽电容失效分析切片图

案例 29：SIP 内部空洞会导致过炉后冒锡珠

图 15-15 是一个实际应用的案例。从图 15-15 中可以看到，在载板与包封树脂界面的地方冒出了锡珠。

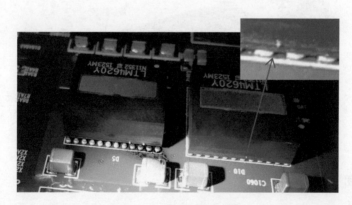

图 15-15　SIP 冒锡珠现象

从封装的角度看，SIP 就是一个包封的小模块——裸芯片、表面贴装元件焊接在一个小板子上，内部有锡焊点，如图 15-16 所示。锡焊点在再流焊接时会熔化。如果吸潮，就可能在界面的边缘处分层，这是因为 SIP 包封边缘非常窄。如果包封时界面处有空洞 [图 15-16（ b]，情况会更加严重，很可能就会冒锡珠。

此案例具有典型意义，凡是塑封器件，内部有锡焊点并吸潮，就很容易引起内部界面分层。

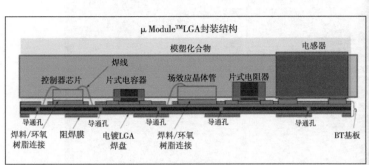

（a）SIP 封装实例（本失效案例） （b）内部有空洞

图 15-16 SIP 封装

案例 30：光驱动器件的焊接

对于光驱动器件的焊接，四周焊点出现虚焊，其 X 射线图如图 15-17 所示。从图 15-17 中明显可以看到，四周颜色深，而中心部颜色较浅，说明器件四周焊料比较厚，中心部比较薄。这种现象符合器件变形产生的楔形焊缝特征。

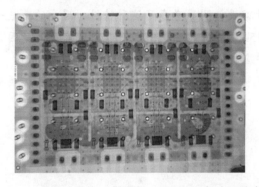

图 15-17 光驱动器件 X 射线图，显示四周焊点可能虚焊

由于光驱动器件是由很薄的载板与环氧树脂盖组成的空心封装器件（图 15-18），再流焊接时容易发生载板中心部位向外鼓起的现象，从而导致四周焊点与板的间距增加，可能因焊锡不足而产生虚焊。图 15-19 所示为光驱动器件焊接后的情况。

图 15-18 光驱动器件结构——空腔结构

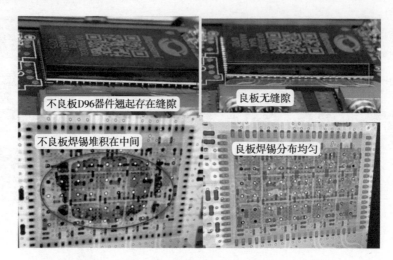

（a）测试不良——边与板有明显的距离　　（b）测试通过——边与板无明显的距离

图 15-19　光驱动器件焊接后的情况

　　此封装应归属于四级防潮器件，吸潮会增加空腔内水分，再流焊接时气压会升高，加剧中心部位鼓起程度。实验证明，采用 125℃、5h 的烘干工艺，能够有效减少中心部位鼓起的程度（经验证十分有效），因此烘干应作为此类封装的标准工艺流程之一。

　　供应商推荐的钢网开窗设计明显考虑了这种特性，焊膏的覆盖率仅 20%，供应商提供的钢网开窗设计尺寸如图 15-20 所示。此案例之所以出现虚焊，是因为焊膏太多将器件垫起。组装厂家的钢网开窗与供应商推荐的钢网开窗对比如图 15-21 所示。

　　此案例的意义在于说明特殊器件的焊接需要引起关注。腔体类封装的变形不像实体那样沿长边方向变形，而是中心部位鼓起，并且对湿度敏感。

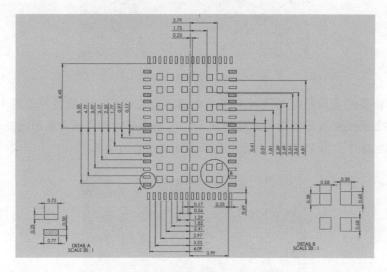

图 15-20　供应商提供的钢网开窗设计尺寸

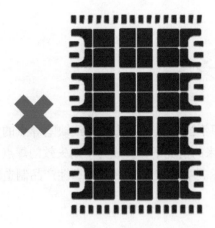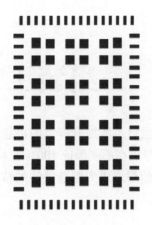

组装厂家的钢网开窗设计　　　　供应商推荐的钢网开窗设计

图 15-21　组装厂家的钢网开窗与供应商推荐的钢网开窗对比

第16章

组装工艺控制

制造环节虽然不能提升焊点的可靠性，但不当的制造工艺会导致缺陷焊点的产生。这些缺陷焊点在不能保证 100% 被检测出来的情况下，会成为早期失效的焊点，因此制造合格的焊点成为制造关注的核心目标。本章重点介绍高可靠性产品制造的工艺控制问题。

16.1　组装工艺对可靠性的影响

从设计上保证可靠性仅仅完成了一半工作，如果随后的加工制造工艺不当，即使设计做到最优，也会在现场产生较高的故障率。有些工艺因素对焊点的可靠性有明显的影响，这些因素包括：焊料合金，焊料体积，元件的贴装位置精度，焊接工艺条件，焊剂残留物的清洗。

以下仅从影响可靠性的角度对这些因素进行讨论。

1. 焊料合金

用于形成焊点的焊料合金必须与被连接的材料完全兼容。它不仅不能溶解元件或 PCB 焊盘的基材，也不能形成易脆的或不稳定的金属间化合物。此外，焊好的接点在经历反复热循环过程中，应具有足够的柔韧性。

在标准的工作环境下，电子产品的焊接通常采用的是 Sn 基合金，例如有铅工艺使用的 Sn-Pb 共晶合金、无铅工艺使用的 SAC305。在要求能够工作在高温度环境下且疲劳寿命比较长的产品中，通常会用到 Sn-Ag-Cu-Sb 合金。

金不应作为对高可靠性有要求产品的元件可焊端头的表面镀层，因为它在锡 - 铅焊料中具有高度可溶性。如果其质量分数超过 0.1%，就可能形成易裂的脆性界面金属间化合物（这里指的是在老化过程中迁移到界面的 Au-Sn 合金）。此外，由于金的成本较高，通常镀层会很薄，一般在 0.05~0.20μm。这样的薄层金并不能有效地保护基底金属不被氧化，因此很难确保良好的可焊性。

如果必须使用镀金端接头，那么在焊接之前应将其清除。通常的清除方法是采用小锡炉，即将引脚或焊端浸在熔融的锡锅内进行搪锡处理。只有当镀金层用于接触连接时，才允许保留端接头上的金。

2. 焊料体积

焊点的焊料量必须适中，既要提供足够的机械强度，又不能过多，因为过多的焊料会减少焊点的柔韧性。然而，目前业界在这方面的研究还不够充分，只有部分量化数据可供参考，例如 SOT-23 晶体管焊点的最佳焊料量在 0.6~2mg。大多数研究材料只是简单地提到了目视检查应遵循的原则，而没有提供具体的判断数据。

虽然对整个焊点进行目视检查是有益的，但这种方式只能粗略地估计焊点的可靠性。焊点内部的空洞或许多目视无法触及的部位可能存在问题，有可能无法被目视检查发现，而这些未被检测出的问题可能会对可靠性造成严重影响。尽管可靠性测试或 X 射线对焊点的分析能够检测出问题焊点，但这些方法的实用性不强，无法在批量生产中广泛应用。

在 IPC-A-610 的验收标准中，为各种类型的焊点规定了验收的极限范围。大量的统计数据或经验表明，在这些范围内的焊点很少发生故障，而超出这些极限范围的焊点则更容易发生故障。然而，要确保这种一般性的技术规范在所有情况下都最优，仍然是不可能的。

3. 元件的贴装位置精度

并非所有贴片元件都具有自对中效应，在大多数情况下，贴装精度仍然是一个需要关注的主要问题。如果端接头的大部分超出了相应的电路焊盘，那么焊点可能无法获得适当的连接强度。这种偏移可能来源于贴片机的定位精度问题，或者是元器件引脚/焊端、焊盘和钢网开口的匹配性设计问题。图 16-1 展示了三种尺寸片式电容的焊接偏移对温度冲击或温度循环试验寿命的影响分析图。从图中可以明显看出，元器件贴装位置的偏移对可靠性的影响非常显著。

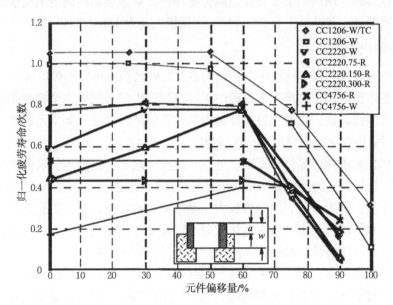

注：图中 CC 表示片式电容；W 表示采用波峰焊接；R 表示采用再流焊接；TC 表示 –20~100℃ 温度循环试验寿命，未标识 TC 的为 –55~125℃ 温度冲击试验疲劳寿命；a 为元器件偏离焊盘的距离；w 表示元器件的宽度尺寸。

图 16-1　元件偏移对疲劳寿命的影响

4. 焊接工艺条件

焊接工艺对可靠性的影响主要体现在温度及其变化速率上，可能对元件和电路板造成损坏。这种影响主要来自以下三方面因素：

（1）峰值温度。

（2）在熔点以上温度范围内的停留时间过长。

（3）快速温度变化，例如气相再流焊接的快速升温或热风再流焊接的快速冷却。

所有的表面组装焊接工艺都应对上述一个或多个因素加以关注。采用气相再流焊接工艺时，应特别关注较大的温度梯度和较长的高温停留时间；采用热风再流焊接工艺时，应关注峰值温度和液态以上时间，因为它们会影响界面 IMC（金属间化合物）的形态与厚度；在进行波峰焊接时，较长的接触时间可能会蚀掉焊盘，造成 PCB 孔断裂或 PCB 分层。

电子元器件由多种具有不同物理特性的材料组成，这些材料对热应力的反应各不相同。例如，塑封集成电路由铜引线框架、硅芯片和环氧树脂包封材料构成，这些材料具有不同的热膨胀系数。当这类封装经受较大的温度梯度时，由于不同热膨胀而产生的应力可能变得足够大，导致芯片或包封化合物界面开裂。

从可靠性的角度出发，理想的焊接温度曲线，应表现为逐渐升高至中间温度，然后快速提升至焊料熔点温度以上，以形成焊点，最后逐渐冷却到室温。尽管实际生产中由于元器件的封装特性和 PCB 布局差异较难达到这种理想状态，但仍应采取措施，使其接近理想温度曲线的要求。

其中最重要的一项考虑是焊接过程中应包括合适的预热工序。预热可以带来诸多好处，包括蒸发焊膏中的溶剂等挥发性物质、减少组件上的温度差、促进焊剂活化，以及提高生产效率。在可靠性方面，预热的主要好处是减少热冲击。对预热温度的范围要求并不严格，通常推荐的温度范围是：有铅工艺为 100~150℃，无铅工艺为 150~200℃。

5. 焊剂残留物的清洗

尽管免清洗工艺现在被广泛使用，并且大多数组件已经不再进行焊后清洗，但随着 BTC 类封装元器件的广泛应用，焊接工艺过程中很难将焊膏中的溶剂等完全挥发干净。这有时会形成"湿"的焊剂残留物，这种残留物极易吸潮并降低绝缘性能。如果元器件相邻焊端存在较大偏压，就可能引发绝缘击穿现象，这对免洗工艺的可靠性提出了挑战，并已成为新问题。

对于高可靠性要求的产品，如军事、航空、航天、汽车、医疗等领域的产品，清洗是必备的工艺步骤。选择合适的清洗方法和清洗剂是清洗工艺的核心。对于 BTC 类封装，通常不推荐使用水基工艺，因为水的表面张力较大，难以渗透到这类元器件的底面并彻底清除焊剂残留物。虽然在水基清洗剂中加入表面活性剂可以降低清洗剂的表面张力，但这也可能带来新的问题，即表面活性剂需要在最后的去离子水漂洗中被彻底清除。

此外，必须明确的是，对于大多数敞开型焊点而言，如果焊剂残留物是"干"的，则不完全的清洗处理可能比不清洗带来的问题更大。如果焊剂残留物一直原封不动地留在电路板上，其活性剂被松香所包围并不会造成腐蚀问题；但如果清除不完全，那么这些焊剂中的活性物质在潮湿环境下可能会溶解，并释放到焊点之间。

16.2 SMT 前工艺

SMT 前工艺主要包括去金、搪锡和引线成型。

为了保证元器件引脚或焊点的良好润湿，在航空、航天等高可靠性要求的产品生产中，焊接前需要对元器件引脚/焊端进行搪锡、去金处理。在一般的工厂中，把这两项工艺定义得很清楚。实际上，去金工艺也是搪锡工艺，只是首要目标是去金。下面简要介绍这两项工艺的要求和注意点，具体的操作方法很多，根据工厂的具体情况决定。

16.2.1 去金工艺

1. 背景及目的

相对于消费类电子产品，航空、航天产品往往要维持数年的断续生产能力，且每次的生产量又很小。为了降低生产成本并保障随时生产，一些核心的专用器件往往一次性生产足够数量后存储起来，供后续生产或维修使用。为了确保可焊性，这类元器件往往采用镀厚金（≥ 2.5μm）的工艺保护被焊接表面。但因为厚金可能导致焊点发生金脆问题，所以在这些镀厚金的元器件使用前必须把金去掉并搪锡，这就是去金的背景。

2. 去金工艺

（1）去金原则。

① 插装元件引脚，如果金层厚度超过 2.54μm，95% 以上的被焊接面应去金。

② 对于表面安装元器件，无论金层厚薄，95% 被焊接面都应该去金。对于陶瓷类封装，除了 CBGA，其他封装，如 LCCC、CQFP、QFN 等都需要去金。

③ 镀层厚度超过 2.54μm 的焊端、杯焊端形（不管厚薄），95% 以上被焊接面都应去金。

④ ENIG 处理的 PCB 焊盘不需要去金。

（2）去金的方法。

去金的方法很多，如使用小锡锅、小锡炉（带流动锡波的小锡槽）等方法去金。通常不推荐采用烙铁去金，它往往需要两次及以上的搪锡才能将镀金层去除，操作不当很容易对元器件造成损伤。

（3）去金注意事项。

当采用锡锅搪锡时，对锅内焊料应定期更换，这是因为当溶于焊料中的金含量达到 3% 时，去金就失去了意义。

如果采用烙铁搪锡，当金层厚度超过 2.54μm 时，应进行两次搪锡操作。

16.2.2 搪锡工艺

1. 搪锡的目的

焊点的可靠性很大程度上取决于被焊基材的可焊性。对于高可靠性要求的电子产品的生产，为了 100% 可靠地焊接，往往在装焊前对元器件引脚或焊端进行重新涂锡处理，即通常说的搪锡处理。通过搪锡，将旧的锡镀层溶解，并产生一层新的镀锡层。

2. 搪锡方法

（1）设备。元器件引线搪锡可采用电烙铁搪锡、锡锅搪锡及超声波搪锡等方法。图 16-2 所示为市场上常见的小锡锅。

图 16-2　常见的小锡锅

（2）搪锡工艺。

① 搪锡的工艺流程：引脚沾涂焊剂—浸锡—拉出。

② 搪锡的元件引脚不宜剪短，应采用长引脚搪锡；否则，端头比较粗或拉尖。

③ 电烙铁搪锡采用温控电烙铁，搪锡温度控制在 300℃±10℃，搪锡时间为 2s；锡锅搪锡采用温控锡锅，搪锡温度不高于 290℃，搪锡时间为 1～2s，在搪锡过程中，应不断清除锡锅表面上的氧化残渣，确保搪锡引线表面光滑明亮。

超声波搪锡在超声波搪锡机上进行，搪锡时元器件引线应紧贴变幅杆端面，以得到最佳的搪锡效果。超声波搪锡温度控制在 240～260℃，搪锡时间为 1～2s。

3. 搪锡的质量要求

（1）锡表面光滑明亮，无拉尖和毛刺，搪锡层薄而均匀、无焊剂残渣和其他污染物。

（2）轴向引线元器件搪锡时，一端引线搪锡后，要等元器件冷却后，才能进行另一端引线的搪锡。

（3）在规定温度和时间内若搪锡质量不好，可待引线冷却后，再进行第二次搪锡。当第二次失败后，应立即停止操作并找出原因后，再进行搪锡处理。

（4）部分元器件，如非密封继电器、开关元器件、电连接器等，一般不宜用锡锅搪锡。如果用电烙铁搪锡，应防止焊料、焊剂渗入元器件的内部。

（5）带有玻璃绝缘端子的元器件引线搪锡时，应采取散热措施，以防止玻璃绝缘端子开裂损坏。

（6）静电敏感器件引线搪锡时，锡锅应可靠接地，以免器件受静电损伤。

（7）对内部有电气连接点的元器件引线搪锡时，一般宜采用超声波搪锡。

16.2.3　引线成型

在航空、航天领域，由于产品的批量很小，引线成型工作大多数由厂家自己在车间完成。引线成型的基本要求有以下几点。

1. 插件的安装要求

要进行引线成型的元器件主要是插件类封装，其引线的成型首先基于安装要求（图 16-3），如元器件体要位于焊盘的中心。插件的安装要求如下。

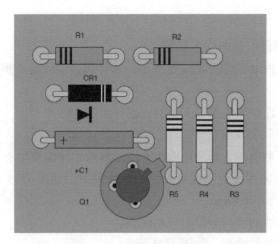

图 16-3　插件的安装示意图

（1）元器件位于其焊盘中间。

（2）元器件标记可辨识。

（3）极性元器件和多引线元器件定向正确。

（4）无极性元器件按照标记同向读取（从左至右或从上至下）的原则定向。

2. 引线的弯曲

（1）通孔插件的引线从元器件本体、焊料球或引线熔接点延伸至引线弯曲起始点的距离，如图 16-4（a）中所示的 L，应至少为一个引线直径或厚度，但不小于 0.8mm。

（2）元器件引线内弯半径，如图 16-4（b）中的 R，应满足表 16-1 中的要求。

（3）引线熔接处、焊料球或元器件本体引线密封处无裂缝。

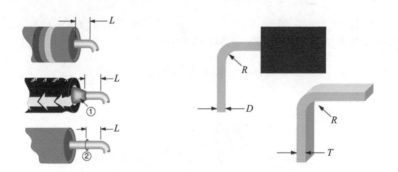

（a）弯曲位置　　　　　　　　　　（b）引线弯曲内半径

图 16-4　引线弯曲尺寸说明

表 16-1　引线内弯半径要求

引线直径（D）或厚度（T）	最小内弯半径（R）
<0.8mm	$1D/T$
0.8~1.2mm	$1.5D/T$
>1.2mm	$2D/T$

注：矩形引线采用厚度（T）。

3. 应力释放

（1）通孔插件元器件引脚的应力释放。

有些元件封装体与 PCB 的热膨胀失配严重，常常通过引线成型提供应力释放，如图 16-5 所示。其他要求如下。

① 从元器件本体伸出的引线部分大致与元器件本体主轴线平行。

② 插入孔的引线部分大致与板面垂直。

③ 由于采用某种类型的应力释放弯曲将允许元器件本体偏离中心位置。

④ 从元器件本体的密封处到引线弯曲起始点的距离，如图 16-5（b）中的 L 至少为 1 倍引线直径或厚度，但不小于 0.8mm。

⑤ 元器件本体与引线的密封处没有损伤或裂缝。

⑥ 严禁没有应力释放的成型，如图 16-6 所示。

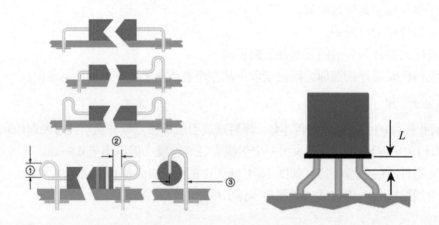

（a）轴向引线的应力释放　　　　　　　　（b）径向引线的应力释放

注：① 为典型的 4~8 倍线径；② 为最小 1 倍线径；③ 为最小 2 倍线径。

图 16-5　引线的应力释放成型

图 16-6　没有应力释放的情况

（2）CQFP 器件的引脚的应力释放。

CQFP 引脚出脚有 3 种方式，如图 16-7 所示。如果采用的是底部出脚结构，应进行二次成型（图 16-8），提供应力释放，否则疲劳寿命会因热膨胀失配而严重劣化。

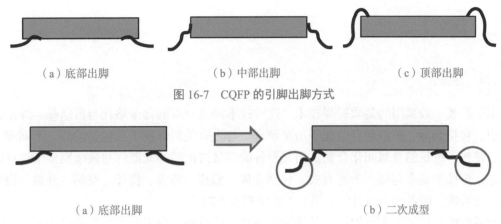

（a）底部出脚　　　　　　　（b）中部出脚　　　　　　　（c）顶部出脚

图 16-7　CQFP 的引脚出脚方式

（a）底部出脚　　　　　　　　　　　　　　（b）二次成型

图 16-8　底部出脚的二次成型

4. 极性标识

（1）无极性元器件的标识从上至下读取，如图 16-9 所示。

（2）极性标识位于顶部，如图 16-9 所示（印在电容器黑色外壳上的箭头指向元器件的负极）。

5. 损伤可接受条件

无论采用手工、机械或模具对元件引线进行成型，只要引脚上的刻痕、损伤或变形不超过引脚直径或厚度的 10%，都是可以接受的，如图 16-10 所示。不可接受的情况如图 16-11 所示。

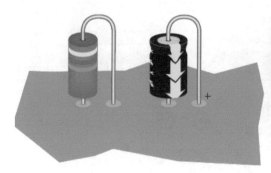

图 16-9　元器件极性标识

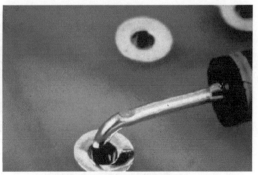

图 16-10　引线损伤现象

（a）引线的损伤超过了引线直径或厚度的 10%；
引线由于多次或粗心弯曲产生变形

（b）严重的凹痕，如锯齿状的钳子夹痕；
引线直径减少了 10% 以上

图 16-11　不可接受的情况

16.3 SMT工艺

16.3.1 表面组装元器件的焊接

电子组装一般采用的是软钎焊技术。这种技术涉及焊点的合金熔化与再结晶、焊接界面的反应，包括润湿、扩散和合金化等冶金原理。与之有关的焊接不良包括冷焊、不润湿、半润湿、渗析、过量的金属间化合物。而元器件的焊接讨论的是元器件封装级别多个焊点的焊接问题，焊接不良多与焊点形态有关，包括立碑、偏移、芯吸、桥接、空洞、开焊、锡球、锡珠、飞溅物。两者讨论的对象不同，工艺原理也不同。

元器件的焊接属于多点焊接，并受封装热变形的影响。由于每类封装的结构不同，因此形成了各自独有的工艺特性，也导致了生产中出现不同的焊接问题。如片式元件主要是立碑和偏移，BGA焊接主要是球窝和开焊，QFP焊接主要是桥接和开焊，QFN焊接主要是桥接、虚焊和空洞等。掌握各类封装的工艺特点，是工艺设计、工艺优化的基础。下面举一个例子予以说明。

案例 31：BGA 的球窝与开焊

BGA，特别是塑封BGA，由于尺寸大且具有层结构，在再流焊接加热阶段，会发生由哭脸向笑脸的翘曲变形，如图16-12所示，这会引发BGA焊球与焊膏的分离——产生间隙，最终导致球窝或开焊现象的发生。

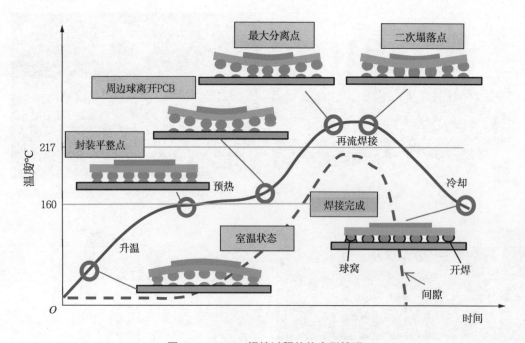

图 16-12　BGA 焊接过程的热变形情况

从图16-12可以看到，BGA在室温时中心上弓（所谓的哭脸），随着温度升高，会逐渐变平。温度一旦超过封装铸塑时的温度（通常在150℃左右），BGA四角开始上翘（所谓的笑脸），角部、边上的焊球逐渐与 PCB 拉开距离，这是导致焊接出现球窝、开焊等不良现象的主要原因。在此阶段，焊球与焊膏分离，助焊剂无法去除分离的焊球表面的氧化物，而助焊剂随着时间的延长也逐渐失去活性（反应消耗、挥发与分解）。随着温度的进一步升高，焊膏熔化，BGA 塌落。这时，即使熔融焊球与焊料接触，也因焊球表面较厚的氧化层而不能很好地融合在一起，最终将形成球窝缺陷。BGA 焊接的这个例子，很好地诠释了焊点形成与封装焊接的不同。

16.3.2　焊膏印刷

焊膏印刷是 SMT 组装流程的第一个工序，其主要功能就是分配焊膏。

焊膏印刷工艺是 SMT 的核心工艺，决定了 SMT 的工艺质量。据统计，超过 60% 的表面组装不良与焊膏印刷工艺有关，更确切地讲，与焊膏的量和一致性有关。焊膏的量取决于模板的设计，包括模板厚度与开口图形形状，它决定了焊接直通率的高低。而焊膏印刷量的一致性取决于印刷工艺，决定了焊接直通率的稳定性。

将焊膏印刷的目标转换为印刷图形的目标，就是厚度一致、图形完整、位置准确。控制焊膏的印刷工艺，就是希望获得一致的、可重复的印刷图形质量。

随着元器件间距的缩小，焊膏印刷的主要挑战是确保封装级别每个模板开口转移率的一致性或变化率。统计数据表明，少锡（指少印）比多锡（指多印）对焊接质量的影响更大，如开焊、球窝、不熔锡（葡萄球现象）、立碑、偏移等都与少锡有关，而多锡仅与精细间距的翼形引脚器件桥连有关。因此，印刷工艺主要解决的是少锡问题，即提高下锡能力并获得稳定的转移率。

1. 印刷原理

焊膏印刷原理如图 16-13 所示。通过刮刀的刮动将焊膏填充到模板开口内，再通过印制电路板与模板的分离，将焊膏转移沉积在 PCB 焊盘上。显然，焊膏印刷工艺过程可以细分为填充与转移两个子过程。

填充性用填充率表示，是指印刷时焊膏被填充进模板开口内的比率，用实际焊膏量与模板开口体积之比表示。由于测量的关系，生产中多用填充的面积比来表示。

转移性，也称为脱模性、下锡能力，用转移率表示，是指印刷时模板开口内焊膏被转移到焊盘上的比率，用实际转移的焊膏量与模板开口体积之比表示。

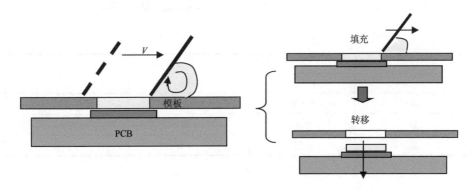

图 16-13　焊膏印刷原理

2. 影响焊膏印刷的因素

影响焊膏印刷的因素包括3个方面，即焊膏印刷性能、模板和印刷工艺，如图16-14所示。

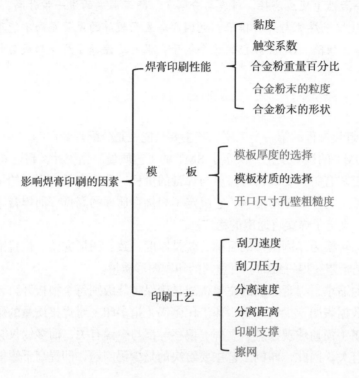

图 16-14 影响焊膏印刷的因素

（1）焊膏印刷性能。焊膏的黏度、触变性和焊粉粒径对印刷性能影响很大。因此，选择工艺性良好的焊膏以及适用的焊粉粒径很重要。

焊锡合金粉的粒径，对焊膏的转移率及图形的规整性（或称为分辨率）有很大的影响。根据经验，焊粉的粒径应与模板的开口尺寸和厚度匹配，业界常用模板开口宽度和高度尺寸容纳的焊锡球数量来选用焊膏。我们把它总结为5球/8球/4球原则，如图16-15中印刷性能"好"一行。

焊粉颗粒与开口的关系　　　　　　　　焊粉颗粒与厚度的关系

印刷性能	模板开口		模板厚度
	方形	圆形	
非常好	> 6 球	> 10 球	> 5 球
好	5 球	8 球	4 球
差	< 4 球	< 7 球	< 3 球

图 16-15　开口尺寸与焊粉颗粒数量

（2）模板因素。模板的面积比、模板孔壁的粗糙度与孔形，主要影响焊膏的转移率。

所谓面积比，是指模板开口面积与孔壁面积的比。面积比是影响焊膏转移率的重要因素，工程上一般要求面积比大于 0.66，在此条件下可获得 70% 以上的转移率，如图 16-16 所示。

面积比本质上反映的是模板脱模时侧壁挂锡量的影响。当焊膏脱模时，能否将填充到模板开口内的焊膏完全地转移到 PCB 焊盘上，取决于侧壁的粗糙度及焊膏的黏性。显然，面积比越大，模板侧壁挂锡对焊膏转移率的占比就越小。

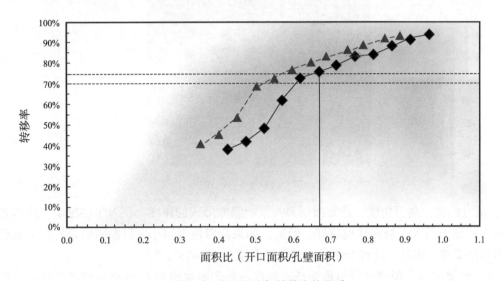

图 16-16　面积比与转移率的关系

（3）印刷工艺参数。焊膏印刷工艺参数主要指刮刀速度（v_b）、刮刀角度（θ）、刮刀压力（F）、分离速度（v_s）、分离距离（h）等设备设置参数，如图 16-17 所示。刮刀速度、刮刀角度和刮刀压力主要影响焊膏的填充，分离速度和分离距离主要影响焊膏的转移。

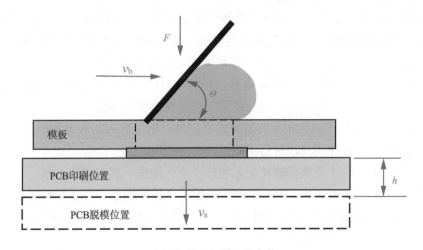

图 16-17　印刷工艺参数

这些参数对焊膏印刷的影响有以下几个方面。

① 刮刀速度。刮刀速度对焊膏印刷的影响主要是填充性，一般而言，刮刀速度小于

100mm/s，填充时间起主导作用，刮刀速度大于 100mm/s，焊膏黏度起主导作用。但有一点是共同的，即刮刀速度太快（大于 180mm/s）或太慢（低于 20mm/s），都不利于焊膏的填充。

② 刮刀压力。对于刮刀压力的设置，原则上只要印刷时模板能够紧贴 PCB、刮刀经过后模板表面干净，越小越好。因为刮刀压力越大，不仅模板的寿命越短，而且容易导致大尺寸开口内焊膏被舀挖的现象，如图 16-18 所示。

图 16-18　焊膏被舀挖现象

③ 刮刀角度。刮刀角度，通常指刮刀与模板表面形成的角度。刮刀角度越小，施加到焊膏上向下的压力越大，填充性也越好。但是，如果刮刀角度偏小，将影响焊膏的正常滚动，也不容易刮干净。因此，比较合适的刮刀角度范围为 45°~75°。

（4）脱模速度。脱模速度也称为分离速度，指印刷完成后 PCB 离开模板的速度。这个速度主要影响脱模时 PCB 与模板之间的空气压力及焊膏的甩出效应。如果脱模速度很快，将在 PCB 与模板之间形成负压，脱模的瞬间会使孔壁处的焊膏被抽出，从而降低图形的分辨率，并污染模板的底部，如图 16-19（b）所示。如果脱模速度比较慢，会得到良好的印刷图形和较高的分辨率，如图 16-19（a）所示。

（5）擦网 / 底部擦洗。由于 PCB 的变形、定位不准、支撑不到位、设计等原因，印刷时模板与 PCB 焊盘之间很难形成理想的密封状态。焊膏印刷时或多或少会有焊膏 / 助焊剂从模板与 PCB 的间隙挤出，弄脏模板底部，等到下次印刷时就会污染到 PCB 的表面上。此外，随着印刷次数的增加，开口侧壁会黏附锡膏，影响焊膏的转移率及焊膏量的稳定性。因此，需要对模板底部及开口内残留的焊膏进行清除（这是没办法的办法）。

底部擦洗关系到焊膏印刷体积及转移率的稳定性，所以有人将底部的擦洗工艺称为工艺中的工艺。通常采用自动擦洗方法进行清除。

对于一般的产品，一个完整的擦洗工艺包括 3 步：湿擦、真空擦和干擦。

（6）PCB 支撑。PCB 支撑是影响焊膏印刷的一个重要因素，主要影响模板与 PCB 焊盘之间的间隙。如果模板与 PCB 焊盘之间存在间隙，将导致焊膏增厚并污染模板底部，这点对于精细间距元器件的印刷是不利的，需要频繁擦网。

4. 实际生产中影响焊膏填充与转移的其他因素

在实际生产中，模板、刮刀和设备等因素并不总是符合要求的，模板松弛、刮刀变形、擦网异常、PCB 翘曲或支撑不良、设备异常（如不喷酒精）等都会改变模板与 PCB 焊盘间的接触状态，从而影响焊膏量的一致性。

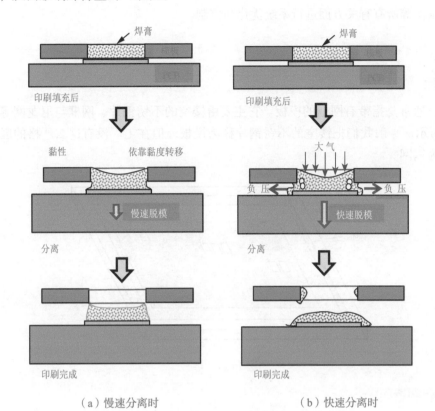

（a）慢速分离时　　　　　　　　（b）快速分离时

图 16-19　脱模速度对焊膏转移的影响

　　图 16-20 是某公司一段时间内焊膏桥连发生频率与原因的分析图。从图 16-20 中可以看到，影响焊接/焊膏桥连的因素很多，主要的影响因素并不是印刷机参数，而是 PCB 的支撑和擦网。所以，有人把印刷的支撑和擦网看作印刷工艺中的工艺，可见其重要性。

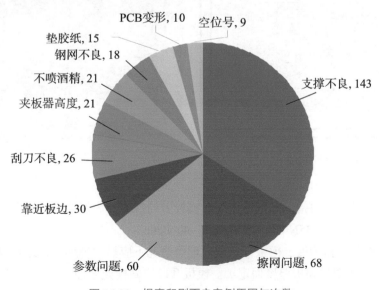

图 16-20　焊膏印刷不良案例原因与次数

因此，要获得良好的印刷结果，需要从设备选型、印刷参数调试、PCB 支撑、擦网、模板设计与制作等所有有关方面进行系统优化和控制。

16.3.3 钢网设计

1. 钢网

钢网，通常是指带有网框的模板。它主要由镂空的不锈钢片、网框与尼龙网等构成，如图 16-21 所示。一般我们把镂空的不锈钢片称为模板，但在工厂没有这么严格的区分，大多将模板称为钢网。

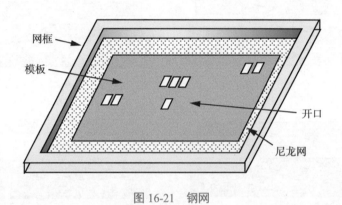

图 16-21　钢网

2. 钢网制造要求

（1）网框与模板的尺寸。为保证模板有足够的张力和良好的平整度，要求模板与网框内侧的距离大于等于 20mm（参见 IPC-7525），最好在 50~100mm，如图 16-22 所示。

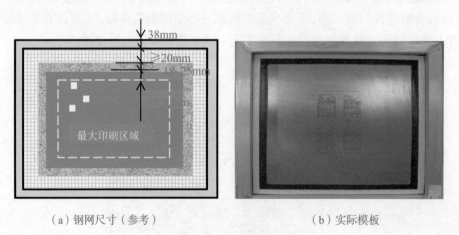

（a）钢网尺寸（参考）　　　　　（b）实际模板

图 16-22　钢网尺寸

（2）张力。模板张力指尼龙网纱作用在模板上的拉力。为保证模板的平整度，要求有足够的张力，一般要求大于 35N/cm，通常在 35~40N/cm。

（3）孔壁形状与粗糙度。模板开口截面理想情况下应呈"梯形"，即开口下尺寸比上尺寸宽 0.01mm 左右（根据模板厚度而定）。模板开口应做抛光处理。

（4）尺寸公差。目前国内主要模板厂家"激光＋电抛光"模板的加工精度如表16-2所示。

表16-2 电抛光模板的加工精度

项目	要求	测试方法
孔壁粗糙度	$Ra \leqslant 0.005\text{mm}$	用100倍放大镜观察，只检查非印刷面
孔口位置精度	（1）板子尺寸 $\leqslant 300\text{mm}$ 时，公差为 $\pm 0.04\text{mm}$ （2）$300\text{mm} < 板子尺寸 < 500\text{mm}$ 时，公差为 $\pm 0.06\text{mm}$ （3）板子尺寸 $\geqslant 500\text{mm}$ 时，公差为 $\pm 0.08\text{mm}$	整板3次元抽测
孔口尺寸精度	（1）引脚中心距0.35mm以及01005器件，公差为 $1\sim5\mu m$ （2）引脚中心距小于等于0.5mm以及0201/0402器件，公差为 $\pm 5\mu m$ （3）引脚中心距大于0.5mm以及0603以上的器件，公差为 $\pm 105\mu m$	3次元抽测
网框平整度	网框平整度 $\leqslant 2.0\text{mm}$	塞规测量

3. 模板开口设计基本要求

（1）面积比。为了确保70%以上的转移率，模板开口面积与孔壁面积之比应大于0.66或（槽孔）宽厚比大于1.5。

（2）阶梯模板。阶梯模板的设计，不但是一个模板的设计问题，还涉及元器件的布局间距，即精细间距元器件与普通间距元器件的间距，以满足阶梯焊膏厚度的印刷要求，如图16-23所示。

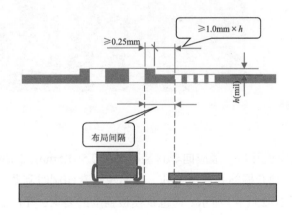

图16-23 应用阶梯模板的焊盘间隔要求

4. 模板开口设计

模板设计是工艺设计的核心工作，包括开口图形、尺寸以及厚度设计（如阶梯模板阶梯深度）。一般经验有以下几个。

（1）模板厚度。模板厚度的选取主要基于满足开口面积比的要求。对于0.4mm间距的QFP、0201片式元件，合适的模板厚度为0.1mm；对于0.4mm间距的CSP器件，合适的模板厚度为0.08mm，这是模板设计的基准厚度。引脚间距对应模板厚度推荐值如图16-24所示。如果采用Step-up阶梯模板，合适的最大厚度是在基准厚度上增加0.08mm。

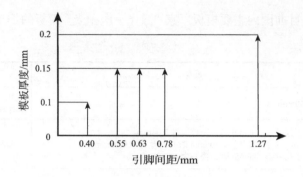

图 16-24　引脚间距对应模板厚度推荐值

（2）开口尺寸设计。除以下情况外，可采用与焊盘 1 ：1 的原则来设计（前提是焊盘是按照引脚宽度设计的，如果不是，应根据引脚宽度开口，这点务必了解）。

① 无引线元件底部焊接面（润湿面）部分，模板开口一定要内缩或削角，以消除桥连或锡珠现象，如 QFN 的热焊盘内缩 0.08mm、片式元件要削角。模板开口示意图及尺寸分别如图 16-25 和图 16-26 所示。

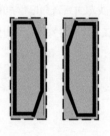
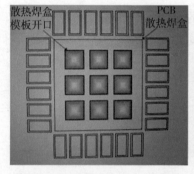
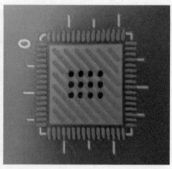

（a）Chip 类　　　　　　　　　　　　　（b）QFN 类

图 16-25　模板开口示意图

② 共面性差元件，模板开口一般应向非封装区外扩 0.5~1.5mm，以便弥补共面性差的不足。

③ 大面积焊盘，必须开栅格孔或线条孔，以避免焊膏印刷时刮薄或焊接时把元件托起，使其他引脚开焊，如图 16-25（b）所示。这也是模板强度的要求，开口宽度不应超过 2mm（至少保证了一个方向）。

④ ENIG 键盘板尽量避免开口大于焊盘的设计，以减少焊锡 / 焊剂飞溅。

⑤ 元件底部间隙为零的封装元件体的非润湿面不能有焊膏；否则，一定会引发锡珠问题。

⑥ 有些元件引脚不对称，如 SOT-252，必须按浮力大小平衡分配焊膏，如图 16-26（d）所示，以免因焊膏的托举效应而引起开焊。

⑦ 在采用模板开口扩大工艺时，必须注意扩大孔后是否对元件移位产生影响。

常见元件模板的开口图形与尺寸如图 16-26 所示。

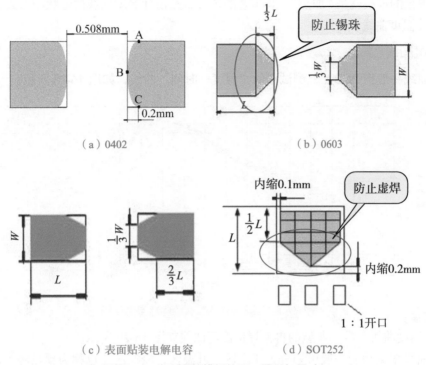

（a）0402　　　　　　　　　　　　（b）0603

（c）表面贴装电解电容　　　　　　　（d）SOT252

图 16-26　常见元件模板的开口图形与尺寸

16.3.4　再流焊接

再流焊接，又称为回流焊接，是指通过熔化预先分配到 PCB 焊盘上的膏状焊料，实现表面组装元器件焊端或引脚与 PCB 焊盘之间机械和电气连接的一种软钎焊工艺。

目前广泛使用的是热风再流焊接设备，它依靠强迫对流的热风进行加热。热风从设备的上下加热单元吹出，加热 PCB 表面，通过 PCB 和元器件封装体传热，使整个 PCB 趋向温度均匀。热风首先加热元器件和 PCB 的表面，因此这些部位的温度往往高于 PCB 内部和封装体底部的温度。由于非金属材料的导热系数比较小，再流焊接期间，不足以使 PCB 完全达到热平衡，像 BGA 类的器件，其中心与边缘焊点的温度存在差异（图 16-27），甚至有可能达到 10℃ 以上。这对 BGA 的焊接影响很大，不仅会使 BGA 的热变形加重，还导致边缘与中心焊点的熔化与凝固不同步，这些都是影响焊接质量的因素。

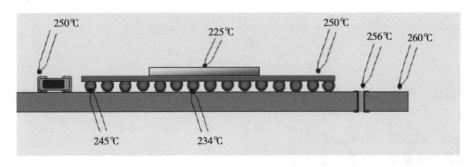

图 16-27　BGA 再流焊接时的温度分布

再流焊接的本质就是"加热"，其工艺的核心就是设计温度曲线的形状与参数，设置炉温，测试 PCBA 温度曲线。

1. 温度曲线

温度曲线一般指 PCBA 上测试点的"温度—时间"曲线，如图 16-28 所示。

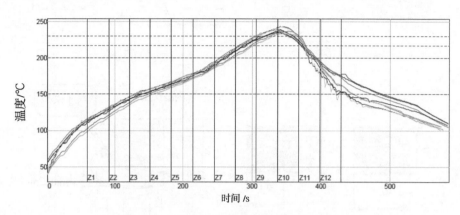

图 16-28　某产品的无铅再流焊接温度曲线

（1）温度曲线参数。典型的再流焊接温度曲线如图 16-29 所示。

温度曲线根据功能一般可划分为 4 个区：升温区、浸润区（也称为预热区）、再流焊接区和冷却区，其中再流焊接区为核心区。

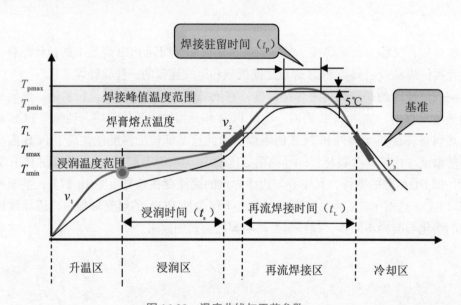

图 16-29　温度曲线与工艺参数

温度曲线一般用升温速率、浸润温度、浸润时间、焊接峰值温度、焊接时间来描述。关键参数如下。

① 浸润开始温度，用 T_{smin} 表示。

② 浸润结束温度，用 T_{smax} 表示。

③ 焊接最低峰值温度，用 T_{pmin} 表示。

④ 焊接最高峰值温度，用 T_{pmax} 表示。

⑤ 浸润时间，用 t_s 表示。

⑥ 再流焊接时间（焊膏熔点以上时间），用 t_L 表示。

⑦ 焊接驻留时间，用 t_p 表示。

⑧ 升温速率，用 v_1 与 v_2 表示。其中 v_1 以熔点以下 20~30℃ 的曲线为对象。

⑨ 冷却速率，用 v_3 表示，它以熔点以下温度曲线为测量对象。

⑩ 焊膏熔点温度用 T_L 表示。

各参数如图 16-29 所示。

（2）浸润温度与时间。浸润区也称为预热区，是温度曲线形状设置的关键，是不同焊膏、不同产品温度曲线的差异所在。其作用主要有 3 个：使助焊剂中的溶剂挥发；使助焊剂活化并去除被焊接金属表面氧化物；减小焊接时 PCBA 各部位的温度差。

浸润区参数的设置，除了考虑 PCBA 的温度均匀性，也要考虑助焊剂的有效性。助焊剂从 100℃ 起就具有比较明显的活性。温度越高，反应越快，如 150℃ 时的反应速度比 100℃ 时高出一个数量级。去除被焊接表面氧化物的过程主要集中在 150℃ 到焊膏熔化前这段时间，是助焊剂的主反应区。因此，控制助焊剂活性的有效性就是需要监控 150℃ 到焊膏熔化前这段时间。对于 SAC305 焊膏，浸润参数的设置如下。

（1）浸润开始温度（T_{smin}），通常按 150℃ 来设置（对于有铅工艺，按 100℃ 设置）。

（2）浸润结束温度（T_{smax}），通常按 200℃ 来设置（对于有铅工艺，按 150℃ 设置）。

（3）浸润时间（t_s），一般控制在 60~120s，这是助焊剂助焊反应的时间。只要 PCBA 在进入再流焊接阶段前达到基本的热平衡即可，在这样的前提下，时间越短越好。

（3）焊接峰值温度与焊膏熔点以上的时间。

① 焊接峰值温度。由于 PCBA 上每种元件封装的结构与大小不同，测试获得的温度曲线不是一条曲线，而是一组温度曲线，因此焊接峰值温度有一个最高峰值温度和最低峰值温度。

焊接峰值温度的设计，首先必须确定工艺类别，具体如下。

• 混装工艺：有铅焊料焊接 SAC305 焊球的 BGA。

• 低温焊料工艺：低温焊料（如 Sn57Bi1Ag42）焊接 SAC305 焊球的 BGA。

• 常规无铅工艺：使用 SAC305 焊料焊接 SAC305 焊球的 BGA。

• 低银焊料工艺：低银焊料焊接无铅 BGA。

其次，要满足基本的焊接工艺要求，即峰值温度既不能高于元件的最高耐热温度，也不能低于焊接的最低温度要求。需要提示一点，BGA 的焊接有其特殊性——两次塌落和自动对中。BGA 焊接只有完成两次塌落，才能形成标准的鼓形焊点形貌并实现自动对中。试验表明，要实现两次塌落，BGA 焊点的焊接峰值温度必须高于焊膏熔点 11℃ 以上并有足够的时间。在实际生产中，考虑到 PCBA 进炉的间隔不均匀性，以及炉温的波动性，往往要求峰值温度高于焊膏熔点 15℃ 以上，这是为了确保所有 BGA 满足此要求。

通常，对于无铅工艺，峰值温度范围为 232~245℃，这是基于 BGA 焊球塌落和电解电容耐温的要求。

② 焊接时间。焊接时间主要取决于 PCB 的热特性和元器件的封装，通常只要能够使所有焊点达到焊接合适温度以及 BGA 焊锡球与熔融焊膏混合均匀并达到热平衡即可，一般为 40~120s。

（4）升温速率。室温 - 预热段的升温速率（v_1），主要影响焊膏助焊剂的挥发速度。过高容易引起焊锡（膏）飞溅，从而形成锡球。因此，一般要求控制在 1~2℃/s。

预热 - 再流段的升温速率（v_2），是一个关键参数，它对某些特定焊接缺陷有直接的影响。过高容易引发锡珠、立碑、偏斜和芯吸。一般要求尽可能低，最好不要超过 1.5℃/s。

（5）冷却速率。理论上说，冷却速率越快，越有利于焊缝结晶细粒化，越有利于提升焊缝的机械性能，但是较快的冷却速率可能导致焊点受到更大的应力（如大型陶瓷器件），或使较厚的 P-BGA 产生更大的变形。因此，建议冷却速率要根据具体情况决定，如大尺寸 LCCC，冷却速率应小于等于 1℃/s。

2. 业界推荐的温度曲线

IPC-7095C 推荐的 BGA 焊接温度曲线如图 16-30 和图 16-31 所示，这可以作为再流焊接温度曲线的设置参考。

这个曲线是基于焊料熔点以及 BGA 的工艺特性给出的。我们知道，再流焊接焊点的形成与元器件的封装结构有直接关系，因此对于具体的 PCBA 再流焊接温度曲线，一定要根据其封装工艺特性进行优化。

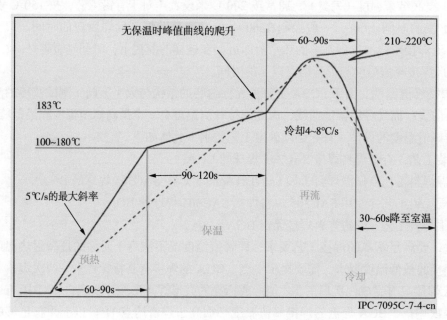

图 16-30　Sn63Pb37 焊料推荐的温度曲线

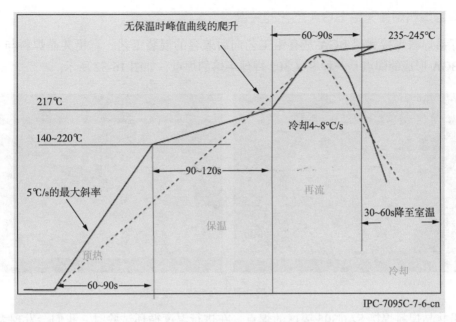

图16-31　SAC305焊料推荐的温度曲线

3. 炉温设置与温度曲线测试

炉温设置是指根据设计的温度曲线工艺要求设定再流焊接炉各温区的温度。一般要经过"设置—测温—调整"几个循环，以使实测温度曲线与设计温度曲线的关键参数基本一致。设置完成后输出炉温设置表，以便再生产时调用，某产品有铅焊接炉温设置表如表16-3所示。

表16-3　某产品有铅焊接炉温设置表（仅举例）

温区	温度 /℃									
	Z1	Z2	Z3	Z4	Z5	Z6	Z7	Z8	Z9	Z10
上温区	100	120	150	150	150	170	180	210	240	230
下温区	100	120	150	150	150	170	180	210	240	230
传送速度：80cm/min；冷却风扇转速：2500r/min。										

4. 常见焊接不良

在再流焊接过程中可能出现的问题可大致分成两大组：第一组与冶金现象有关，包括冷焊、不润湿、半润湿、渗析、过量的金属间化合物；第二组与异常焊点形态有关，包括立碑、偏移、芯吸、桥接、空洞、开路、锡球、锡珠、飞溅物。

16.3.5　工艺关注点

高可靠性要求的产品，很多仍然使用有铅焊膏/有铅工艺。但是我们知道，很多的BGA都采用了无铅锡球，还有CBGA等采用了高铅的锡合金。这些情况的存在，导致再流焊接时焊球不完全熔化。对于这种情况，再流焊接工艺就成为高可靠焊点的关键。

1. 有铅焊料焊接无铅 BGA 工艺的关键

用有铅焊料焊接无铅 BGA 是有铅工艺向后兼容的混装工艺。有铅共晶焊料与 SAC305 锡球的 BGA 形成的焊点是一种 SAC305 焊球半熔的焊点，如图 16-32 所示。

图 16-32　半熔的混合合金焊点微观组织

有铅共晶焊料焊接 SAC305 锡球的焊点，在进行温度循环试验时，我们会发现大多数焊点的开裂发生在靠近 PCB 焊盘的一侧，少部分发生在 BGA 侧或两侧都有。这是因为 Sn-Pb 焊料侧混合合金的强度低于靠近 BGA 焊盘侧的 SAC305。提高可靠性就是要提高混合合金部分的高度，混合高度越高，分散到每层的剪切应变幅度就越小，因而焊点的可靠性也越高。试验表明，混合合金的高度（图 16-33 中的 H）一般应高于焊点高度的 70%。当然是越高越好，但是，完全的混合需要比较高的峰值温度、比较长的时间，这反而会劣化可靠性（会形成超厚的界面 IMC），因此，一般我们不必追求全混合的焊点，只要混合高度达 70% 以上，就足以满足一般的应用要求。图 16-34 所示为可靠性试验数据。

另外，我们必须清楚一点，混装焊点不管其混合高度达到多高，其可靠性永远不会超过纯无铅工艺或有铅工艺，如图 16-35 所示。

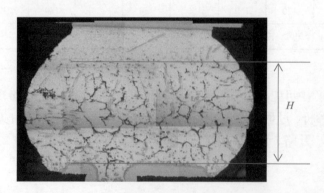

图 16-33　共晶 Sn-Pb 合金焊接 SAC305 锡球 BGA 的焊点组织要求

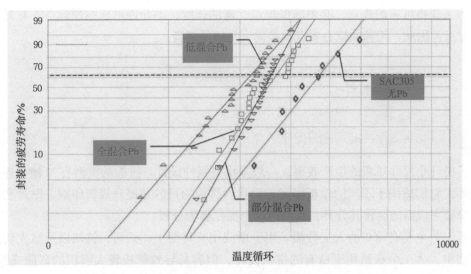

图 16-34　混装工艺条件下焊点混合合金高度对可靠性的影响

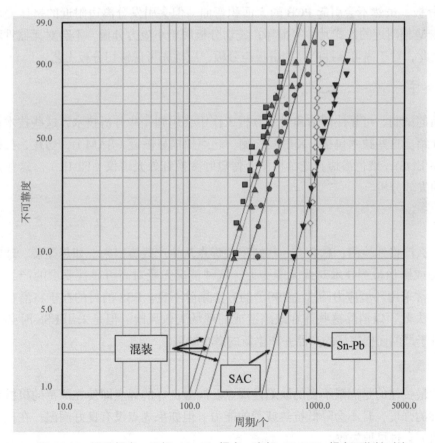

图 16-35　混装焊点、无铅（SAC）焊点、有铅（Sn-Pb）焊点可靠性对比

2. 有铅焊料焊接高 Pb 锡球与锡柱的工艺关键

陶瓷封装 C-BGA、CCGA，为了控制 BGA 和 CGA 塌落的高度，采用了高 Pb 的合金，即 Sn90Pb10，其熔点为 278~299℃。采用有铅工艺时，CBGA 的锡球、CCGA 的锡珠都不会

熔化，为了获得可靠的焊点，必须确保焊点互连的强度，不允许形成缩颈焊点、弯月面填充不足的焊点。因此，工艺的核心要点就是提供足够的焊膏。

16.4 SMT 后工艺

16.4.1 印制电路板和模块的分板

为了提升小尺寸单板的生产效率，一般采用拼板的设计。拼板的类型有 V 槽、连接桥、邮票孔等，它们适用于不同的单板厚度与形状。拼板的目的是提升焊膏印刷、贴片和过炉的效率，焊接完成后需要将其分开，我们把这个操作称为分板。

分板工艺主要有简单的人工分板（用手掰或用夹具掰）、机切、铣切以及激光切割。在这些方法中，人工分板适用于所有的拼板设计，但容易导致薄板较大面积的弯曲或邮票孔/连接桥撕裂，从而导致应力敏感元器件，如片式电容、BGA 等封装或焊点的损坏；机切只用于 V 槽的分板，虽然不会引起 PCB 的大面积弯曲，但会引发分离边附近的挤压变形，也会导致布局在 V 槽附近的片式元件等损坏；铣切分板属于小应力分板，不会对元器件和焊点构成危害。因此，对于高可靠性产品的拼板与分板，应优先考虑铣切分板工艺。

16.4.2 检测技术

在产品的试制、可靠性评估和失效分析工作中会用到一些分析技术，这些技术在第 6 章中有详细介绍。这些技术包括：X 射线检测，超声扫描显微镜（SAM），切片，扫描电子显微镜（SEM/EDS)，染色渗透，光学检测，傅里叶变换红外光谱仪（FT-IR）。这些技术可以用于焊点的失效分析。

16.4.3 筛选

无论怎么严格地检测，总会有一些缺陷性焊点从生产线流出来，如热撕裂、球窝焊点，常规的电测或影像检测技术对此无能为力。这种情况无疑对高可靠性要求的产品构成严重的威胁。通常采用环境应力筛选（ESS）的方法剔除不良。ESS 的目的在于将潜在缺陷加速转化为实际失效，以消除这些潜在缺陷造成的现场失效风险。但是采用 ESS 时必须十分小心，不能过于严酷而损害好的产品并产生新的潜在缺陷。

1. 缺陷焊点

可靠性最关注的是润湿不良的缺陷性焊点。润湿良好的焊点即使在严苛的机械负载条件下也有足够的强度，且不会降低抗热疲劳的能力。但如果焊点没有良好润湿，在机械和热循环负载作用下会过早地失效。

焊点中的空洞通常不认为对可靠性构成威胁，可能的例外是焊点中大的空洞劣化了焊点的导热性能，并且在高频应用中的空洞会导致信号恶化。带有非塌陷焊球的 BGA 元器件（高温焊料 Sn10Pb90）通常很少或没有诱发的空洞，因为焊球在再流焊接温度曲线期间从不熔化。

2. 筛选建议

有效的筛选程序能使潜在的缺陷性焊点暴露出来，而对高质量的焊点没有明显的损伤。最佳的推荐方案为随机振动（6~10g，10~20min），最好是在低温（< 40℃）下进行。这种负载不会损伤良好焊点，但它会对薄弱连接焊点施加过应力。也可以考虑热冲击，但可能会对良好焊点产生某些损伤，特别是大的元器件。

16.4.4 加速可靠性测试

焊点的可靠性鉴定试验应该遵循 IPC-SM-785 给定的加速可靠性测试指南和 IPC-9701 给定的测试方法与鉴定要求。尽管大多数时候采用加速的温度循环（ATC）试验进行焊点可靠性评价，但是对于某些产品，还需要结合使用的环境条件进行机械冲击和 / 或振动测试。

加速可靠性测试在设计样机上进行，通常会持续到失效或直到预定的可靠性目标实现。恰当的可靠性目标可以通过合适的加速模型确定（参见 IPC-D-279 ）。

一旦失效发生，需要分析造成失效的机理。如果预期目标未达成，有必要采取纠正措施。要么改进组装工艺，要么重新设计产品，但无论哪种情况，在纠正措施执行后都需要重新测试。

第 17 章

缺陷焊点

　　早期失效的焊点中，很大一部分是缺陷焊点。这些焊点由于连接的脆弱性，往往在使用的早期出现失效。这些缺陷焊点是由不适当的组装工艺、不合格材料或组装过程中过大的机械应力形成的，包括虚焊、部分开路、极其微弱的连接界面的焊点。由于它们大多数具有接触特性，在没有机械扰动时往往接触良好，很难通过如 X 射线及 ICT 测试等手段侦测到，因此制造合格的焊点是获得高可靠性产品的前提条件。本章介绍一组典型的缺陷焊点。

17.1　组装缺陷焊点的分类

　　由组装工艺导致的、严重影响可靠性的缺陷焊点包括以下几类。
　　（1）虚焊。
　　（2）形态缺陷焊点。
　　（3）熔断焊点，包括缩锡断裂、热撕裂。
　　（4）脆性界面焊点，包括黑盘、微空洞界面、块状 IMC、双层 IMC。
　　（5）局部阻焊定义焊点。

17.2　虚焊

　　虚焊是从电性能方面定义的焊接不良，指电气断续连通的焊点，包括冷焊、无润湿开焊、枕头效应（球窝）、焊点应力开裂等。

17.2.1　冷焊

　　在软钎焊接中，要形成良好的润湿效果，再流焊接峰值温度往往需要有一定的过热。例如，在无铅焊接工艺条件下，对于片式元件等敞开型焊点，再流焊接的最低峰值温度需要大于等于 225℃；对于 BGA 器件，再流焊接的最低峰值温度需要大于等于 235℃。如果再流焊接峰值温度低于这样的温度，焊膏的熔化与润湿就可能不充分，形成冷焊点，如图 17-1 所示。这类焊点表面粗糙，俗称不熔锡现象。

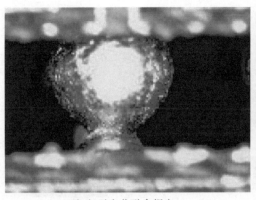
（a）无充分融合焊点

（b）焊膏无熔化焊点

图 17-1 BGA 典型冷焊现象

17.2.2 无润湿开焊

无润湿开焊（Non Wet Open，NWO）是指 PCB 上 BGA 焊盘没有润湿的开焊焊点，其切片图典型特征为 PCB 焊盘上全部或部分无焊锡润湿过，如图 17-2 所示。

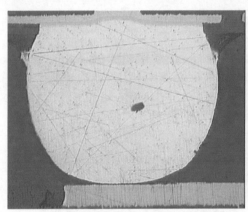
（a）无润湿焊点切片图

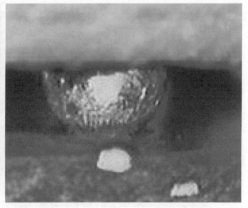
（b）无润湿焊点探视图

图 17-2 无润湿开焊

无润湿开焊焊点开始形成于再流焊接升温阶段（160~190℃），机理如图 17-3 所示。简单地讲，就是 BGA 发生翘曲，将未熔的焊膏带到 BGA 焊球上，因焊膏与焊盘分开，冷却后不能形成良好的焊点。

如果 PCB 焊盘不可焊、被阻焊膜污染、没有印上焊膏，也会导致不润湿开焊现象，如图 17-4 所示。

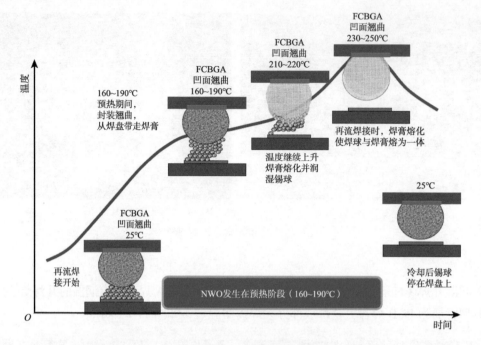

图 17-3　无润湿开焊形成机理

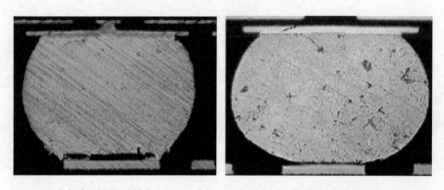

（a）焊盘不润湿（黑盘）　　　　　（b）焊盘污染（阻焊膜残留）

图 17-4　焊盘不可焊导致的不润湿开焊现象

17.2.3　枕头效应

枕头效应（Head in Pillow 或 Head on Pillow）也称为球窝现象，指 BGA 焊球与焊盘上熔融焊膏没有形成良好连接的焊点。切片图典型特征为焊盘焊球与熔融焊膏完全没有融合，存在明显的氧化层界面，如图 17-5 所示。

枕头效应的形成与 BGA 的热变形、焊膏活性、焊膏量等有关。再流焊接时，随着加热温度的升高，BGA 出现笑脸式翘曲，焊球与熔融焊料分离，产生间隙，冷却后形成无良好连接的焊点，如图 17-6 所示。

枕头效应的焊点属于标准的虚焊点，焊球与焊料之间虽然紧密接触，但是隔着一层氧化膜，没有形成真正的冶金连接。一旦出现机械扰动，就可能出现开路，庆幸的是这种缺陷焊点一般可以使用 X 射线仪器检测出来。

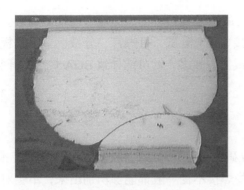
（a）枕头效应焊点的切片图

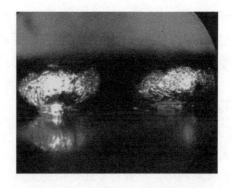
（b）枕头效应焊点的光学探头照片

图 17-5　BGA 焊点枕头效应

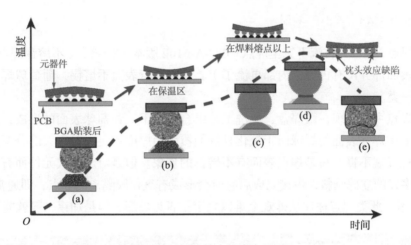

图 17-6　枕头效应的产生机理

17.2.4　焊点应力开裂

焊点应力开裂是指应力作用下发生的焊点开裂现象。它是单板装焊过程中比较常见的问题，具有代表性的特征就是焊点从界面 IMC 根部或焊盘下基材处开裂（被称为坑裂），如图 17-7 所示。

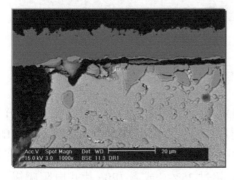
（a）从 IMC 根部断裂

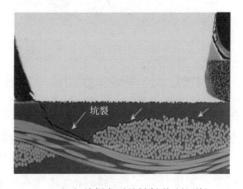
（b）从焊盘下基材断裂（坑裂）

图 17-7　焊点应力开裂现象

焊点应力开裂机理比较简单，就是焊点承受的应力超过了本身的能力而发生断裂。单板装配过程中有很多操作，如人工插件、手动压接、ICT 测试、打螺钉、分板、单手拿板，都可能导致 PCB 的弯曲变形。如果弯曲变形过大或次数较多，就可能导致 BGA 焊点的开裂。

17.3 形态缺陷

大部分的焊接不良都与焊点形态有关，如立碑、偏移、芯吸、桥连、空洞、开路、锡球、锡珠、飞溅物等。不管目检还是借助工具，这些焊接不良一般都能够识别出来，不会对可靠性构成威胁。但有个别的形态缺陷焊点，即使符合 IPC-A-610 的可接受条件，但是对可靠性的影响也较大，这里重点提出来。

17.3.1 片式元件葡萄球焊点

葡萄球焊点，也称为再流不完全焊点（IPC-A-610E 版本 5.2.3 条）、不熔锡焊点（不是很科学，事实上表面部分没有再流，内部再流了）。由于焊点表面不熔锡，葡萄球焊点通常也归为冷焊不良一类。

葡萄球焊点主要出现在微焊盘、免洗工艺组合条件下。葡萄球表面的形成，主要是因为再流焊接过程中焊膏表面的焊球由于氧化且焊剂覆盖而厚度不足。对于大部分焊点，这种缺陷主要是一种外观不良，只是焊点表面有不熔锡的现象。但是对于片式元件而言，由于再流焊接过程中多发的立碑倾斜，焊接完成后有时会形成有氧化膜隔离的焊点，即通常说的虚焊，如图 17-8 所示。此类焊点往往从外观上难以判定是否为虚焊，但是加锡一般就能解决。

图 17-8 葡萄球虚焊点案例

17.3.2 片式元件两端焊点爬锡高度悬殊较大

在 IPC-A-610 中，对焊点的爬锡高度有明确要求，但是需要指出的是，它通常是针对单个焊点而言的。在失效分析时，我们经常会看到片式元件两端因焊点大小悬殊而导致的开裂失效，也看到大尺寸片式电阻少锡导致的开裂失效。显然，爬锡高度是否可接受，实际上与封装有关。如果片式元件两端焊点爬锡高度相差超过 25%，或者 1206 片式电阻爬锡高度低于 50%，如图 17-9 所示，那么一般温度循环寿命都比较低，这是应力集中导致的结果。

（a）片式电容两端焊料悬殊　　　　　　　　（b）1206 片式电阻焊料太少

图 17-9　片式元件焊点形态缺陷导致的早期失效

17.3.3　QFP 多锡

在 IPC-A-610 中，对 QFP 焊点的形貌做了严格的规定，允许的最大爬锡高度为引脚的拐弯处，如图 17-10（a）所示。不允许焊料接触除 SOIC 和 SOT 之外的塑封元器件本体，如图 17-10(b)所示。特别是陶瓷类封装，严禁出现此类焊接缺陷，因为可能损伤封装的密封性能。

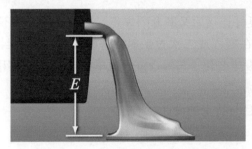

（a）允许的爬锡高度　　　　　　　　　　（b）焊锡触碰到封装本体

图 17-10　QFP 焊点不可接受的多锡现象

17.3.4　J 形引脚多锡

在 IPC-A-610 中，J 形引线可接受的最大跟部填充高度为未接触封装本体，如图 17-11（a）所示。如果焊料填充接触封装本体，如图 17-11（b）所示，一般应判定为缺陷焊点。

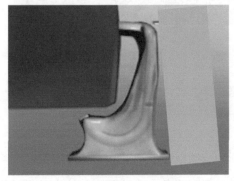

（a）焊锡接触到引脚密封处　　　　　　　　（b）焊锡触碰到封装本体部

图 17-11　J 形引脚焊点填充高度的要求

17.3.5 插件包焊

对于插装焊点，焊料润湿的引线轮廓应可辨识，图 17-12 所示现象为包焊现象，属于典型的引脚痕迹不可辨识焊点，100% 属于虚焊点，这是不可接受的。

图 17-12　插件焊点不可接受的包焊现象

17.4　熔断焊点

熔断焊点是指在再流焊接过程中先形成良好连接后又断开的焊点。这种焊点，并不是因为被焊接金属表面可焊性不好形成的，而是在凝固或二次过炉时，焊缝高度变高（封装翘曲、PCB 轴向 CTE 原因都可能导致焊点高度发生变化）与焊点重熔或单向凝固共同作用下形成的。

这类焊接缺陷主要发生在 BGA 封装上，且与特定的设计场景有关。

17.4.1 冷撕裂（缩锡开裂）

冷撕裂（缩锡开裂）是笔者定义的一种 BGA 焊接不良，指 BGA 焊点在未完全凝固时因 BGA 四角上翘而形成的断裂焊点。其切片图的典型特征是裂纹发生在 BGA 侧 IMC 与焊球界面，裂纹焊球侧有明显的自然凝固表面形貌，如图 17-13 所示。

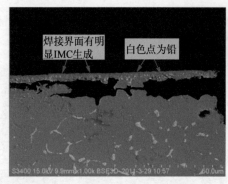

（a）案例一　　　　　　　　　　　　（b）案例二

图 17-13　缩锡开裂焊点的裂纹特征

缩锡开裂属于熔断，是再流焊接时发生的焊点开裂现象。这种开裂与特定的设计场景有关，一般发生在板厚 1.6~2.0mm、P-BGA 特定组合场景下。如果 BGA 四角处焊点连接有长导线或 POFV 盘中孔设计，并且再流焊接时冷却速率大，就可能发生缩锡开裂现象。

缩锡开裂焊点发生概率一般低于 0.3%，电测往往难以发现，X 射线根本检测不出来，这是其最大的风险。之所以电测发现不了，是因为缩锡开裂焊点往往不是完全断裂，而是"藕断丝连"状的连接，一旦受到机械扰动就可能完全断裂。

17.4.2　热撕裂

热撕裂指二次再流焊接时焊点拉裂的现象。之所以要与冷撕裂区别开来，是因为它们的形成机理不同。热撕裂发生在二次过炉时，而冷撕裂发生在一次再流凝固时。对于 BGA 焊点而言，它们断裂形貌的相同点是 IMC 留在 BGA 焊盘侧；不同点是热撕裂焊点顶部为圆形，而冷撕裂焊点顶部为平顶，如图 17-14 所示。

图 17-14　热撕裂焊点典型形貌

17.5　脆性界面焊点

脆性界面焊点主要有两类：ENIG 镀层形成的焊点，具有特殊形貌的界面 IMC 焊点。

ENIG 处理的表面与 Sn-Pb 形成的焊点具有界面脆性的特点。其失效机理复杂，有多种机理，如可肯达尔空洞、黑盘、金脆、Ni 氧化、IMC 剥离等。

IMC 的形貌对界面强度有很大的影响，如果界面生成不连续的块状 IMC、双层 IMC 都可能导致焊点界面脆化。

这部分内容详细参见 3.3 节。这些认识都是笔者个人的经验看法，不一定完全正确，仅供参考。

附录 A
表面组装工艺材料及其发展

电子组装过程要用到很多工艺材料，包括焊膏、焊料、焊锡丝、助焊剂、助焊膏、清洗剂、结构胶水、导热材料、贴片胶以及胶纸胶带等。它们有些作为焊点的形成材料—仟料，有些作为工艺辅助材料，还有些作为 PCBA 的功能材料，在电子制造中起着非常重要的作用。这种材料不仅关系到制造的良率，还关系到产品的实现与可靠性，可以说没有高品质的电子工艺材料，就不会有现代的电子工艺，也不会有物美价廉的电子产品上市供应。

随着电子信息技术和半导体产业的飞速发展，各种新的应用如智能手机、物联网、自动驾驶汽车、6G、人工智能（AI）等不断涌现，促使半导体集成电路工艺尺寸不断缩小，进入后摩尔时代。由于 IC 制造过程已经非常接近制程的物理极限，促使半导体集成电路技术和印制电路与装联技术的融合寻求新的解决途径，从而引领集成电路设计制造封装、印制电路设计制造和装联技术呈现加速融合的发展态势。这就要求工艺材料的发展必须与时俱进，满足封装与组装融合发展的要求：

● 必须满足高密度组装的要求，如锡膏，不仅要能够满足微焊盘组装工艺要求，还要满足 BTC 类元器件焊接的可靠性要求。

● 必须符合绿色发展要求，有利于环保，有利于人的健康。

近几年来，电子工艺材料的国产化也取得了非凡的成绩，大多数电子工艺材料都可以找到国产的，不仅成本低，而且质量也都能够满足应用要求，在很多应用领域，国产工艺材料事实上已经成为市场上的主角。比如：

（1）焊膏、焊料和焊剂

国产焊膏、焊料、焊剂，在市场上的占有率超过 70%，不仅在民用电子产品生产中被广泛应用，在高可靠性产品生产中也越来越被接受。像高可靠性要求的通信、服务器、汽车电子、航空航天等领域，也越来越多地使用国产材料。

（2）电子胶水

在相对低端的器件固定胶、红胶、密封胶等类别，多年前早已完成国产替代；国产的导热衬垫、导热硅脂、导热灌封胶等市场上的占有率也已超过 60%；相变导热材料、碳纤维导热衬垫等新型材料也在一些高端产品中得到试用。

总之，在工艺材料的选型和应用方面，国产工艺材料已经成为市场的主角。经过 20 多年的发展，国内也涌现出了一批专业的工艺材料供应商，例如深圳唯特偶新材料股份有限公司，它是一家专注于微电子焊接材料的研发和生产的国家高新技术企业。其旗下生产众多类别的工艺材料，包括锡膏、锡条、锡线、助焊剂、清洗剂、预成型焊片、三防漆、导热材料、胶黏剂等（图 A-1），被广泛应用于通信、汽车等各类行业，与比亚迪、冠捷科技、中兴通讯、富士康、奥海科技、海尔集团、格力电器、联想集团等企业有稳定合作。

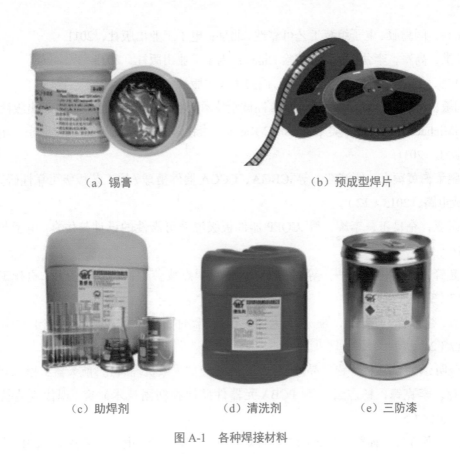

（a）锡膏　　　　　　　　　　　　（b）预成型焊片

（c）助焊剂　　　　　（d）清洗剂　　　　　（e）三防漆

图 A-1　各种焊接材料

参考文献

[1] 贾忠中 .SMT 核心工艺解析与案例分析 .4 版 .北京：电子工业出版社，2020.

[2] 贾忠中 .SMT 工艺不良与组装可靠性 .北京：电子工业出版社，2019.

[3] 王豫明，王天曦 .无铅电子产品可靠性 .清华伟创力 SMT 实验室，2019.

[4][美]Stephen W Hinch. 表面安装技术手册 .陶辅文，江锡全，译 .北京：兵器工业出版社，1992.

[5] 王文利，闫焉服 .电子组装工艺可靠性 .北京：电子工业出版社，2011.

[6] 胡湘洪，高军，李劲 .可靠性试验 .北京：电子工业出版社，2015.

[7] 曾声奎 .可靠性设计与分析 .北京：国防工业出版社，2013.

[8] 姜同敏，王晓红，袁宏杰，等 .可靠性试验技术 .北京：北京航空航天大学出版社，2012.

[9][美]Michael G Pecht，[美]Kailash C Kapur，康锐等 .可靠性工程基础 .北京：电子工业出版社，2011.

[10] 林鹏荣，黄颖卓，练滨浩，等 .CBGA、CCGA 器件植球 / 柱工艺板级可靠性研究 .中国集成电路，2013（12）.

[11] 李宗亚，仝良玉，李耀，等 .CQFP 器件板级温循可靠性的设计与仿真 .电子与封装，2014（11）.

[12] 焦超锋，任康，醋强一，等 .点胶对 CBGA 焊点疲劳寿命的影响分析 .机械工程师，2017（3）.

[13] 孙慧，徐抒岩，孙守红，等 .航天大尺寸 CQFP 器件管脚断裂失效分析 .电子元件与材料，2017（2）.

[14] 王晓明，范燕平 .锡 – 铅共晶焊料与镀金层焊点的失效机理研究 .航天器工程，2013（4）.

[15] 葛伟，李克锋，杨志云，等 .PCBA 元器件硅橡胶粘固技术研究 .现代制造技术与装备，2018（5）.

[16] 张伟，孙守红，孙慧，等 .CQFP 器件焊点开裂失效分析 .电子工艺技术，2012（11）.

[17] 任康，王奇锋，张娅妮，等 .TSOP 器件焊点开裂原因分析 .电子工艺技术，2014（9）.

[18] 邱宝军 .绿色电子组件可靠性试验及失效分析技术 .百度文库资料 .

[19] 史洪宾 .底部填充材料对薄基板球栅格阵列封装组件机械弯曲可靠性的影响 .百度文库资料 .

[20][日] 菅沼克昭著 .无铅软钎焊技术 .刘志权，李明雨，译 .北京：科学出版社，2017.

[21] 宣大荣 .袖珍表面组装技术（SMT）工程师使用手册 .北京：机械工业出版社，2007.

[22] 宋东 .航天产品整机的防振加固工艺 .电子工艺技术 .2013（1）.

[23]Zequn Mei, Matt Kaufmann, Ali Eslambolchi, et al. Brittle Interfacial Fracture of P-BGA Packages Soldered on Electroless Nickel / Immersion Gold. 1998 Electronic Components and Technology Conference.